黄河源区水源涵养保护与治理开发研究

李海荣　曹廷立　唐梅英　杨国宪　编著

黄 河 水 利 出 版 社

·郑州·

内 容 提 要

本书在全面分析黄河源区基本情况及特点的基础上，系统研究了黄河源区径流变化情况及其成因、黄河源区生态环境演变及影响因素。本书提出了黄河源区治理开发与保护的任务和总体布局；深入分析了水源涵养保护、水资源利用与保护、干流梯级开发等各项治理开发与保护措施；提出了黄河源区监测系统建设和流域管理意见；分析了河段治理开发与环境保护的关系。本书可供从事区域发展规划、水资源开发利用与保护的水利工作者、科技人员及相关人员阅读参考。

图书在版编目(CIP)数据

黄河源区水源涵养保护与治理开发研究/李海荣等编著.—郑州：黄河水利出版社，2011.6
ISBN 978-7-80734-966-2

Ⅰ.①黄…　Ⅱ.①李…　Ⅲ.①黄河-水资源-资源保护-研究 ②黄河-水资源-治理-研究　Ⅳ.①TV211.1

中国版本图书馆 CIP 数据核字(2010)第 257180 号

策划组稿：简　群　电　话：13608695873　　E-mail：w_jq001@163.com
0371-66026749

出 版 社：黄河水利出版社
地址：河南省郑州市顺河路黄委会综合楼 14 层　邮政编码：450003
发行单位：黄河水利出版社
发行部电话：0371-66026940、66020550、66028024、66022620(传真)
E-mail：hhslcbs@126.com
承印单位：黄河水利委员会印刷厂
开本：787 mm×1 092 mm　1/16
印张：13.25　　插页：1
字数：238 千字　　印数：1—1 000
版次：2011 年 6 月第 1 版　　印次：2011 年 6 月第 1 次印刷

定价：38.00 元

前 言

黄河源区水系发达,支流众多,雪山、冰川、湖泊、湿地广布,是黄河的主要产流区之一,其径流量占黄河流域多年平均径流量的38.6%,素有黄河"水塔"之称。该地区由于海拔高,气候恶劣,人口稀少,长期以来基本处于自然状态,被视为"天然生态稳定区",在历次黄河治理开发规划中,该地区的综合治理几乎没有涉及。随着社会经济的发展,在本地区加快了公路、水电工程等基础设施建设,加大了对本地区水能资源、矿产资源、高原植物资源的开发利用。但是,由于缺少综合性规划,该地区的开发处于无序状态,水资源和生态环境得不到有效的保护。

黄河源区是黄河的主要产流区之一,发挥水源涵养作用是黄河源区的重要功能。近年来,由于自然因素和人为因素的共同作用,黄河源区生态环境问题突出,水源涵养能力降低,水资源减少。黄河流域是资源性缺水地区,黄河源区来水量的减少,加剧了黄河流域水资源紧缺状况,严重威胁到黄河流域及沿黄省区经济社会的可持续发展,威胁到黄河的健康生命。因此,从保护黄河"水塔"角度来看,急需开展水源涵养保护研究。

黄河源区干流河段蕴藏了丰富的水能资源,但由于该地区海拔高、交通不便、生态环境脆弱,经济社会发展对该河段水电开发要求并不迫切,一直没有对该河段的梯级开发进行系统规划,仅是根据不同时期的水力资源普查成果,初步拟定了梯级工程布局和开发规模。进入21世纪,我国经济社会快速发展,对电力的需求越来越大,作为水电资源的丰富地区,黄河源区河段水电开发进程逐步加快。由于缺少系统的梯级开发规划,目前黄河源区河段梯级开发建设缺乏规划依据。为了合理开发水电资源,使该地区干流水电梯级开发建设规范化、程序化,避免对该地区及黄河干流河道生态带来较大影响,并考虑长远的水力资源条件,迫切需要对该河段梯级工程进行系统规划,明确该河段的开发任务,规范工程建设报批程序,指导河段梯级开发建设。

多年以来,由于该地区自然条件恶劣和长期投入不足,水文水资源测报系统建设严重落后,水土保持及水环境监测基本上是空白。水文水资源测报系统监测站点少,监测能力低下,数据的可靠性和时效性没有保证,不能满足水资源预报和调度的需要。水土保持、地下水及水环境监测尚处于空白,不能够及时掌握黄河源区下垫面及水环境变化情况。为提高黄河源区水文水资源、水环境及水土保持监测能力和水平，及时掌握该地区水文水资源及下垫面变化情况，急需开展该地区的水文水资源、水环境和水土保持监测建设。

黄河源区水资源情势的变化、生态环境的恶化和水电梯级开发的加快，已引起国家领导人和有关部门的高度重视。2001 年 10 月 1 日，温家宝总理对青海省江河治理与保护工作作了重要批示；11 月 21 日，国家科学技术部就江河源区生态治理与保护科研工作作了安排；12 月 3 日，水利部要求部水文局、黄河水利委员会（简称黄委）、长江水利委员会，加强青海省三江源与青海湖水资源监测，抓紧基础性工作，为江河源区生态治理与保护规划作好准备。2003 年 1 月，国务院批准青海三江源自然保护区晋升为国家级自然保护区。2004 年 8 月至 9 月上旬，黄委组织机关和委属单位负责人、专家，对黄河源区进行了科学考察，随后又召开了高层次专家研讨会，通过多学科、多部门的交流，寻求解决黄河源区问题的对策。

《黄河源区水源涵养保护与治理开发研究》结合黄委组织开展的黄河龙羊峡以上河段综合规划开展了研究工作。本书在全面分析黄河源区基本情况及特点的基础上，系统研究了黄河源区径流变化情况及其成因、黄河源区生态环境演变及影响因素。本书提出了黄河源区治理开发与保护的任务和总体布局；深入分析了水源涵养保护、水资源利用与保护、干流梯级开发等各项治理开发与保护措施；提出了黄河源区监测系统建设和流域管理意见；分析了河段治理开发与环境保护的关系。

《黄河源区水源涵养保护与治理开发研究》主要由李海荣、曹廷立、唐梅英、杨国宪完成，其中李海荣执笔第 1 章，曹廷立执笔第 2、3、5、10 章，唐梅英执笔第 6、7、8 章，杨国宪执笔第 4、9 章，全书由李海荣统稿。此外，马冰、宋红霞、叶春江、蔡春祥、崔鹏、崔长勇等为本研究做了大量工作，在此致谢！

编著者

2010 年 5 月

目 录

第 1 章　黄河源区流域概况

黄河源区(黄河龙羊峡以上河段)位于北纬 32°09′~36°33′,东经 95°53′~103°25′,西北隔东昆仑—布尔汗布达山与柴达木盆地相接,西南依巴颜喀拉山、岷山与长江流域相邻,东侧有西倾山与洮河、隆务河相隔。本区域面积 131 420 km^2,占黄河流域面积的 16.5%,涉及青海省玉树藏族自治州、果洛藏族自治州、海南藏族自治州、黄南藏族自治州,以及甘肃甘南藏族自治州、四川阿坝藏族羌族自治州。其中青海省面积为 104 931 km^2,占全区面积的 79.8%;甘肃省面积 9 434 km^2,占全区面积的 7.2%;四川省面积 17 055 km^2,占全区面积的 13.0%。

1.1　地形和地貌

本地区位于青藏高原东北部,自东北向西南依次横亘着西北—东南走向的西倾山、阿尼玛卿山和巴颜喀拉山,构成本区基本地形骨架。本区地形高差变化大,平均高程达 4 079 m,最高山峰是阿尼玛卿山的玛卿岗日峰,海拔 6 282 m,而出口处河谷高程低于 2 700 m。

科曲河口以上:该区为高原湖盆草原区,平均高程 4 478 m。地形相对平坦、低洼,排泄不畅,形成了大片的湖泊、沼泽湿地。本河段河谷较宽,草滩广阔,滩丘相间,无明显分界。

科曲河口—沙曲河口:该区属高山峡谷区。黄河穿行于巴颜喀拉山与阿尼玛卿山相夹的峡谷地带,沿程川峡相间,著名的官仓峡谷即位于该区。区内平均高程4 303 m,地势由西北向东南倾斜,沟深坡陡,相对高差较大,河谷高程一般为3 500 ~3 800 m,山脊高程在 4 500 m 以上。

沙曲河口—玛曲:该区属青、川、甘高原丘陵山地区。该区像一个被岷山、巴颜喀拉山托起的盆碟,向着西面的白雪皑皑的阿尼玛卿山,是著名的松潘草原盆地。区域内南部以丘陵状高原为主,切割轻微,平均高程 3 648 m,相对高差300 ~500 m,山脊高程 3 800 ~4 300 m;北部以平原沼泽为主,地势低洼,草地沼泽发育,大小海子星罗棋布,残丘状基岩山包散布在沼泽草地之中,地面高程多在3 400 ~3 600 m,相对高差一般不到 200 m。河谷宽度 5 ~7 km,局部达10 km,河道蜿蜒曲折,曲流、岔流及牛轭湖地貌十分发育。

玛曲—唐乃亥：该区东邻西倾山，西靠阿尼玛卿山，呈东南—西北的狭长分布。区内平均高程 3 970 m，河流下切较深，山脊平均高程达 4 500 m 以上，河谷高程在 3 200 m 左右，玛卿岗日峰及黄河的第二长峡谷——拉加峡谷（全长 216 km）均位于该区。

唐乃亥—龙羊峡：黄河出唐乃亥，经过野狐峡，汇入龙羊峡水库，区域平均高程 3 282 m，山脊与河谷高差仍较大。该区属干热河谷地貌，植被较少，土地沙化严重。

1.2 河流水系

黄河源区干流总长 1 687 km，平均比降 1.51‰。沿途支流众多，共有入黄一级支流 56 条，其中流域面积大于 1 000 km^2 的有 24 条，流域面积大于 3 000 km^2 的有多曲、热曲、达日河、东柯曲、白河、黑河、泽曲、切木曲、巴沟、曲什安河、大河坝河、芒拉河等 12 条。

干流发源于约古宗列曲，在黄河沿以上区域，湖沼众多，以扎陵湖、鄂陵湖为中心的淡水湖群水面面积达 1 340 km^2，黄河贯穿两大湖，出鄂陵湖口 65 km 为黄河沿，以上区域亦称为"黄河源头区"，其间有扎曲、卡日曲、多曲、勒那曲等支流汇入。

黄河沿—吉迈水文站，河长 324 km，平均比降 1.12‰，有尕拉拉措和以岗纳格玛措、日格措为中心的两个湖群，面积达 197 km^2。较大支流有热曲、优尔曲、科曲、达日河等。

吉迈水文站—沙曲河口，河长 338 km，平均比降 1.18‰。支流从两岸高山上一路直下呈羽状汇入黄河，流域面积较小，数量众多，河流短，比降陡。较大支流有当曲、西科河、东科河、吉迈河、沙曲等。

沙曲河口—玛曲，河长 250 km，平均比降 0.59‰。黄河从西北向穿山出谷，经过湖盆中心唐克附近骤转 180°的大弯向北西流出，形成了九曲黄河的第一曲。河谷开阔，右岸支流发育，主要有贾曲、白河、黑河汇入。其中白河发源于邛崃山，河长 303 km，流域面积达 5 529 km^2，位于黄河源区最南端。黑河发源于岷山，河长 490 km，流域面积达 7 750 km^2。白河、黑河由南向北流经地势平缓的若尔盖大草原。若尔盖草原地区地形坡度较小，河道弯曲摆荡，蜿蜒其间。

玛曲—唐乃亥，河长 371 km，平均比降达 1.98‰。左岸有切木曲、曲什安河、大河坝河等支流汇入，右岸有泽曲、巴沟汇入。

黄河自唐乃亥向下经野狐峡进入龙羊峡水库库区，分别有芒拉河、沙沟等支流汇入。

黄河源区干流及主要支流特征值见表1-1。

表1-1　黄河源区干流及主要支流特征值

河名	区间或断面	集水面积 $F(km^2)$	河道长度 $L(km)$	河道平均比降(‰)	流域形状系数 F/L^2
黄　河	河源—黄河沿站	20 930	270	2.28	0.29
黄　河	黄河沿站—吉迈站	24 089	324	1.12	0.23
黄　河	吉迈站—沙曲河口	19 082	338	1.18	0.17
黄　河	沙曲河口—玛曲站	21 947	250	0.59	0.35
黄　河	玛曲站—唐乃亥站	35 924	371	1.98	0.26
多　曲	多曲河口	6 085	159.7	3.4	0.24
热　曲	热曲河口	6 596	190.9	2.8	0.18
白　河	白河河口	5 529	303	2.1	0.06
黑　河	黑河河口	7 750	490	1.0	0.03
切木曲	切木曲河口	5 550	150.9	16.4	0.24
曲什安河	曲什安河口	5 787	201.8	10.1	0.14

1.3　水文气象

1.3.1　径流

据1956～2000年资料统计，黄河唐乃亥站多年平均实测径流量203.8亿m^3，考虑人类活动影响因素还原后，黄河源区多年平均地表水资源量206.67亿m^3。由此可知，黄河源区人类活动用水较少。黄河源区地下水可开采量很小，仅有6 084万m^3。黄河源区地表水资源具有如下特点：

(1)径流量丰富，是黄河地表水资源的主要来源区。黄河源区地表水资源量占黄河流域多年平均地表水资源总量534.8亿m^3的38.6%，是黄河地表水资源的主要来源区。

(2)地区分布不均。黄河源区河段径流量主要来自吉迈至军功区间，该区间径流量占唐乃亥站实测径流量的66.6%，而流域面积仅占唐乃亥以上面积的43.8%；黄河沿以上的源头区，面积占唐乃亥以上面积的17.2%，径流量仅占唐乃亥站实测径流量的3.6%。

(3)年内、年际变化较大。黄河源区的河川径流主要集中在6～10月，占全年的70%以上。据唐乃亥站1956～2005年资料统计，最大年径流量为最小年径流量的3.1倍。径流的年际变化呈丰枯交替出现，还出现过连续丰水年和连续枯水年情况，如1956～1960年、1969～1974年、1994～2004年是三个连续枯水段，平均年径流量分别为161.9亿 m^3、175.2亿 m^3、158.8亿 m^3，较唐乃亥站1956～2000年多年平均实测年径流量偏枯14.0%～22.1%。

1.3.2 洪水

黄河源区的洪水主要由降雨形成。一般自5月下旬至6月，青藏高原区进入雨季，黄河干流开始涨水，出现全年第一个小高峰。7月上旬至8月中旬，随着太平洋副热带高压北移，降水量比6月大大增加，洪水量也突增。但由于这一时期主要受西风槽和高原低涡切变影响，除个别年份如1904年、1964年有较长的持续性的大范围降雨外，一般降雨持续天数较短，洪水量级相对不大。8月下旬至9月上旬，随着太平洋副热带高压南退西伸，冷、暖空气在本流域上空停滞时间较长，可产生持续时间较长的连阴雨，往往造成全年最大洪水，如1946年、1967年、1968年、1981年洪水。唐乃亥站实测最大洪峰流量5 450 m^3/s，洪水历时35～40 d，45 d洪量119.7亿 m^3，发生在1981年9月。

1.3.3 泥沙

黄河源区湖泊沼泽众多、植被良好，来沙量较少。据唐乃亥站1960～2005年实测资料统计，黄河源区年平均来沙量1 309.5万t，7～10月平均来沙量为970.0万t；来沙量最大的年份为1989年，来沙量为4 095.5万t，来沙量最小的年份为1969年，来沙量为426.7万t。

1.3.4 气候及气温

黄河源区属青藏高原气候区，区内各分区平均高程变化大，南北跨越近4个纬距，东西跨越近8个经距，受暖湿空气影响程度不同，自北向南分属高原亚寒带的半干旱、半湿润及湿润气候区，唐乃亥至龙羊峡区则属高原温带干旱气候区。受高原季风和地理环境影响，主要气候特点为太阳辐射强、日照时间长；冬季严寒，低温持续时间长，夏季较凉爽，气温不高，昼夜温差大，但气温的年较差较小；湿度低，干、雨季分明；多大风、霜冻、冰雹、雷暴、雪灾等灾害性天气，还有气压低、含氧量少等高原特有气候特征。

区内大部分地区年平均气温在0 ℃以下，玛多为-4.1 ℃，久治与同德均为0.3 ℃。气温的分布特点是由西北向东南温度逐渐递增，西部的巴颜喀拉山、中部的阿尼玛卿山以及东部的西倾山地区为本区域的低温区。本地区冬季严寒，1月气温最低，平均气温都在-10 ℃以下，最低处可达-17 ℃（玛多），极端最低气温在-30～-40 ℃，最低可达-48.1 ℃（玛多）。夏季凉爽，一般仅5～9月平均气温在0 ℃以上，8月气温最高，极端最高气温在22～28 ℃，最高仅28.1 ℃（同德）。

1.3.5 降水及湿度

降水特点是西北少、东南多，源头区玛多站多年平均年降水量仅314 mm，到东南部的红原站达762.4 mm。降水量主要集中在5～10月（占全年的85%以上），具有明显的季节性。降水特点是雨区笼罩面积大、降水历时长、强度小。降水区域有时可以遍及整个黄河源区，主要雨区多偏于区域中、南部；整个降水过程可以持续30 d以上；中心最大日降水量一般不足50 mm，以中、小强度的持续阴雨为主。从降水量月分配看，流域西北部与东南部有明显不同，西北部呈7月最大的单峰型，东南部呈6～7月大、8月上中旬小、8月下旬至9月大的双峰型。由于海拔高，气温低，全年降雪日数占年降水日数比例较大，除兴海、同德等最北部低海拔地区外，黄河源区全年降雪天数均大于100 d。

黄河源区地势高、气温低、大气中水汽含量少。年平均水汽压在3.2～5.3 hPa范围内。年内各月份水汽压随温度升高而有所增加。1月份平均水汽压最小，北部的玛多、兴海、同德等站均不到1.0 hPa，流域最南端的若尔盖草原地区也仅为1.4 hPa。7月各站水汽压达到最大，多在7～9 hPa，若尔盖草原地区高达10 hPa以上。相对湿度夏半年高于冬半年。1～3月各站平均相对湿度大多在40%～60%，7～9月大多在70%～90%。

1.3.6 蒸发

年平均蒸发量的分布特点是：气温高、相对湿度小的地区蒸发量较大，高程低、气温高的地区蒸发量较大。位于流域最北端的兴海站年平均气温达1.1 ℃，年平均相对湿度仅为50%，而年蒸发量为1 502 mm，为全区最大。位于最南部的若尔盖站、红原站，虽然相对湿度高（分别为69%、70%），但由于年平均气温较高，其蒸发量分别为1 159 mm、1 247 mm。玛沁站相对湿度处于中等（为

65%),因其海拔较高,蒸发量为 1 118 mm,为全区最小。从蒸发量的月份分配看,最大月蒸发量出现在 5 月或 7 月,最小月蒸发量出现在 12 月至翌年1 月。

1.4 区域地质

1.4.1 区域地质构造

根据青海省区域地质资料,黄河源区位于松潘—甘孜印支褶皱系北部的青海南山冒地槽带和西倾山中间地块部位。

1.4.1.1 青海南山冒地槽带

本带北至青海南山,南至阿尼玛卿山以北,东至西倾山中间地块渐变过渡,西与柴达木准地台以南北向基底断裂为界。地表以三叠系隆务河群和古浪堤组为主。北半部中生代侵入岩、火山岩和新生代山间盆地发育,构造线以 NWW 向为主;南半部地质情况单一,构造线以近 EW 向和 NE 向为主。本区出露最老地层为二叠系下统 P1、中下三叠统组成褶皱基底构造层,岩浆岩分布于青海南山及同仁地区,时代多为晚印支期和燕山期,与柴达木准地台边缘环状花岗岩带迥然不同。上三叠统主要为陆相火山岩,角度不整合于中下三叠统之上。

1.4.1.2 西倾山中间地块

本地块位于青海南山地槽带之东南,阿尼玛卿优地槽带、巴颜喀拉冒地槽带以东。主体在川甘境内郎木寺、迭部、武都一线以南,阿坝、红原、若尔盖一带。西倾山—若尔盖是印支褶皱系内地中间地块,该中间地块四周被地槽所包围,具有三层结构,基底、盖层和大型山间盆地拗陷。当四周地槽在晚古生代—三叠纪接受巨厚沉积时,它呈水下稳定隆起;当周围地槽于三叠纪闭合,褶皱回返时,它于侏罗纪初下陷形成山间盆地,于更新世初,在博卡雷克塔格—玛沁断裂和军功断裂夹持下,西倾山地区断块上升出露地表,并总体向 NWW 方向左旋滑动。

1.4.2 区域断裂

青海省区域断裂构造十分发育,常密集成带分布,不少断裂延长上千公里,并有长期活动性。黄河源区主要区域断裂构造按展布方向可分为 3 组,以 NWW 向和近 EW 向断裂为主,NNW 向和近 SN 向、NE 向断裂次之。

青海南山断裂带(F13)、鄂拉山断裂带(F44)、阿尼玛卿深断裂系(F24)及规划区域南部的玛多—阿坝断裂(F27、F28),燕山期—喜马拉雅期均有不同程度的继承性活动,且多为晚更新世和全新世活动断裂,沿断裂带地震活动频繁且强烈。

1.4.3 地震

根据《中国地震目录》统计，黄河源区的玛多、达日、久治、玛沁等地，现代中强震较为集中（最大地震为1947年3月17日青海久治附近，大于7级）；其次是青海同德、甘肃碌曲、四川阿坝附近。

根据国家2001年出版的《中国地震动峰值加速度区划图(1:400万)》(GB 18306—2001)，黄河源区官仓以下坝址区地震动峰值加速度为0.10~0.15g，对应地震基本烈度为Ⅶ度；官仓以上坝址区地震动峰值加速度为0.20g，对应的地震基本烈度为Ⅷ度。

1.5 土地及自然资源

黄河源区植被以高寒草地为主，空间连片分布，景观结构单一，草地面积占总面积的71.73%。水体与湿地面积占总面积的9.86%，仅次于草地面积。林地面积占总面积的5.93%，集中分布于东部的兴海县、玛沁县、同德县、河南县、甘德县、久治县、玛曲县和红原县一带。丘陵旱地和平地旱地面积占总面积的0.96%，主要分布在本区西北部，其中贵南县、同德县较多，兴海、共和、泽库和若尔盖县也有少量分布，其中大部分已开垦为耕地。荒漠、裸土、裸岩等未利用土地面积占总面积的11.44%，还有少量的建设用地（仅占总面积的0.08%）。

黄河源区干流河段，径流稳定，落差集中，水力资源丰富，但高程较高，交通不便，水电资源开发前期工作开展很少。根据估算，该河段水力资源理论蕴藏量为6 417 MW，技术可开发装机容量为7 980 MW，年发电量为334.1亿kW·h。黄河源区干流河段具有高原湖盆和高山峡谷相间的地貌特征，官仓峡、拉加峡、野狐峡等峡谷地段，河道较窄，比降较陡，具有较好的水电梯级开发条件。

黄河源区蕴藏着丰富的矿产资源，涉及能源、冶金、化工、建材等基础工业矿物原料，储量占全国保有储量潜在价值的19%以上。有色金属矿产资源有金、银、铜、铅、锌、锡、锑、镍、铬、钨等；非金属矿产资源有煤、石棉、石膏、石灰石、石英石、硅灰石等。

黄河源区特殊的地理位置和独特的地貌特征决定了其具有丰富的生物多样性、物种多样性、基因多样性、遗传多样性和自然景观多样性。严酷的高寒环境，构成了独特的生命存衍区。森林中孕育了地域特色突出、种类丰富、产量高、质量好、开发前景广阔的中草药植物640余种（如大黄、红芪、藏茵陈、红景天、羌活、冬虫夏草等),食用菌250余种(如羊肚菌、猴头菌、茶银耳等),野生花卉植物360余种。森林环境下还残存一些具有重要科学研究价值和经济价值的珍稀濒危植物。

区内旅游资源丰富,既有圣洁的辽阔草原、茂密的原始森林、巍峨的雪山、风光秀丽的高原湖泊,也有浓郁的民族风情、神秘的宗教寺院、众多的文化古迹和红色旅游景点。国家西部大开发战略的实施,改善了该地区的交通、通信和环境状况,为发展当地旅游业创造了良好的基础条件。青海省已开发的旅游景区有阿尼玛卿大雪山、都兰国际狩猎场、“海藏咽喉”日月山和全国最大的人工湖龙羊峡水库;四川省以长征路为主线,在若尔盖草原开发出一条“红色”旅游线路;甘肃甘南州草原素有“天下第一草原”的美誉,又有藏传佛教圣地之一的夏河拉卜楞寺,现已开发有玛曲县黄河首曲湿地和碌曲县尕海—则岔湿地草原两大旅游景区。

1.6 冻 土

据南水北调西线工程通天河—雅砻江调水区冻土遥感调查研究,认为黄河源区的高平原、阿尼玛卿山、巴颜喀拉山、高原区为片状多年冻土分布区,本区东南和东北部除个别高山有零星岛状多年冻土外,大部分为季节冻土区。兴海、泽库、同德一带多年冻土分布高程下界北坡为3 840 m,南坡为4 000 m,多年冻土深度可达20~49 m。据统计分析,多年冻土下界的高程变化与地理纬度有密切关系,鄂拉山3 850~4 000 m,阿尼玛卿山4 000~4 050 m,大武—甘德段及巴颜喀拉山一带为4 150~4 200 m,久治一带为4 150~4 200 m,四川阿坝4 250~4 300 m的高山、沼泽地中保存零星岛状多年冻土。

据统计,大约纬度降低1°,下界升高130 m,下界处年平均气温在-2.5~-3.5 ℃。

阿尼玛卿山主峰玛卿岗日峰海拔6 282 m,周围有57条冰川,总面积125.5 km^2,冰川末端高程4 350 m,整条冰川的垂直高差可达1 800 m。北坡雪线高程为4 950~5 000 m,南坡为5 050~5 200 m,北坡雪线附近降水可达800 mm,冰川外缘分布大面积的多年冻土,在阴坡多年冻土的下界高程为4 000~4 100 m,阳坡为4 200~4 300 m,季节融化层厚度为0.5~1.2 m。巴颜喀拉山北坡多年冻土下界高程4 100 m左右,南坡4 200 m左右才形成多年冻土。本区大约海拔每升高100 m,多年冻土厚度增加13~17 m。多年冻土的年平均地温为0~-1.5 ℃,多年冻土厚度一般在10~60 m,最薄3~10 m。

各分区冻土分布范围及面积见表1-2。

表1-2 黄河源区冻土分布情况分析

分区	东曲河口以上	东曲—吉迈	吉迈—沙曲河口	沙曲河口—玛曲	玛曲—唐乃亥	唐乃亥以上	占唐乃亥的比例(%)
分区面积(km^2)	32 604	12 415	19 082	21 947	35 924	121 972	100
多年冻土下界高程(m)	4 200	4 150	4 200	4 250	4 000		
多年冻土面积(km^2)	28 103	12 087	8 558	95	14 135	62 977	51.6
季节性冻土面积(km^2)	3 000	245	10 189	20 514	20 458	54 405	44.6

注:唐乃亥以上季节冻土面积是扣除水域面积后的汇总值。

1.7 生态环境与自然保护区

黄河源区河流密布,湖泊、沼泽众多,雪山冰川广布,是世界上海拔高、面积大、湿地类型丰富的地区。黄河总水量的38.6%都来自于该地区。历史上,该地区是水草丰美、湖泊星罗密布、野生动植物种群繁多的高原草甸区,被称为生态和生命的"净土"。进入20世纪90年代以来,由于降水量减少、气温升高,加之人类活动的影响,该地区冰川、雪山逐年萎缩,众多江河、湖泊和湿地缩小、干涸;沙化、水土流失的面积不断扩大;荒漠化和草地退化问题日益突出;长期的乱垦滥伐使草地和森林遭到严重破坏;虫鼠害肆虐;珍稀野生动物盗猎严重;无序的黄金开采及冬虫夏草的采挖屡禁不止;受威胁的生物物种占总生物物种数的20%以上,远高于世界10%~15%的平均水平。

该地区生态环境的恶化引起了国家和各级政府的高度重视,相关部门先后在该地区建立了多个国家级、省级自然保护区,主要保护区的情况如下。

1.7.1 青海三江源自然保护区

三江源地区地处青藏高原腹地,位于青海省南部,是长江、黄河、澜沧江三大河流的发源地。青海省人民政府于2000年5月批准建立三江源省级自然保护区。2003年1月经国务院批准,三江源自然保护区晋升为国家级自然保护区。三江源自然保护区面积规划为15.23万km^2,涉及黄河流域河源区青海省境内面积约4.14万km^2,占黄河流域黄河源区总面积的32%。其主要保护对象为高原湿地生态系统、国家与青海省重点保护动物、典型高寒草甸与高山草原植被、高原森林生态系统及特有植被。

三江源自然保护区共有18个核心区,其中黄河流域6个。

1.7.1.1 约古宗列核心区

约古宗列是黄河源头区,为一个东西40多km、南北60余km的椭圆形盆地,位于曲麻莱县麻多乡的黄河源头。核心区面积953.47 km^2,主要保护对象为源头区河流、湖泊和沼泽。距雅拉达泽山约30 km处的小泉不停喷涌,汇成溪流在星宿海之上进入黄河源流玛曲,是扎陵湖、鄂陵湖水量的重要补给区。盆地内星罗棋布地密集着无数大小不一、形状各异的水泊和海子,形成了较完整的高寒湿地生态系统,栖息着黑颈鹤、雪豹、藏羚、藏野驴等珍稀动物。

1.7.1.2 扎陵—鄂陵湖核心区

该区位于玛多县境内,扎陵湖、鄂陵湖是黄河干流源头上两个最大的淡水湖,对黄河源头水量具有巨大的调节功能。核心区面积2 317.22 km^2,扎陵湖约为520 km^2,鄂陵湖约为610 km^2,其他1 187.22 km^2。区内鸟类近80种,主要有黑颈鹤、斑头雁、赤麻鸭、玉带海雕、金雕等。

1.7.1.3 星星海核心区

该区位于玛多县,距县城不到30 km,黄河干流从此穿过。核心区面积932.98 km^2,是以保护湖泊及沼泽为主体功能的核心区。内有湖泊、沼泽地242 km^2,占核心区面积的26%。区内珍稀鸟类种类多、数量大,主要有黑颈鹤、玉带海雕、金雕、大天鹅等。

1.7.1.4 年保玉则核心区

年保玉则山又称果洛山,在久治县境内,是巴颜喀拉山东南段的一座著名山峰,具有神秘瑰丽的色彩。年保玉则山是长江、黄河流域的重要分水岭,以西、以南属长江水系,以东、以北属黄河水系。核心区面积291.12 km^2,是以保护雪山、冰川及四周湖泊为主体功能的核心区。区内有冰川5.20 km^2,湖泊14.9 km^2,灌木林68.2 km^2。在雪线以上,分布有现代冰川;山体四周有360多个大小湖泊;灌木林和草地则分布在果洛山中下部。野生动物有白唇鹿、猞猁、熊、雪豹、马麝、雪鸡等。

1.7.1.5 阿尼玛卿核心区

该区位于玛沁县西北部的阿尼玛卿山,是藏区的四大圣山之一。核心区面积505.74 km^2,是以保护永久性雪山和冰川为主体功能的核心区。在海拔超过5 000 m的山峰上可见古冰川地貌,如冰斗、角峰等,具有完整的高寒冰川地貌,内有冰川57条,其中位于东北坡的哈龙冰川长7.7 km,面积23.5 km^2,垂直高差达 1 800 m，是黄河流域最大、最长的冰川。区内分布有雪豹、雪鸡、白唇鹿、岩羊、棕熊等野生动物和丰富的高寒植物种群。

1.7.1.6　中铁—军功核心区

中铁—军功核心区位于玛沁、同德、兴海 3 县交界处的黄河峡谷地带，包括江群、中铁、军功三个国有林场，为黄河上游最西部的天然林区之一。核心区面积 1 555.23 km^2，主体功能是保护以青海云杉、紫果云杉、祁连圆柏等为建群种的原始林。区内有林地面积 242.94 km^2，疏林地面积 138.56 km^2，灌木林 495.26 km^2。乔木树种主要是青海云杉、紫果云杉、祁连圆柏，动物主要有白唇鹿、棕熊等。

1.7.2　四川若尔盖湿地国家级自然保护区

四川若尔盖湿地国家级自然保护区位于四川省阿坝藏族羌族自治州若尔盖县境内，东经 102°29′～102°59′，北纬 33°25′～34°00′，最高海拔 3 697 m，最低海拔 3 422 m，南北长 63 km，东西宽 47 km，总面积 1 665.71 km^2。主要保护对象为高寒沼泽湿地生态系统和黑颈鹤等珍稀野生动物。保护区还是重要的水源涵养区，黄河支流黑河、白河纵贯全区。

四川若尔盖湿地自然保护区始建于 1994 年，1997 年被批准为省级自然保护区，1998 年又被批准为国家级自然保护区，2008 年被列入国际重要湿地。保护区划分为核心区、缓冲区和实验区 3 个功能区。核心区面积 646.94 km^2，占总面积的 39%；缓冲区面积 635.77 km^2，占总面积的 38%；实验区面积 383.0 km^2，占总面积的 23%。

1.7.3　四川阿坝曼则唐湿地省级自然保护区

四川阿坝曼则唐湿地省级自然保护区位于四川阿坝藏族羌族自治州阿坝县东北部，地处青藏高原东南缘，平均海拔 3 000 m。保护区东邻四川红原县，西接青海久治县，南达阿坝县查理乡，北至四川若尔盖县及甘肃玛曲县，位于东经 101°37′55″～102°14′43″、北纬 32°44′30″～33°27′27″。保护区东西长约 70 km，南北宽约 75 km，总面积 1 658.74 km^2，是以高原沼泽湿地生态系统和黑颈鹤等珍稀野生动物为主要保护对象的湿地类型自然保护区，是我国最大的高原沼泽——若尔盖沼泽的重要组成部分，对于保障黄河上游水安全、维护区域生态系统稳定具有重要价值。

四川阿坝曼则唐湿地自然保护区始建于 2000 年，2003 年 4 月经四川省人民政府以“川府函[2003]96 号”文件批准，保护区成为省级自然保护区。保护区划分为核心区、缓冲区和实验区三个功能区。核心区面积 516.82 km^2，占保护区总面积的 31%；缓冲区面积 105.68 km^2，占保护区总面积的 6%；实验区面积为 1 036.24 km^2，占保护区总面积的 63%。

1.7.4　四川长沙贡玛国家级自然保护区

四川长沙贡玛国家级自然保护区位于四川省甘孜藏族自治州石渠县北部，地处青藏高原东南缘，东经 97°22′～98°40′，北纬 33°18′～34°12′，最高海拔 5 249 m，最低海拔 3 840 m，南北长 100 km，东西宽 120 km，总面积 6 698.0 km^2，其中黄河流域东西长 70 km，南北宽 35 km，面积约 1 700 km^2，占保护区面积的 25%。长沙贡玛自然保护区始建于 1995 年，1997 年晋升为省级自然保护区，2009 年被批准为国家级自然保护区。主要保护对象为藏野驴、野牦牛、黑颈鹤、玉带海雕等珍稀野生动物和高寒湿地生态系统。保护区内河流水系极多，呈树枝或羽状密布。其中擦曲河属黄河流域，另外还有长江流域的洋涌河、麻母河等。

四川长沙贡玛省级自然保护区划分为核心区、缓冲区和实验区三个功能区。核心区面积 3 232.59 km^2，占总面积的 48%，其中黄河流域面积 1 195.6 km^2，占黄河流域保护区面积的 70%；缓冲区面积 1 230.67 km^2，占总面积的 18%，其中黄河流域面积 217.5 km^2，占黄河流域保护区面积的 13%；实验区面积 2 234.74 km^2，占总面积的 34%，其中黄河流域面积 284.9 km^2，占黄河流域保护区面积的 17%。

1.7.5　甘肃黄河首曲湿地省级自然保护区

甘肃黄河首曲湿地省级自然保护区位于甘肃省玛曲县境内，1995 年建立。分布在尼玛、曼日玛、采日玛、齐哈玛、阿万仓等 5 个乡，地处东经 101°15′～102°29′、北纬 33°00′～34°30′，均属黄河源区。自然保护区总面积 2 596.74 km^2，分核心区、缓冲区、实验区。其中核心区面积 812.91 km^2，占保护区面积的 31.3%；缓冲区面积 698.92 km^2，占保护区面积的 26.9%；实验区面积 1 084.91 km^2，占保护区面积的 41.8%。

主要保护对象有高原湿地、野生动植物。其中高原湿地包括：①阿万仓沼泽、纳尔玛滩沼泽、采日玛沼泽、尼玛曲果果芒沼泽、扭萨日哥沼泽、曼日玛东南部沼泽、包瑞拉布侧西沼泽等 7 处沼泽；②当庆湖、欧拉克琼湖、曲合尔湖、古拉措隆等 4 处湖泊；③俄后滩等 9 处滩地；④大水泉等 4 处泉水。野生动物包括雪豹、野驴等国家一级保护野生动物 10 种，豹、棕熊等国家二级保护野生动物 21

种;野生植物包括扁茎眼子菜、异叶眼子菜等濒危野生植物10种。

1.7.6　甘肃甘南黄河重要水源补给生态功能区

甘肃甘南黄河重要水源补给生态功能区位于甘肃省甘南藏族自治州境内。甘南藏族自治州地处甘肃南部,青藏高原东北边缘,南连四川若尔盖高原,东靠岷山,北接黄土高原,属青藏高原与黄土高原的中间地带,是黄河、长江的分水岭地区,地理环境独特,地质地貌特征明显。地处东经100°45′~104°46′,北纬33°06′~35°34′,分属黄河、长江两大流域,辖7县1市,总面积4.5万 km^2。甘肃甘南黄河重要水源补给生态功能区总面积30 570.17 km^2,其中黄河源区面积9 281.98 km^2,占总面积的30%。其独特的地理环境和气候条件,使甘南生态功能区以占黄河流域4%的面积,每年向黄河补水65.9亿 m^3,占到黄河总径流量的11.4%。

该生态功能区的主要保护目标是,通过全面封禁保护、退牧还草、人工种草、灭鼠等综合治理措施,实现草畜平衡,恢复林草植被,增强水源涵养功能,提高水源补给能力,为黄河流域的可持续发展提供强有力的生态安全保障。甘肃省已编制《甘肃甘南黄河重要水源补给生态功能区生态保护与建设规划》,国家“十一五”规划纲要已将甘南黄河重要水源补给生态功能区列入限制开发类主体功能区。

1.7.7　黄河上游特有鱼类国家级水产种质资源保护区

2007年12月,中华人民共和国农业部公告第947号将黄河上游特有鱼类水产种质资源保护区列入了第一批国家级水产种质资源保护区,该保护区主要分布于玛曲河段的四川阿坝州若尔盖县,青海久治县、河南县,甘肃玛曲县。主要保护对象为厚唇裸重唇鱼、花斑裸鲤、极边扁咽齿鱼、黄河裸裂尻鱼、骨唇黄河鱼、似鲇高原鳅等高原冷水鱼类。

1.7.8　甘肃玛曲青藏高原土著鱼类省级自然保护区

2004年,甘肃省政府批准建立了甘肃玛曲青藏高原土著鱼类省级自然保护区。土著鱼类保护区总面积274.16 km^2,其中核心区面积88.16 km^2,占保护区总面积的32.16%;缓冲区面积76 km^2,占保护区总面积的27.72%;实验区面积110 km^2,占保护区总面积的40.12%。其主要保护对象为极边扁咽齿鱼、花斑裸鲤、厚唇裸重唇鱼、黄河裸裂尻鱼、鲶条鳅、黄河高原鳅、小眼高原鳅、硬刺高原鳅、黑体高原鳅、壮体高原鳅、短尾高原鳅等11种青藏高原土著鱼类资源。

1.8 社会经济

黄河源区地域辽阔，人口稀少，是藏、汉、回、羌、蒙古等多民族聚居区。据2005年资料统计，河段内总人口61.11万人，多集中在县、乡和城镇，人口密度4.65人/km^2，其中农牧业人口48.45万人，占总人口的79.3%；区域经济结构单一，以传统草地畜牧业为主，占国民生产总值的75%～85%；产业结构层次低、链条短，仅有牛羊肉、皮毛、牛奶等畜产品的初级加工，技术装备落后，市场竞争力弱；经济总量小，发展水平低，农牧民人均年可支配收入1 800元左右，远低于全国平均水平。国内生产总值31.18亿元，人均GDP 5 102元，比2005年全国人均GDP(13 950元)低63.4%，经济发展比较落后；大(小)牲畜共计779.37万头(只)，详见表1-3。

表1-3 2005年黄河源区主要经济社会指标调查统计

行政区划		人口(万人)		土地面积(km^2)	耕地面积(万亩)	牲畜(万头、只)			粮食产量(万t)	GDP(亿元)
省	地市、州	小计	其中:农业			大牲畜	小牲畜	小计		
合计		61.11	48.45	131 420	113.56	258.62	520.75	779.37	2.98	31.18
青海	小计	47.26	37.27	104 931	103.74	149.66	443.27	592.93	2.40	23.85
青海	玉树州	0.26	0.25	12 545		2.51	10.16	12.67		0.05
青海	果洛州	11.99	9.16	59 501	0.31	79.20	139.53	218.73	0.01	6.13
青海	海南州	26.00	20.33	23 481	95.74	32.87	195.63	228.50	2.38	13.15
青海	黄南州	9.01	7.53	9 404	7.69	35.08	97.95	133.03	0.01	4.52
四川	阿坝州	9.28	7.38	17 055	9.28	74.49	48.01	122.50	0.57	4.55
甘肃	甘南州	4.57	3.80	9 434	0.54	34.47	29.47	63.94	0.01	2.78

第2章　治理现状及存在的主要问题

2.1　治理现状

黄河源区是黄河的主要产流区之一,素有“黄河水塔”之称。长期以来,该地区基本处于自然状态,被视为“天然生态稳定区”,在历次黄河治理开发规划中,该地区的综合治理几乎都没有涉及。进入 20 世纪 90 年代以来,由于降水量减少、气温升高,加之人类活动的影响,该地区的径流量减少,生态环境恶化,引起了国家和各级政府的高度重视。2004 年以来,先后在该地区实施了青海三江源自然保护区生态保护和建设总体规划、甘肃甘南黄河重要水源补给生态功能区生态保护与建设规划、四川省若尔盖湿地保护项目、水利部水土保持预防监督工程等。

2.1.1　生态环境保护

2005 年 1 月国务院批准了《青海三江源自然保护区生态保护和建设总体规划》(简称《青海三江源规划》),2005 年 8 月正式启动实施,其主要规划内容为高原湿地生态系统、国家与青海省重点保护动物、典型高寒草甸与高山草原植被、高原森林生态系统及特有植被的保护。规划面积为 15.23 万 km^2,其中涉及黄河流域黄河源区青海省境内面积约 4.14 万 km^2,占黄河流域黄河源区总面积的 32%。《青海三江源规划》的规划期为 2004 ~ 2010 年,规划确定的 22 个项目中,已有 18 项先后开始实施,并取得初步成效。一是通过生态移民、退牧还草、小城镇建设等项目的实施,有效减轻了天然草场的压力,监测显示植被盖度和草地能力开始恢复和提高,项目覆盖区草地退化趋势初步得到遏制,三江源区城镇功能得到增强。二是随着封山育林、鼠害防治、黑土滩治理、建设养畜、森林草原防火等建设项目的整体推进,林草植被和水源涵养能力逐步增强,草原鼠害得到了有效控制,三江源区森林草原防火综合能力普遍提高。三是生态监测和科研课题项目的实施,首次确定了我国三江源区生态监测与评价指标体系,确定监测与评价因子共 9 大类、150 多项,三江源生态监测数据库初步搭建。同时,首次运用遥感技术和地理信息系统，确定了三江源黑土滩退化草地分级标准，建成了退化草地地理信息系统，青海冷地早熟禾和中华羊茅以及扁茎早熟禾、旱地早熟禾等牧草原种扩繁获得成功。四是通过科技培训项目的实施，加深了项目区管理干部、专业技术人员对三江源生态保护和建设工程的理性认识，项目综合管理能力得以提高，生态治理新技术及科技成果逐步开始推广应用。同时，通过实用技术培训，提高了广大牧民群众的生产技能和经营水平，加快了脱贫致富的步伐。

目前，黄河源区青海省治理面积988 km^2，其中基本农田建设13 km^2，经果林3 km^2，造林450 km^2，种草327 km^2，封禁195 km^2，小型水保工程46座。

四川若尔盖湿地自然保护区：1994年经若尔盖县政府批准建立，1997年晋升为省级自然保护区，1998年经国务院批准成为国家级自然保护区，2008年2月，第十二个世界湿地日，国家林业局为已被列入国际重要湿地的若尔盖湿地保护区授牌。若尔盖湿地保护区成立以来，国家累计投入730万元资金进行一期工程建设，工程完成了20条60多km的排水沟湿地恢复，建设拦坝279处，涉及湿地面积100余 km^2。

四川阿坝曼则唐湿地自然保护区：阿坝县人民政府于2000年12月以“阿县府函[2000]59号”文件批准，在该区建立了以保护湿地生态系统及黑颈鹤等珍稀动物为主要目标的保护区——“阿坝曼则唐湿地自然保护区”。2001年6月，阿坝州人民政府以“阿府发[2001]77号”文件批准，将该保护区升级为州级自然保护区。2003年4月，四川省人民政府以“川府函[2003]96号”文件批准，将该保护区升级为省级自然保护区。为保护好区内的湿地生态系统和珍稀野生动物，加快保护区建设和发展步伐，2006年2月，四川省林业勘察设计研究院对保护区进行总体规划，目前正在组织该规划的审批。

四川长沙贡玛自然保护区：为保护好区内的自然资源和生物多样性，维护生态环境，1997年，四川省人民政府以“川府函[1997]405号”文件批准建立省级自然保护区，名为“长沙贡玛自然保护区”，保护区类型为森林生态系统类型的自然保护区。在保护国际CI等国际保护组织的支持下，2009年被批准为国家级自然保护区。保护区每年两次定期对区内湿地和野生动物进行监测，对区内湿地和野生动物分布特点等基础数据有了一定的掌握。2005年7月，四川省林业科学研究院对保护区进行了科学考察，并完成了《四川长沙贡玛自然保护区综合科学考察报告》。在此基础上，四川省林业勘察设计研究院于2006年3月完成《四川长沙贡玛自然保护区总体规划》，目前正完善该规划。

2007年5月完成的《甘肃甘南黄河重要水源补给生态功能区生态保护与建

设规划》，通过对甘南黄河重要水源补给生态功能区的独特区情和重点问题进行充分调查，深入研究，认真分析，以区域生态承载力、水源涵养能力、人类活动状况等为基础，按照统筹兼顾的原则，确定开展生态保护与修复、农牧民生产生活基础设施建设和生态保护支撑体系建设等三大建设内容，已得到国家发展和改革委员会的批复。

2001 年开始，国家启动了黄河源区水土保持生态保护工程，制定了水土保持配套法规制度，加大水土保持法宣传活动，部分州、县开展了水土流失普查和发布了“三区”划分政府公告，初步启动了水土保持预防保护监督执法工作，为控制源区生态恶化、遏制人为水土流失的发生起到了至关重要的作用。

通过水土流失综合治理提高了局部地区的土地利用率，改善了农牧业生产基本条件，使源区生态效益和社会效益得到了一定程度的提高，使自然及人为水土流失对源区生态环境的危害得到了控制，提高了天然草场的利用率，牧民的经济收入得到了增加。

2.1.2　水电梯级开发

黄河源区河段高程较高，人口稀少，当地用电量较少。目前结合当地需求，在曲什安河、大河坝河、泽曲等支流上开发了一部分小水电项目，黄河干流除玛多县黄河源电站外，黄河源区干流河段还没有修建梯级电站，但开展了深度不同的前期工作。受国家发展和改革委员会及青海省有关部门委托，中国水电顾问集团西北勘测设计研究院（以下简称西北院）开展了黄河龙羊峡以上河段的水电开发前期工作，在该河段规划了 16 座梯级电站，总装机容量约 7 980 MW，年发电量 334.08 亿 kW · h。目前茨哈—羊曲河段水电梯级开发方案已基本确定，规划推荐近期工程为班多梯级电站，班多和羊曲电站的预可行性研究报告已经完成，班多电站已开展了前期施工准备工作。多松—尔多河段和湖口—多松河段的水电梯级规划工作正在开展。

2.1.3　水资源利用与保护

黄河源区河段水资源总量 207.13 亿 m^3，其中地表水资源量 206.67 亿 m^3，地下水资源量 82.79 亿 m^3（包括重复量 82.33 亿 m^3）。按 2005 年资料统计，区内各类供水工程总供水量为 2.62 亿 m^3。其中地表水 2.48 亿 m^3，占总供水量的 94.6%；地下水 0.13 亿 m^3，占总供水量的 5.0%；其他供水量 0.01 亿 m^3，占总供水量的 0.4%，区内供水量以地表水为主。地表水源供水量中，蓄水工程供水量 0.166 亿 m^3，占地表供水量的 6.7%；引水工程供水量 1.987 亿 m^3，占地表供水量的80.1%，为主要供水水源；提水工程供水量0.327亿 m^3，占地表供水量的13.2%。地下水源供水量全部为浅层淡水。

由于没有规模性工业污染，水质良好。除白河、黑河水质类别为Ⅲ类外，其他水功能区水质类别均为Ⅱ类，都能达到水功能区水质标准。

2.1.4 基础设施建设

2.1.4.1 城镇建设

加快城镇化进程是党的十六大报告提出统筹城乡经济社会发展，建设现代农业，发展农村经济，增加农民收入，全面建设小康社会重大任务的核心内容。由于自然地理条件和历史原因，黄河源区生态环境脆弱，当地农牧民至今仍主要依赖草地，沿袭传统粗放落后的游牧、半游牧生产生活方式，经济发展缓慢。随着人口和跨区域需求的增加，人们过度开发利用草地、森林、湿地等资源，加剧了对生态环境的破坏。通过重点开发建设具有一定规模和市场经济相对发达的县城及建制镇，提高对农村牧区劳动力的吸纳能力，引导鼓励本地区牧民和生态移民向经济较发达的县城及建制镇迁移，既推进了城镇化建设进程，又降低了农牧业人口总量，减轻了人口对生态环境的压力，把生态保护、人口集中、产业发展同社会进步有机结合起来，形成了强大的规模集聚效应。

目前，青、川、甘三省已完成国家级、省级确立的自然保护区城镇建设规划。青海省规划移民新村22个、甘肃省规划移民新村9个，均已开展了生态移民新村试点工作。

2.1.4.2 交通状况

黄河源区地域辽阔、地形复杂，经济欠发达，交通状况比较落后。近几年在国家的大力支持下，公路建设有了较大发展。区内现有国道109、213、214主干公路3条，与宁果、红若等省级公路和各县及部分乡间公路形成一定规模的公路网，并实现了路面的黑色化。但交通网密度仍低于本省平均水平，广大农牧民的交通工具主要是牦牛和马匹。

随着交通运输业的发展，区内黄河干流兴建起大型公路桥梁9座，为跨地区人员来往和物资交流提供了方便，对推进区域经济发展发挥了积极作用。

2.1.5 水文水资源与水土保持监测系统建设

2.1.5.1 水文水资源测报系统建设

根据1956年2月全国水文工作会议确定的“黄河干流及巴沟入黄口以上各支流由黄委会设站并监测管理”的基本原则，河源区域内大部分水文站点由黄河上游水文水资源局负责设立和观测,地方省区水文部门设立并观测的站点较少。规划区内现有 13 处水文站,其中黄委所属水文站 10 处,省区管辖水文站 3 处,站网密度为 10 154 km^2/站。黄委所属黄河干流大河控制站 6 处,分别是黄河沿、吉迈、门堂、玛曲、军功、唐乃亥等站;支流大河控制站3 处,分别是热曲黄河、白河唐克、黑河大水等站;区域代表站 1 处,即沙曲久治站。规划区内现有水位站 2 个,分别是扎陵湖和鄂陵湖水位站,均由黄委设立并管理。规划区内现有雨量站 28 处,其中黄委所属雨量站 21 处,省区所属雨量站 7 处,站网密度为 5 500 km^2/站。

近几年来,随着经济社会发展对水文工作要求的不断提高,西部大开发的不断深入以及黄河水资源供需矛盾的日趋突出,国家及各级水文部门十分重视黄河源区流域水文基础设施的建设和完善,先后对流域内部分水文站、水位站、雨量站、水环境监测断面的水文基础设施及技术装备进行了改造和建设。

2.1.5.2　水土保持监测系统建设

2000 年,水利部颁布了《全国水土保持生态环境监测网络管理办法》(水利部 12 号令),国家在西部地区建设水土保持监测网。水利部、黄委相继编制了水土保持生态环境监测站网实施方案。2001 年,黄河水土保持生态环境监测中心成立。2000 年成立了甘肃省水土保持监测总站,设立了甘南州水土保持监测分站;2001 年 9 月成立了四川省水土保持生态环境监测总站,设立了阿坝州监测分站;2002 年 12 月成立了青海省水土保持生态环境监测总站,逐步建立了海南、果洛、黄南、玉树等 4 个监测分站。2004 年 12 月,水利部水土保持监测中心为省总站及各分站配备的监测设备及车辆全部到位,目前各分站的设备运行情况良好,各项监测工作已经正常开展。

青海省人民政府按照《2005 年度三江源自然保护区生态环境保护和建设项目生态监测实施方案》,编制完成了《青海省三江源生态监测与生态系统评估技术规定》,共布设综合监测地面站 14 个、监测点 462 个,结合即将实施的生态建设工程项目,由青海省环境保护局、水文局、气象局、林业局、农牧局等 5 个部门协同,进行了综合监测站点的核查布设工作。其中黄河源区布设生态综合监测站 8 个,现有水文站 10 处(干流 6 处,支流 4 处),气象部门建立了 12 个生态气象监测点,水土保持部门布设水土保持雨量监测点 30 个、土壤环境监测点 11 个、水土保持监测点 10 个。

2.1.6　管理现状

对于黄河源区的管理主要体现在生态环境的保护与建设、水资源的合理开发与利用、水工程建设等方面。根据《中华人民共和国水法》,国家对水资源实行流域管理与行政区域管理相结合的体制,为水资源的综合管理提供了法律依据。目前流域机构对这一地区的管理涉足很少,水工程管理基本为所在行政区域管理。

对于生态环境保护与建设,2005 年 7 月,青海省批准成立了青海三江源国家级自然保护区管理局,该管理局为副厅级单位,归省林业局管理。流域机构结合《青海三江源自然保护区生态保护和建设总体规划》,组织青海、四川两省开展了黄河源区水土保持预防保护监督工程。

对于取水许可管理,由于河源地区水资源开发利用程度低,规模小,目前主要是县级政府实施管理。

水电梯级开发方面,目前黄河干流黄河源区河段的梯级开发处于前期规划阶段,电力部门开展了前期工作,流域机构主要是行使水行政许可审批权限。

随着国家依法治国进程的加快,黄河河源地区资源开发利用和生态环境保护与建设工作也逐步走上法治化轨道。青海、四川、甘肃等省根据国家法律法规,结合当地实际,制定了相应的地方配套的法规制度,逐步建立健全生态环境保护与建设的长效机制,对当地资源、环境的保护管理发挥了积极作用。

2.2 存在的主要问题

2.2.1 生态环境问题突出,水源涵养能力下降

经过近年来的生态环境治理,虽然生态环境状况有所改善,但仍存在以下主要问题。

2.2.1.1 草场退化与沙化

近 20 年来,黄河源区植被退化,草原生产能力下降。1989 年黄河源区约有中高盖度草地、林地分别为 65 200 km^2、7 900 km^2,而 2005 年分别约为 64 000 km^2、7 800 km^2。据《青海三江源自然保护区生态保护和建设总体规划》,三江源自然保护区中的“黄河区”(包括约古宗列区、扎陵—鄂陵湖区、星星海区、阿尼玛卿区、年保玉则区(部分)、中铁—军功区)中现约有黑土滩型草地 4 600 km^2。植被退化,草原生产能力下降,造成牲畜个体质量和生产力下降,畜牧业效益下降。而牧民为了维持基本生活需要和增加收入,不断增多牲畜,大量超载放牧,进一步加剧了草原植被的退化。另据《甘肃甘南黄河重要水源补给生态功能区生态保护与建设规划》,国家在 1994 年、1999 年、2004 年完成的三次土地荒漠化

和沙化监测中，都明确指出工作区内的甘肃省玛曲县是我国沙化土地发展速度最快的敏感地区之一，境内黄河沿岸的沙化线不断向纵深扩展，已出现沙化草原(黑土滩)1 800 km^2，大型沙化点36处，形成220 km长的流动沙丘带，且以每年3.9%的速度扩展，受沙化影响的草原面积达2 000 km^2以上。

2.2.1.2 湖泊湿地萎缩

1989年黄河源区的湖泊沼泽面积约为10 389 km^2，而现状的湖泊沼泽面积约为10 056 km^2，减少了333 km^2。据《四川若尔盖湿地国家级自然保护区总体规划》，若尔盖湿地国家级自然保护区及周边地区曾为增加草场面积进行过开沟排水，导致沼泽面积减少。1965～1973年期间，累计开沟200 km，涉及沼泽1 400 km^2，使800 km^2的水沼泽变成半湿沼泽或干沼泽。20世纪90年代又挖掘17条沟壑，总长度50.5 km，涉及沼泽150 km^2。现虽停止挖沟排水，仍有800余km^2沼泽丧失了作为水禽栖息地的功能。另据《甘肃甘南黄河重要水源补给生态功能区生态保护与建设规划》，玛曲县南部的乔科曼日玛湿地，面积曾达1 000 km^2，与若尔盖湿地连成一片，构成了黄河上游水源最主要的补充地。但自1997年以来，沼泽逐年干涸，湿地面积不断缩小，生态功能降低，水源涵养和补给能力减弱。

2.2.1.3 生物多样性锐减

由于黄河源区生态环境破碎化、岛屿化和多样性的丧失，部分生物及其种群数量呈现锐减状态。据了解，目前受到威胁的生物物种占总种数的15%～20%，高于世界10%～15%的平均水平。生物多样性由历史上的29.1种/m^2减少到现在的8.7种/m^2。少数物种濒临灭绝，以森林为栖息地的野生动物也在不断减少。

2.2.1.4 草原鼠害猖獗

近年来，高原鼠兔、鼢鼠、田鼠数量急剧增多，三江源自然保护区的"黄河区"有50%以上的黑土滩型退化草场是因鼠害所致，严重地区鼠洞密度高达89个/亩。据《甘肃甘南黄河重要水源补给生态功能区生态保护与建设规划》，2006年功能区玛曲县境内的鼠害面积达12 860 km^2，为可利用草原总面积的50%，其中严重鼠害面积达10 485 km^2，占鼠害总面积的82%。每年因鼠害而损失的牧草达4.8亿kg。严重的鼠害破坏了草原，影响了畜牧业的健康发展，直接危及工作区内天然草原的生态平衡。

2.2.1.5 局部地区水土流失严重

黄河源区流域地处青藏高原，在各种自然要素的长期作用下，形成了该地区独特的土壤侵蚀环境。根据水利部1990年土壤侵蚀遥感普查成果，黄河源区流域水土流失面积0.62万km^2，占总面积的4.72%。从水土流失分布上看，东部水土流失远较西部严重，也是整个流域内水土流失最集中的地区。其中东北部地区人口密度为流域内最高，人类活动强度相对较大，水土流失也最为严重，应为黄河源区流域水土流失防治的重点区域。

根据有关研究和调查资料分析，20世纪以来，由于气候变暖，蒸发加大所导致的冰川冻土萎缩、雪线上升、湿沼旱化、草场退化等成为流域内水土流失加剧的直接动力因素。另外，随着人口的过快增加和社会经济的迅速发展，近年来，流域内各种人类经济活动逐渐增多，修建公路、水利水电工程，开发矿产资源，超载过牧，非法淘金、采药、挖沙以及对原生植被的乱垦滥伐等，不同程度地破坏了部分优良草场和天然植被，不仅在局部地区进一步加剧了水土流失，而且对易破坏、难恢复的高原植被造成了严重危害，后果堪忧。

2.2.1.6 水源涵养能力下降

黄河源区湿地生态系统与大面积的高寒草地和森林资源，在水源涵养、蓄洪防旱、调节气候、降解污染等方面发挥着独特的生态功能，具有其他生态系统不可替代的作用。受自然因素和人为因素影响，该地区雪线上移、冰川退缩、河流断流、湖泊干涸、沼泽萎缩，湿地生态系统退化；草地过度放牧、乱挖乱采，森林重采轻育、乱砍滥伐，植被遭受严重破坏。这些问题的存在，使该地区水源涵养能力普遍下降。

2.2.2 缺少综合规划，流域管理滞后

由于没有流域综合规划，缺乏流域管理的基本依据，目前黄河源区河段基本以行政区域管理为主，流域管理滞后。主要表现在以下三个方面。

2.2.2.1 水工程建设程序不符合水法要求

黄河源区河段水力资源丰富，具有一定的开发潜力，地方政府和相关的开发建设单位开展了大量的水电项目前期工作，有些前期工作已进入设计阶段，但都没有按照水法及河道管理条例规定，履行相应的审批程序。

2.2.2.2 管理机制不健全

对于涉水事务的管理，现行法律法规对流域管理机构与地方行政区域及相关部门之间的事权划分零星且不明确，流域管理与区域管理相结合的管理机制尚不健全，缺乏协商沟通机制。行政区域管理注重区域利益，对区域之间、上下游、左右岸的利益关系考虑不够。

2.2.2.3 政策法规不完善

地方政府根据涉水事务管理需要，出台了一些政策法规，但还很不完善，主

要表现在:①地方性政策法规仅适用于行政区域管辖范围,不满足保障水资源可持续利用和经济社会可持续发展情况下流域综合管理的需求;②法制宣传教育工作薄弱,有法不依,无序开发现象依然存在;③执法体系不健全,执法力量薄弱,影响政策法规的实施效果。

2.2.3　水文水资源、水环境及生态环境监测设施落后

多年以来,由于该地区自然条件恶劣和长期投入不足,水文水资源测报系统建设严重落后,水土保持及水环境监测基本上是空白,给及时了解该地区水文水资源、水环境和下垫面变化带来了很大困难。

在水文水资源监测方面:①站网密度不足,站网有待进一步完善。②水文观测要素不全。③水文测验方式难以满足新形势的基本要求。一些站测验设施设备不完善,测验困难,安全性差,而且直接影响测验精度。④水资源分析预测预报能力差。

该区域水质监测能力薄弱,水环境监督管理手段落后。区域水质监测断面严重不足,仅设有黄河干流玛曲一个常规水质监测断面,且两个月监测一次,支流未设置常规监测断面,无系列水质监测资料,给区域的水资源保护工作开展带来了一定困难。另外,区域水资源保护水政监察队伍力量薄弱,监督管理工作范围需要进一步拓展,执法力度和水平有待进一步提高。

在水土保持监测方面:①监测网点少,尤其缺少典型遥感监测,监测手段和技术落后。②缺乏统一的数据共享平台,限制了数据的有效利用。③投资不稳定,影响了水土保持监测的连续性和科学性。

2.2.4　农牧区人畜饮水安全问题突出

黄河源区水资源丰富,开发利用程度较低,受人为污染较小,河流水质良好。但农牧区人畜饮水安全问题依然突出,对人民的身心健康造成了严重威胁:氟病区群众现饮用含氟量超标的浅层井水、泉水,轻者造成当地居民黄牙,腰腿疼痛,弯腰驼背,关节活动受限,严重者丧失劳动能力,生活不能自理甚至瘫痪;长期饮用水质不符合卫生标准的水,患肠道传染病的比例大幅度提高,加剧了传染性疾病的传播,加重了农牧民群众的医疗负担;局部缺水地区因用水缺乏,群众每天需投入大量的人力、物力和运输机械到数公里甚至数十公里外去取水,占用了大量的劳动力,而且由于缺水往往一水两用、三用,水质普遍不符合卫生标准。上述情况已严重影响了当地群众的生活水平,制约了地区经济的稳定发展。

第3章 研究任务及总体布局

3.1 研究任务

研究范围为黄河流域黄河源区，流域面积13.14万km^2。

本次研究以2005年为现状水平年，近期2020年，远期2030年。

本研究的主要任务是：

(1)调查研究黄河源区气温、降水、蒸发、产汇流、断流及水资源利用等情况，采用卫星遥感、航片等先进技术，结合野外查勘、典型区调查，查清黄河源区下垫面现状情况及演变过程。

(2)分析现状水源涵养能力降低等方面存在的问题，充分考虑黄河源区生态环境的特殊性，进行水源涵养能力建设保护规划。

(3)分析预估黄河源区天然来水和生产、生活、生态用水及水质的变化，开展黄河源区水资源利用与保护规划。

(4)分析黄河源区河段梯级开发条件，结合南水北调西线工程规划以及国家"西电东送"有关规划、政策，在考虑生态环境安全的前提下，提出黄河源区干流河段梯级开发规划方案。

(5)在研究该地区水文特性、自然条件、生态特点、民风民俗和水资源利用状况的基础上，提出黄河源区水文水资源及水土保持监测系统建设规划。

(6)开展政策、法规及管理机制方面的研究，提出强化黄河源区统一管理的政策措施建议。

3.2 主要依据

本研究以《中华人民共和国水法》、《中华人民共和国环境保护法》、《中华人民共和国土地管理法》、《中华人民共和国水污染防治法》、《中华人民共和国水土保持法》、《中华人民共和国自然保护区管理条例》、《水利产业政策》等国家法律法规为基本依据，参照《江河流域规划编制规范》(SL 201—97)、《河流水电规划编制规范》(DL/T 5042—95)、《水利工程水利计算规范》(SL 104—95)、《江河流域规划环境影响评价规范》(SL 45—2006)等规程规范,开展研究。

3.3　治理开发与保护任务

黄河源区以占黄河流域16.5%的面积,产水量达206.67亿m^3,占黄河流域多年平均径流量的38.6%,且多为Ⅰ~Ⅱ类水质,水质良好,是黄河流域径流的主要来源区,素有黄河"水塔"之称。20世纪90年代至2002年,由于自然及人为因素的共同影响,河源地区出现了植被退化、湿地减少、荒漠化程度加剧等生态环境恶化状况,再加之降水量减少、气温升高等自然因素影响,该区域径流量急剧减少。唐乃亥水文站1956~1989年平均年径流量213.5亿m^3,1990~2002年则只有166亿m^3,较前期减少了22.2%,2002年则减少到105亿m^3。

黄河源区径流量的减少,直接导致了宁蒙河段用水紧张,水沙关系恶化,河道淤积严重、宽浅散乱、摆动加剧、排洪能力下降,严重威胁防凌、防洪安全。1986年以来曾出现5次凌汛决口和1次汛期决口,正是这种水沙关系不协调造成的严重后果。黄河下游花园口站1956~1989年天然平均年径流量562.55亿m^3,1990~2002年只有421.2亿m^3,较前期减少了25.1%,2002年只有298.22亿m^3,与黄河源区径流量丰枯基本一致。黄河源区径流量的减少,致使黄河下游径流量偏枯。

黄河下游曾频繁断流,造成下游引水困难,供需矛盾加剧。断流最严重的是1997年,干流利津站断流226 d,330 d无黄河水入海,断流段上首达到开封柳园口附近。下游河道径流量的减少,使下游主河槽淤积增加,平滩流量减小,二级悬河形势严峻,防洪负担加重。下游河道径流量的减少,还会破坏沿黄的生态环境,不利于河口三角洲地区生物多样性和湿地的保护。下游河道径流量的减少,使黄河纳污能力下降,进一步加剧水质恶化,造成黄河的缺水性质更加复杂,除资源性和工程性缺水外,更呈现出水质性缺水。

因此,黄河源区水源涵养能力降低,水资源量减少,不仅制约当地社会经济发展和农牧民的生产生活,而且还会加剧黄河流域水资源紧缺状况,使宁蒙河段、中下游用水安全和防断流形势更加严峻,严重威胁到黄河流域及沿黄省区的可持续发展,威胁到黄河的健康生命。综合分析,黄河源区治理开发与保护的总体思路是进行水源涵养保护,尽量减少人类活动对水源地的不利影响。

黄河源区治理开发与保护的主要任务是:实施生态治理工程,遏制生态环境恶化趋势,保护和修复黄河源区的植被与湖泊湿地,逐步恢复水源涵养功能;根据当地水资源利用特点,以解决人畜饮水及生态移民安置水源问题、改善人民群众生活生产条件为重点,合理开发利用水资源,加强城镇地区的水质监测和水资源保护;在满足生态环境要求的前提下,合理开发利用水力资源,促进地方经济发展,为西北电网及西电东送提供电力;提高水文水资源测报和水土保持监测系统的效能,建立权威、高效的黄河龙羊峡以上地区管理体制和机制。

3.4 基本思路和总体布局

黄河源区是黄河流域径流的主要来源区,且气候恶劣、生态脆弱。黄河流域是资源性缺水地区,水资源非常宝贵。因此,黄河源区水源涵养保护与治理开发研究的总体思路是以水源涵养保护和生态环境保护为重点,尽量减少人类活动对水源地的不利影响。

3.4.1 河段划分

根据黄河源区生态环境状况及自然保护区分布情况,考虑水能资源分布特点,总体上将黄河源区河段划分为重点保护河段和限制开发河段两类。吉迈以上和沙曲河口—玛曲两个河段为重点保护河段,以水源涵养保护和生态环境保护为主,重点实施水源涵养保护与生态环境保护工程,禁止水电资源开发。吉迈—沙曲河口和玛曲—龙羊峡大坝两河段为限制开发河段,在满足水资源保护和生态环境保护要求的前提下,合理进行水电资源开发。

吉迈以上河段:海拔基本在 4 000 m 以上,流域内湖泊沼泽众多,植被以高寒草甸为主,有少量的灌木;流域内自然保护区分布密集,有青海三江源自然保护区的约古宗列区、扎陵—鄂陵湖区、星星海区(面积 26 500 km^2),还有四川省的长沙贡玛自然保护区(面积约 1 700 km^2),自然保护区面积占区域面积的 62.6%。干流河段水能资源蕴藏量很小,仅占黄河源区干流河段水能资源蕴藏量的 3.1%,且地形开阔,水能资源开发条件较差。因此,吉迈以上河段划定为重点保护河段,以水源涵养保护和生态环境保护为主,重点实施水源涵养保护与生态环境保护工程,禁止水电资源开发。

吉迈—沙曲河口河段:河谷海拔 3 520 ~ 4 000 m,区域内植被以禾草为主,草地面积占该区域面积的 74%,有一定的林地,林地面积占该区域面积的 13%。区域内自然保护区有三江源自然保护区的年保玉则区,干流河段位于自然保护区的实验区;门堂下游的两省交界至沙曲河口为国家级水产种质资源保护区的实验区。干流河段有一定的水能资源,水能资源蕴藏量占黄河源区干流河段水能资源蕴藏量的 11.4%,地形大部分为高山峡谷,开发条件较好。因此,该河段生态环境因素约束不是太强,划定为限制开发河段,在满足生态环境保护和水资源保护要求的前提下,合理进行水电资源开发。

沙曲河口—玛曲河段:河谷地势平坦,所在区域为广阔的松潘草原盆地,沼泽湿地众多。区域内的自然保护区有甘肃黄河首曲湿地省级自然保护区、四川若尔盖湿地国家级自然保护区和四川阿坝曼则唐湿地省级自然保护区,自然保护区面积占该区域面积的27%;干流大部分河段位于甘肃黄河首曲湿地省级自然保护区的缓冲区,个别河段还紧邻核心区。同时,该干流河段是国家级水产种质资源保护区的核心区。另外,该河段是黄河源区径流的主要来源区,以占黄河源区16.7%的面积,产水量达30%。干流河段水能资源蕴藏量较小,仅占黄河源区的5.1%,且地形开阔、地质条件差,水能资源的开发条件不好。因此,该河段划定为重点保护区,以水源涵养保护和生态环境保护为主,重点实施水源涵养保护与生态环境保护工程,禁止水电资源开发。

玛曲—龙羊峡大坝河段:大部分是高山峡谷河段,山高谷深,河道比降大,水量丰富,水能资源蕴藏量大(占黄河源区干流河段水能资源蕴藏量的80.4%),且地形优越,开发条件好,是黄河源区水能资源开发的重点河段。但部分河段位于三江源自然保护区的中铁—军功核心区,还有部分河段被划为国家级水产种质资源保护区的核心区。因此,该河段划定为限制开发河段,在满足生态环境保护和水资源保护要求的前提下,合理进行水电资源开发。

3.4.2 各分项研究的基本思路和总体布局

3.4.2.1 水源涵养保护

水源涵养保护的基本思路是:紧紧围绕“恢复黄河源区河段水源涵养功能”这一目标,结合工作区内三江源等自然保护区建设,通过退出、保护、保障、治理、转变等各种措施,从研究区内退出不合理的生产经营活动,逐步减轻天然草地的生态负荷,使天然生态和牧业生产相对平衡,保持生态良好和可持续发展,实现水源涵养功能。

根据黄河源区流域的地形、地貌、气象、水文等自然特性,结合地表植被分布,考虑到自然保护区的完整性,将黄河源区河段划分为6个区。按照上述基本思路,根据各分区植被类型,以及湖泊、沼泽、湿地等分布情况,水源涵养保护工程布局为:①东曲河口以上主要是湖泊湿地保护、生物多样性保护及草原鼠害防治等生态环境保护;②东曲河口—吉迈区间以草场的自然修复与保护为主;③吉迈—沙曲河口区间以林地、草场的修复与保护为主;④沙曲河口—玛曲区间以沼泽湿地保护及沙化草地治理为主;⑤玛曲—唐乃亥区间以天然林保护为主;⑥唐乃亥—龙羊峡大坝区间以防止耕地盲目扩张，保护草地和林地为主。

结合青海三江源等国家级、省级自然保护区规划的工程措施，在自然保护区的核心区和缓冲区，实施以草场围栏封育、草原鼠害防治、封山育林、湖泊湿地保护、生物多样性保护等为主的工程措施；在自然保护区的实验区，实施以退牧还草、黑土滩型草场治理、沙化草场及流动性沙丘治理、退耕还林还草、湿地植被修复、水土保持等为主的工程措施；在牧民较多、不利于自然保护区保护的牧区实施生态移民；对自然保护区以外的区域，根据现有资料，主要对恢复水源涵养功能影响较大的退化的水源涵养植被区、水土流失严重区等，采取围封及水土保持工程措施。

鉴于研究区内的自然保护区主要保护目标是维持生态环境良性循环，对水源涵养是极其有益的。研究区内，涉及的青海三江源等国家级、省级自然保护区及重要规划区域，不再重新规划水源涵养措施，原规划（自然保护区规划）的所有工程措施均作为本次水源涵养规划措施。

3.4.2.2　水资源利用与保护

水资源利用与保护的基本思路是：以《黄河流域（片）水资源规划》成果为基础，针对黄河源区规模性用水集中、农牧区用水分散、总用水量少及总体水质良好的特点，重点解决人畜引水安全及城镇周围水污染防治问题。

按照上述基本思路，水资源利用要在保护生态环境的前提下，结合当地水资源利用状况，重点解决人畜饮水及生态移民安置水源问题；同时，发展节水农业，对现有灌区配套设施进行续建与节水改造，改善和提高人民群众基本生产生活条件，支撑经济社会可持续发展。

水资源保护方面，重点落实城镇周围各项水污染防治措施，维持黄河干支流水体现状良好水质，确保黄河干支流水功能区水质目标，完善黄河源区水资源保护监管体系，促进和保障黄河源区人口、资源、生态环境和经济的协调发展。

3.4.2.3　干流梯级开发

干流梯级开发的基本思路是：在水源涵养保护和生态保护的基础上，尽量减少梯级开发对生态造成的不利影响。梯级规划工作的开展以《中华人民共和国水力资源复查成果（2003 年）》（简称《水力资源复查成果》）及西北院完成的梯级规划成果为基础，从综合利用的需求出发，在合理开发利用水力资源的基础上，提出黄河源区干流河段梯级开发方案。

干流梯级布局：根据黄河源区生态环境状况、地形条件和水力资源分布特点，吉迈以上和沙曲河口—玛曲两河段生态环境脆弱，自然保护区分布密集，水能资源蕴藏量小且开发条件不好，不安排梯级工程。吉迈—沙曲河口河段有一定的水能资源，开发条件较好，自上而下布置了塔格尔、官仓、赛纳、门堂、塔吉柯1、塔吉柯2等6座梯级。玛曲—羊曲河段河谷狭窄，水量丰富，水电开发指标优越，自上而下布置了夏日红、玛尔挡、茨哈峡、班多、羊曲等5座梯级。选择夏日红作为龙头水库，设置较大的库容，进行年调节运用，通过对上游来水及南水北调西线调水的调节，增加下游梯级的发电效益。

3.4.2.4　监测系统建设

水文水资源监测方面，通过完善和调整水文站网以及站队，结合基础设施建设，推动水文巡测工作，扩大水文信息收集范围和服务领域。

水土保持监测方面，优化规划区域内现有监测资源，融合现代信息技术和传统观测技术，应用现代通信技术，构建黄河源区水土保持监测数据传输、处理、存储体系，完善水土保持监测数据库及管理系统，形成水土保持监测数据共享平台，促进跨行业的监测资源共享，实现信息的高效利用，为水土保持综合治理、预防监督和管理部门决策提供依据。

3.4.2.5　流域管理

以流域管理与行政区域管理相结合为原则，在明晰流域管理与行政区域管理的事权和职责的基础上，建立流域管理与行政区域管理相结合的管理、协调、运行机制，提出与国家现行法律法规相配套的地方性政策法规制度建设的建议。

第4章 水源涵养保护

4.1 黄河源区径流变化及成因分析

唐乃亥水文站控制流域面积121 972 km^2,占黄河源区流域面积的92.8%,且唐乃亥至龙羊峡大坝区间降水量较小,区间径流量也较小。因此,以唐乃亥水文站作为黄河源区径流总量的代表站。唐乃亥水文站以上流域气候条件比较恶劣,人口密度4.65人/km^2,人类活动相对较少,各站实测流量观测资料基本上能客观地反映该地区天然径流的变化情况。

4.1.1 黄河源区径流变化特点

4.1.1.1 径流年际变化

据1956~2005年资料统计,各水文站径流特征值见表4-1。

表4-1 各水文站径流特征值

站名	黄河沿	吉迈	门堂	玛曲	军功	唐乃亥
汇流面积(km^2)	20 930	45 019	59 655	86 048	98 414	121 972
多年平均年径流量(亿m^3)	6.857	38.73	72.76	142.7	170.7	200.0
多年平均径流深(mm)	32.8	86.04	122.0	165.9	173.4	163.9
最大年径流量(亿m^3)	24.70	82.87	148.6	223.0	282.3	327.7
最小年径流量(亿m^3)	0.196	19.54	40.94	71.99	81.02	105.8
最大最小年径流量比值	126	4.24	3.63	3.10	3.48	3.10
年径流量变差系数C_v	0.96	0.38	0.35	0.26	0.27	0.27

从表4-1可知,黄河沿以上的源头区,年径流量较小,年际变化较大,年径流量变差系数高达0.96,最大最小径流量比值高达126。从吉迈向下游,随着集水面积的增大,年径流量增加,年径流变差系数逐渐减小,至玛曲站达到0.26,军功站、唐乃亥站均接近于玛曲站。从各水文站年径流量历年变化过程(见图4-1)看,黄河干流吉迈及其以下各水文站年径流量的丰枯变化基本一致,有较好的同步性。

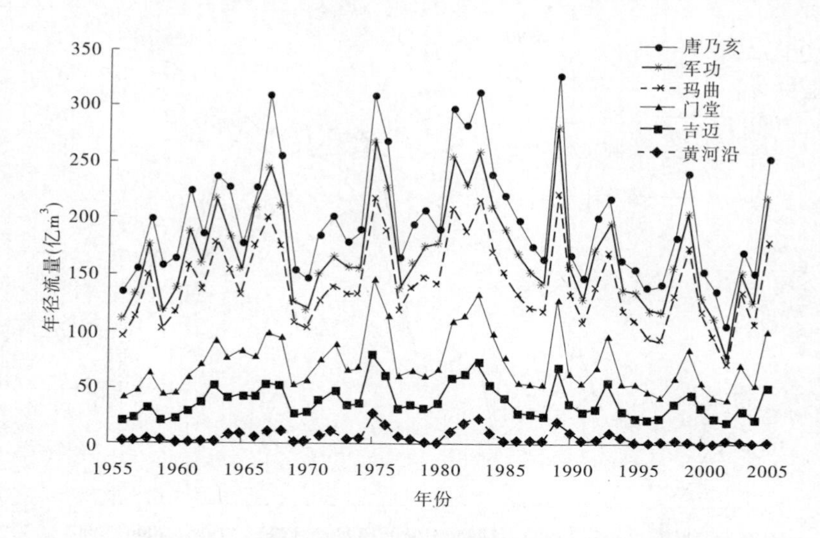

图4-1　黄河源区各站年径流量过程(1956～2005年)

从唐乃亥站年径流量差积曲线(见图4-2)可以看出,年径流量存在周期性的丰枯变化过程。枯水段为1956～1960年、1969～1974年、1994～2004年,丰水段为1961～1968年、1975～1984年,平水段为1985～1993年。三个枯水段的平均年径流量分别为161.9亿m^3、175.2亿m^3、158.8亿m^3,较多年平均年径流量偏枯12.4%～20.6%,特别是1994～2004年11年中,除1999年外,其余年份均偏少,2002年径流量仅有105.8亿m^3,为多年平均年径流量的52.9%,是近50年来最枯的年份。两个丰水段平均年径流量分别为230.9亿m^3和246.5亿m^3,较多年平均年径流量偏丰15.5%～23.3%;年径流量最大为327.7亿m^3,发生在1989年。

从地区分布来看,吉迈以下各水文站径流量丰枯变化基本一致,但从区间定量数值看,各个地区丰枯的程度又有所不同,见表4-2。从表中可知,1994～2004年枯水段,全流域偏枯20.6%,而吉迈以上偏枯达25.1%,吉迈—玛曲偏枯17.5%,吉迈—军功的偏枯程度接近流域平均值。

4.1.1.2　径流年内分配

黄河源区径流年内分配与降水量年内分配基本一致,具有明显的季节性和地区差异。径流年内变化特点主要有:

(1)径流主要由汛期降水形成,6～10月径流量占年径流量的60%以上。

表4-3是各水文站各月径流量占年径流量的比例。从表中可知,除黄河沿外,其他各站径流月分配比例基本相近,6～10月各月径流量所占比例均大于

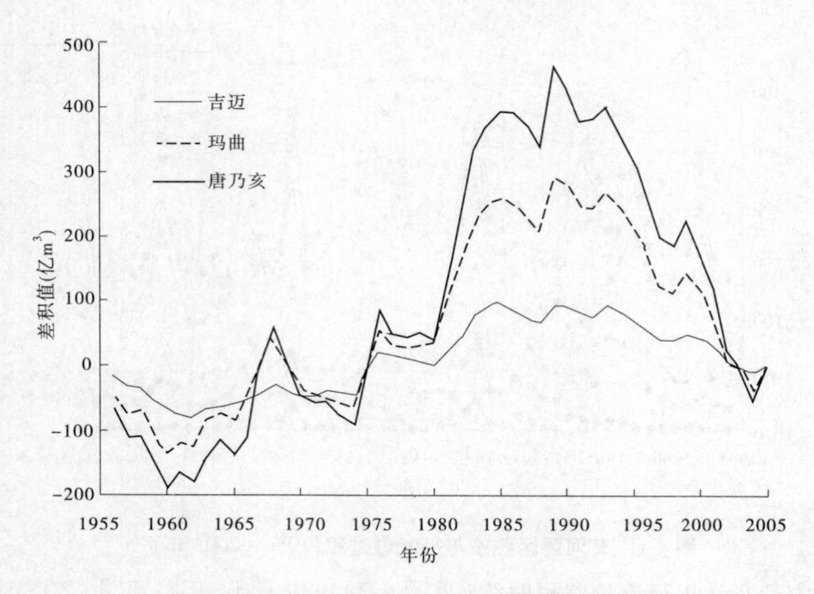

图 4-2　黄河源区干流各站年径流量差积曲线

表 4-2　分区径流量年际变化统计

分区		唐乃亥以上	吉迈以上	吉迈—玛曲	吉迈—军功	军功—唐乃亥
平均值(亿 m^3)		200.0	38.7	104.0	132.0	29.3
不同丰枯水段距平百分率(%)	1956 ~ 1960 年	-19.0	-36.1	-12.5	-16.0	-10.4
	1961 ~ 1968 年	15.5	13.2	16.4	16.1	15.3
	1969 ~ 1974 年	-12.4	-8.0	-14.7	-16.2	-1.1
	1975 ~ 1984 年	23.3	36.1	17.1	19.8	21.9
	1985 ~ 1993 年	1.3	0	2.0	5.1	-13.9
	1994 ~ 2004 年	-20.6	-25.1	-17.5	-20.2	-16.3

10%,7 月、8 月和 9 月所占比例较大,分别为 17% 左右、15% 左右、16% 左右;6 ~ 10 月径流量占年径流量的 71.5% ~ 73.1%。黄河沿 6 ~ 10 月径流量占年径流量的 62.5%,7 ~ 10 月径流量占年径流量的 56.6%,最大月径流量占年径流比例的 14.7%,最小月径流量占 3.90%,相差仅为 10.8%,是唐乃亥以上径流量月分配比例相差最小的区间。

(2)受下垫面的调蓄作用,径流的年内起伏变化滞后于降水量的变化,下垫面调蓄作用较强的地区,其径流过程更为滞后。

表 4-3　黄河源区各水文站各月径流量占全年比例　(%)

月份	黄河沿	吉　迈	门　堂	玛　曲	军　功	唐乃亥
1	5.21	1.89	1.94	2.04	2.27	2.22
2	3.90	1.73	1.73	1.85	2.04	1.99
3	4.20	2.43	2.41	2.85	2.92	2.89
4	4.71	5.44	5.44	4.80	4.58	4.58
5	5.03	7.56	7.97	7.67	7.57	7.65
6	5.89	11.1	11.2	11.5	11.2	11.4
7	12.0	17.9	17.7	17.2	16.9	17.1
8	14.9	15.2	15.0	13.7	14.2	14.4
9	15.0	16.7	16.4	16.0	15.8	15.7
10	14.7	12.2	12.5	13.5	13.4	13.0
11	8.40	5.3	5.3	6.11	6.18	6.11
12	6.13	2.5	2.5	2.67	2.99	2.99
6~10	62.5	73.1	72.8	71.9	71.5	71.6
7~10	56.6	62.0	61.6	60.4	60.3	60.2

图 4-3 是黄河源区干流各站径流月分配,可以看出黄河沿的径流过程较其他站滞后 1 个月左右。与降水量月分配(见图 4-4)相比,月降水量占年降水量比例较大的月份为 6~9 月,而月径流量占年径流量比例较大的月份为 7~10

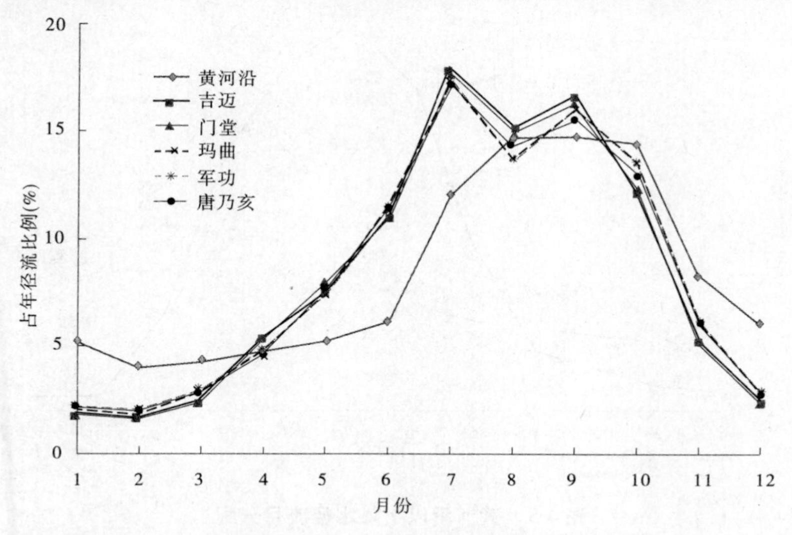

图 4-3　黄河源区干流各站径流月分配(1956~2005 年)

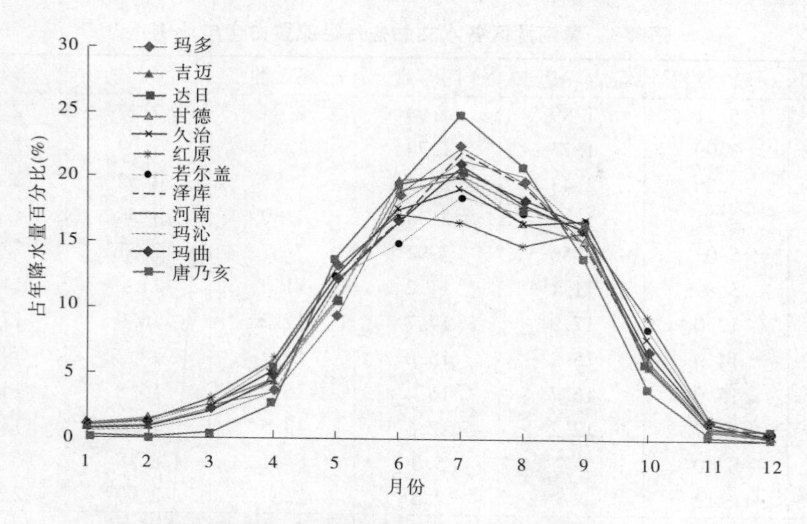

图4-4 黄河源区各雨量站降水量月分配(1961~2005年)

月,有明显的滞后。黄河沿径流量月分配与玛多降水量月分配相比(见图4-5),降水量较大月份为6~8月,而径流量较大月份为8~10月,滞后时间更长,这与黄河沿以上地区地势平缓、湖泊沼泽众多、对径流的调蓄作用较强有关。

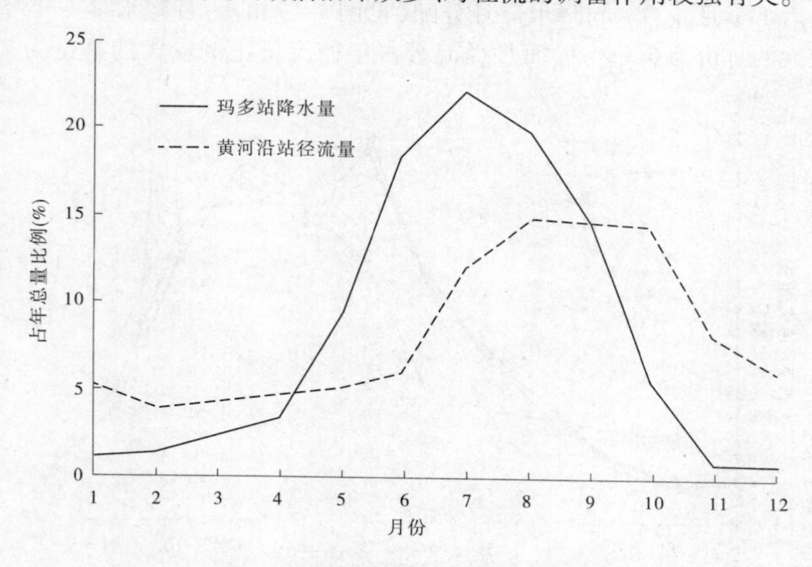

图4-5 黄河沿以上降水径流月分配

(3)黄河干流吉迈以下的径流月分配过程呈明显的双峰型,与流域南部主要降水区的降水月分配过程是一致的。

主要降水区的红原站降水月分配呈明显的双峰型(见图4-4),吉迈站、唐克站的旬降水量过程线(见图4-6)也说明了6月上旬至7月下旬和8月下旬至9月下旬降水量较大,8月上、中旬降水量较小,呈明显的双峰型。

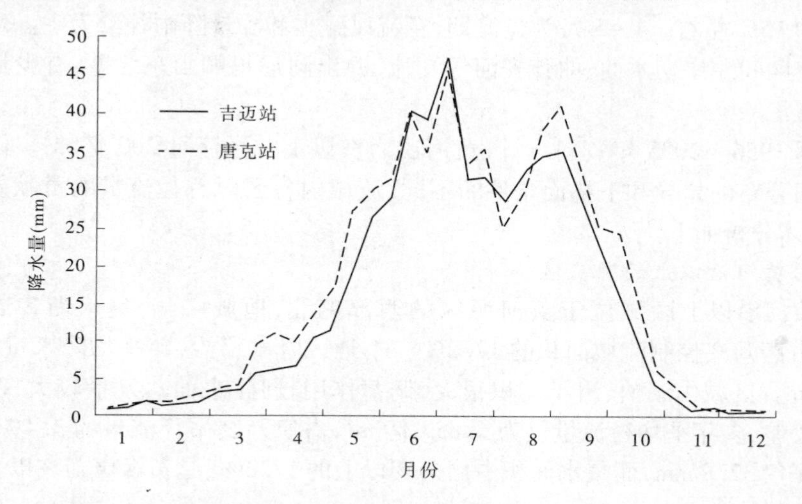

图4-6　吉迈站、唐克站旬降水量过程线(1959~2005年)

丰枯水段径流的年内分配情况有所不同。丰水段7~10月径流量所占比例较大,为61.6%~65.7%;枯水段7~10月径流量所占比例相对较小,为53.7%~61.5%(见表4-4)。

表4-4　各年段不同季节径流量占年径流量比例变化统计　(%)

统计年份	唐乃亥以上			吉迈以上			吉迈—军功		
	4~6月	7~10月	11月至翌年3月	4~6月	7~10月	11月至翌年3月	4~6月	7~10月	11月至翌年3月
1956~1960(枯)	23.9	58.8	17.3	24.3	59.1	16.6	24.6	57.7	17.7
1961~1968(丰)	21.5	62.7	15.8	21.6	65.7	12.7	20.5	63.4	16.1
1969~1974(枯)	25.0	57.0	18.0	23.9	61.5	14.6	26.2	54.3	19.5
1975~1984(丰)	22.3	62.1	15.6	23.0	62.7	14.3	22.4	61.6	16.0
1985~1993(平)	25.2	58.5	16.3	26.5	59.9	13.6	23.9	58.7	17.4
1994~2004(枯)	27.8	54.9	17.3	30.5	55.5	14.0	27.3	53.7	19.0

4.1.1.3 径流的地区组成

黄河源区的径流主要由降水形成,每年 6 ~ 10 月降水量占年降水量的 78.6%,径流量占年径流量的 72% 左右,该期是径流的主要形成期。11 月至翌年 3 月为枯水期,降水稀少,以降雪形式为主,径流主要由地下基流形成,占年径流量的 15% 左右。4 ~ 5 月为过渡期,径流以融雪和少量降雨补给为主。玛曲—唐乃亥区间左岸切木曲、曲什安河等支流,源出阿尼玛卿山东北麓,有少量的冰川融雪汇入。

据 1956 ~ 2005 年资料统计,黄河唐乃亥以上总径流量 200 亿 m^3。由于降水空间分布的差异和下垫面条件的不同,流域内各区对总径流量的贡献差别较大,具体分析如下。

1)黄河沿以上的源头区

黄河沿以上区域位于黄河源区的西部偏北,地域广阔,集水面积 20 930 km^2,占唐乃亥控制流域面积的 17.2%。本地区降水稀少,年平均降水量 200 ~ 300 mm。区域内湖泊、沼泽面积很大,调蓄作用较强,水面蒸发量较大,产汇流条件较差,多年平均径流量仅为 6.857 亿 m^3,占唐乃亥站径流量的 3.4%,平均径流深仅 32.8 mm,而集水面积占唐乃亥以上的 17.2%,是黄河唐乃亥以上的弱产流地区。

2)黄河沿—吉迈区间

黄河沿—吉迈区间,黄河干流的流向由向东转为东南,降水量渐增,从玛多站的 313.4 mm(1961 ~ 2005 年,下同)增加到吉迈站的 543.4 mm。本区间多年平均径流量 31.87 亿 m^3,占唐乃亥站径流量的 15.9%,区间面积占唐乃亥以上面积的 19.7%,区间平均径流深达 132.3 mm,是黄河沿以上区域的 4 倍多。

3)吉迈—玛曲区间

吉迈—玛曲区间,黄河干流流向转为向东偏南,进入流域东南隅的川北地区,降水量逐渐递增,由吉迈站的 543.4 mm 增加到白河流域红原站的 753.1 mm。区间多年平均年径流量达 104.0 亿 m^3,占唐乃亥站径流量的 52.0%,超过相应面积比例 33.6% 较多,多年平均径流深达 253.5 mm,是唐乃亥以上区域中来水最多的区域。

本区间不同区域因下垫面条件及降水量不同,产流情况也存在较大区别。其中,沙曲河口以上部分,黄河穿行于巴颜喀拉山和阿尼玛卿山之间,河谷两岸山高坡陡,流域呈带状分布。沿程支流有数量多、面积小、河长短、比降陡的特点,河谷两岸植被丰富,加之雨量丰沛,是黄河源区产汇流条件最好的区域,区域内的久治站多年平均径流深高达 466.3 mm(1988 ~ 2005 年)。

沙曲河口—玛曲河段,沿途相继有贾曲、白河、黑河等大支流汇入。其中,位于南部的白河流域年降水量700~800 mm,是黄河源区雨量最为丰沛的区域,多年平均径流深为348.4 mm,多年平均径流量20.16亿m^3(1981~2005年),约占该区间径流量的19%;占据若尔盖草原大部分面积的黑河流域,年降水量600~700 mm,但多年平均径流深仅为123.9 mm,远低于吉迈—玛曲区间的平均值253.5 mm,多年平均径流量9.196亿m^3(1984~2005年),约占该区间径流量的9%。黑河、白河多年平均总径流量约占该区间的28%,小于其相应面积比例31.9%。

4)玛曲—军功区间

该区间流域面积占唐乃亥以上地区的10.1%,黄河干流沿着阿尼玛卿山的东北麓流向西北,右岸西倾山是黄土高原与青藏高原的分界线。本区域降水量由南向北逐渐递减,区间平均径流量为28.0亿m^3,占黄河源区总径流量的14.0%,多年平均径流深225.8 mm,属产流条件较好地区。

5)军功—唐乃亥区间

该区间支流众多,面积广阔,区间流域面积占唐乃亥以上地区的19.3%。降水量由南向北逐渐减小,北端的唐乃亥站年降水量仅为252.1 mm。源于阿尼玛卿山的切木曲和曲什安河有冰川融雪汇入,本区多年平均径流量29.3亿m^3,占唐乃亥以上总径流量的14.7%,多年平均径流深仅为124.4 mm。

总体上,吉迈—军功区间由于降水丰富,产汇流条件相对较好,年径流量为132.0亿m^3,占黄河唐乃亥以上地区的66.0%,是黄河源区径流的主要来源区(见表4-5)。

表4-5　黄河唐乃亥以上径流地区组成分析

区间名称	黄河沿以上	黄河沿—吉迈	吉迈—玛曲	玛曲—军功	军功—唐乃亥
区间汇流面积(km^2)	20 930	24 089	41 029	12 366	23 558
区间平均年径流量(亿m^3)	6.857	31.87	104.0	28.0	29.3
多年平均径流深(mm)	32.8	132.3	253.5	225.8	124.4
面积占唐乃亥比例(%)	17.2	19.7	33.6	10.1	19.3
径流占唐乃亥比例(%)	3.4	15.9	52.0	14.0	14.7
年径流量变差系数C_v	0.96	0.31	0.22	0.37	0.38

各区径流量的年际变化有较大差异,其中以吉迈—玛曲区间径流量年际变

化比较稳定，其变差系数仅为 0.22，除黄河沿以上区域径流量年际变化大外，玛曲以下的两个区间径流量变差系数达 0.37、0.38，表明玛曲以下两个区间径流量年际变化也比较大。

4.1.2 径流变化成因分析

从径流形成的过程看，黄河源区的径流主要由降水经下垫面产流、汇流形成。因此，径流量的变化与降水量和下垫面条件的变化密切相关。下面从降水量及下垫面条件两方面分析径流量变化的原因。

4.1.2.1 降水量的影响

黄河源区实测资料系列较长（1961～2005 年）的雨量站，有青海省的玛多、吉迈、久治、泽库、河南、玛沁、唐乃亥，四川省的红原、若尔盖，甘肃省的玛曲等 10 个雨量站，采用泰森多边形法计算面平均雨量。

唐乃亥以上地区平均降水量、径流量丰枯评价见表 4-6。降水量偏离均值 5% 以上为丰或枯，偏离均值 5% 以内为平；径流量偏离均值 10% 以上为丰或枯，偏离均值 10% 以内为平。从表中可知，1961～2005 年 45 年资料中，丰平枯同级年数为 28 年，占 62%；丰平枯差一级年数为 17 年，占 38%。丰平枯差一级的原因，主要是受前一年降水量丰枯的影响；前一年降水量偏枯，当年降水量偏丰而径流量为平，当年降水量为平而径流量偏枯；前一年降水量偏丰，当年降水量为平而径流量偏丰，当年降水量偏枯而径流量为平。1961～1989 年的 29 年中，降水量偏丰年份有 10 年，占 34%；而 1990～2005 年的 16 年中，降水量偏丰年份仅 3 年，占 19%。因此，黄河源区流域径流量的丰枯变化主要是由降水量丰枯决定的，20 世纪 90 年代以来径流量偏枯，主要是降水量偏枯造成的。

表 4-6 唐乃亥以上地区平均降水量、径流量丰枯评价

年段（年数）	同级年数（年）			差一级年数（年）			
	丰	平	枯	雨丰水平	雨平水枯	雨平水丰	雨枯水平
1961～2005（45 年）	10	1	17	3	5	5	4
1961～1989（29 年）	8	1	10	2	0	5	3
1990～2005（16 年）	2	0	7	1	5	0	1

唐乃亥以上地区降水径流关系见图 4-7，从图中可以看出：①降水量 540 mm 及其以上的丰水年，除 1983 年受前期降水量偏丰影响径流量偏大外，其余不同年份的点据呈狭窄的带状分布，降水径流关系较好。②位于降水偏丰年之后的

第一年,无论其降水量大小,其点据均位于点群上方。说明受前一年降水偏丰影响,当年流域相对湿润,有利于产流。比如,1962 年、1965 年、1990 年、1993 年、2000 年,虽然其降水量较小,但径流量并不小。1983 年降水量偏丰,且之前的 1981 年、1982 年降水平偏丰,因此其径流量也很大(315 亿 m^3)。③连续两年以上降水偏枯之后,无论紧接着的一年降水量有多大,其点据均位于点群下方。比如,1971 年、1992 年、2003 年均是连续枯水段之后的第一年,1971 年之前连续两年降水偏枯,1992 年之前连续两年降水偏枯,2003 年之前连续 3 年降水偏枯,其点据均位于点群下方。说明受连续降水偏枯影响,流域比较干旱,虽然降水量较大,但径流量并不大;特别是 1991 ~ 2004 年,除 1993 年和 2000 年受其前一年降水较大影响点据偏上外,其余年份由于受长期平偏枯降水的影响,点据均位于点群下部,径流量较小。因此,黄河源区径流量的变化与降水量的变化密切相关,径流量的大小不仅与当年降水量大小有关,还受前一年降水丰枯影响较大。

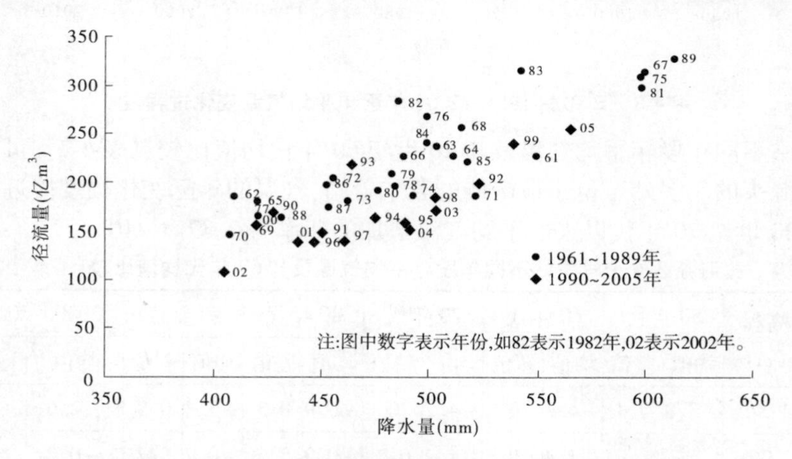

图 4-7　唐乃亥以上地区降雨径流关系(1961 ~ 2005 年)

4.1.2.2　下垫面变化的影响

黄河源区下垫面变化对径流的影响主要表现在下垫面蒸散发能力及下渗量增加,致使径流量减小。

1)气温变化引起下垫面变化的影响

气温升高,致使下垫面蒸散发能力增加,冻土层明显退化,增加降水的蒸发下渗损失,减小径流量。

(1)气温的变化。根据观测资料分析,黄河源区在 20 世纪 60 年代至 70 年代气温较低,80 年代以来气温呈上升趋势,1998 年以后升温趋势更为明显,具体见图 4-8。

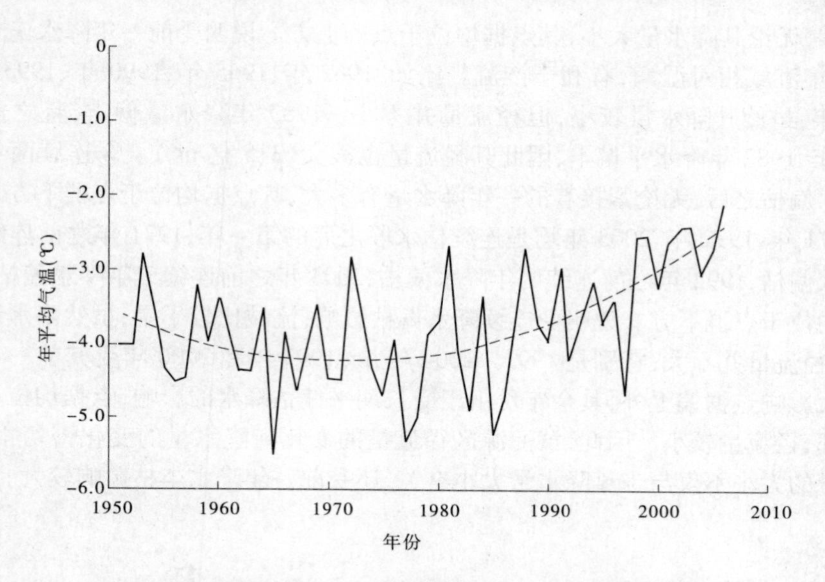

图 4-8　玛多站 1951~2006 年逐年平均气温变化过程线

各站不同年段年平均气温及与20世纪60年代均值比较见表4-7。可见,由分布在源头的玛多站至位于最南侧的若尔盖站,气温的年际变化幅度接近一致,4站自20世纪70年代以来的平均气温增加的速率为0.37 ℃/10 a。

表 4-7　黄河源区 4 个气象站不同年段年平均气温及与 60 年代均值比较　（单位:℃）

测站	高程(m)	50年代		60年代		70年代		80年代		90年代		2000~2006年	
		均值	差值	均值	差值	均值	差值	均值	差值	均值	差值	均值	差值
玛多	4 272	-3.8	0.4	-4.2	0	-4.2	0	-3.9	0.3	-3.4	0.8	-2.6	1.6
吉迈	3 968			-1.4	0	-1.2	0.2	-0.9	0.5	-0.7	0.7	-0.2	1.2
久治	3 629			0	0	0.3	0.3	0.6	0.6	0.9	0.9	1.4	1.4
若尔盖	3 440			0.6	0	0.8	0.2	1	0.4	1.3	0.7	1.8	1.2
平均					0		0.18		0.45		0.78		1.35

注:差值均是各年代与20世纪60年代均值的差值。

气温变化还存在明显的季节性差异。与20世纪60年代相比,20世纪80年代以10~12月、1~3月气温增高趋势比较明显;进入20世纪90年代以后,7~9月回暖变化有所增加,其他季节气温与20世纪60年代相比,增温更为明显;21世纪初期几年,各季节这种回暖趋势较20世纪90年代进一步加大。

(2)气温升高,导致陆面、水面的蒸散发能力和植物蒸腾能力增加,减少径流量。

陆面、水面蒸发和植物蒸腾与气温有关系，气温越高，蒸发量越大。根据有关资料反映，20世纪70年代以来，玛多站蒸发量是增加的，吉迈站蒸发量也稍有增加。同样降水量情况下，蒸发量越大，径流量越小。

(3)气温升高，导致冻土层退化，蒸发下渗量增加，径流量减少。

目前青藏高原所有的地温观测资料表明，从20世纪70年代开始，尤其是20世纪80年代以来的近30年的气温持续转暖，已不同程度地影响到40 m以上的地温，特别是20 m以上的浅层地温升温最明显。20世纪80年代以来近30年的地温资料对比表明，高原上季节冻土区河流融区及岛状冻土区内含冰(水)量较小地段，年平均地温升高0.3～0.5 ℃，大片连续多年冻土区内升高0.1～0.3 ℃。2000～2006年黄河源区气候回暖幅度较20世纪90年代更大。

根据1991年观测，巴颜喀拉山北侧黄河源头区多年冻土区下界在海拔4 320 m，黄河源区有38.9%的面积在4 300 m以上，主要是多年冻土区，其他4 300 m以下地区主要为季节性冻土区。20世纪90年代以来气候回暖、地温升高，是影响区域性冻土退化的最重要因素。1991年勘探资料表明，黄河源头区野牛沟沟口段在海拔4 320 m处揭露到埋深6 m、长近2 km的冻土层，1998年原位复勘时，该冻土层已消融，并由不连续多年冻土区退化为现今的融区，相应多年冻土下界由海拔4 320 m上升到4 370 m，退化幅度达50 m。2000年青海省地质调查院在巴颜喀拉山北坡开赖龙埂(海拔4 498 m)勘探，未揭露到多年冻土层。根据中国科学院寒旱所研究，1991年从吉迈和玛曲站冻土深度的年代变化可以看到，20世纪80年代以来两站最大冻土深度正在不断减小，以1～3月变化最为明显，平均每10年冻土深度变浅11 cm左右，玛曲站冻土上层位置存在明显下移，每10年冻土上层下移6.7 cm。最大冻土深度不断变浅和冻土上层位置下移，使得多年冻土层变薄，甚至多年冻土层消失，季节性冻土层变厚。冻土层上层位置下移，使得冻土层上方水位下移。因此，结合黄河源区区域气候普遍回暖，特别是冬季气温升高幅度较大，可以认为冻土退化是区域性现象。

冻土退化对径流的影响：一方面多年冻土退化引起冷生隔水层下移，造成区域地下水位下降，表层土水分减少，地温升高，地表变干，地表径流减小，直接影响和制约植物演替，加速草场退化进程。根据源头区观测，山区地下水露头泉口下移，且流量减少或干涸，河谷区民井地下水位下降，造成下渗损失增加。另一方面冻土退化造成土壤水向土壤深处渗漏，从而导致地表径流减小。黄河源区90%以上的面积为冻土区，冻土退化对黄河源区径流影响较大。

2）下垫面植被、湿地变化的影响

（1）下垫面植被、湿地的变化。

1989 年是黄河源区年径流量最大的一年，且整个 20 世纪 80 年代丰水年较多，因此认为 1989 年是下垫面植被比较好的自然状态。2000 年是经过了 1990 年以后多年的枯水年，下垫面植被发生了一定的变化，2005 年是现状水平年。通过 1989 年、2000 年和 2005 年卫星影像解译资料对比，可以看出下垫面湿地及植被的变化情况，详见表 4-8。从表中可知，1989 ~ 2005 年，林地和中、高盖度草地持续减少，1989 ~ 2000 年，面积减少 0.7%，2000 ~ 2005 年减少 1.0%。1989 ~ 2000 年，湖泊、沼泽面积均减少 3.2%，面积大于 2 hm^2 的湖泊数量由 2 500个减少至 2 344 个，减少了 156 个；沙化土地、戈壁、裸土裸岩等未利用土地面积增加了 1.5%。2003 年以来连续 3 年降水平偏丰，再加上青海、四川、甘肃三省对江河源区生态环境的重视，分别实施了三江源生态保护建设规划、沼泽湿地保护措施、甘肃玛曲湿地生态保护项目等，黄河源区植被、湿地有所恢复。通过 2005 年与 2000 年卫星影像资料对比发现，低盖度草地面积有所增加，湖泊面积增加 22 km^2，沙化土地、戈壁、裸土裸岩等未利用土地面积减少了约 0.5%。

表 4-8　不同时期黄河源区土地利用状况比较

（单位：面积，hm^2；比例，%）

土地利用类型	1989 年		2000 年		2005 年	
	面积	比例	面积	比例	面积	比例
林地	788 877	6.00	777 754	5.91	779 830	5.93
密林地	63 672	0.48	61 765	0.47	61 763	0.47
灌木林地	697 383	5.31	687 878	5.23	689 954	5.25
疏林地	27 822	0.21	28 111	0.21	28 113	0.21
草地	9 415 186	71.64	9 434 875	71.79	9 426 703	71.73
高盖度草地	3 855 010	29.33	3 741 260	28.47	3 671 938	27.94
中盖度草地	2 663 232	20.27	2 737 393	20.83	2 729 275	20.77
低盖度草地	2 896 944	22.04	2 956 222	22.49	3 025 490	23.02
河流 + 滩地	235 205	1.79	237 075	1.81	237 724	1.81
湖泊	163 316	1.24	157 227	1.20	159 419	1.21
池塘水库	30 075	0.23	27 384	0.21	38 379	0.29

续表 4-8

土地利用类型	1989年		2000年		2005年	
	面积	比例	面积	比例	面积	比例
沼泽	875 565	6.66	848 260	6.45	846 183	6.44
冰川积雪	12 060	0.09	12 652	0.10	12 177	0.09
城镇	2 919	0.02	3 227	0.02	3 419	0.03
农村居民地	5 706	0.04	7 004	0.05	7 186	0.05
工矿用地	429	0	429	0	429	0
未利用土地	1 488 282	11.34	1 511 024	11.51	1 504 043	11.44
山地旱地	72	0	72	0	72	0
丘陵旱地	13 889	0.11	14 115	0.11	14 444	0.11
平地旱地	110 418	0.84	110 901	0.84	111 991	0.85
合　计	13 142 000	100	13 142 000	100	13 142 000	100

(2)下垫面植被、湿地变化对径流的影响。

植被退化和土地荒漠化,使水源涵养能力降低,增加降水的下渗量,高土壤的蒸发能力,减小径流量。河流、湖泊、沼泽等湿地的减少,增加降水的初损值,使得该地区的产流功能降低,径流量减小;反之,流域植被茂盛、大小湖泊充盈、沼泽湿地良好,涵养水源的功能增强,径流量会相对稳定。

3)下垫面条件变化对径流的影响程度

下垫面蒸散发能力增加、下渗量增加对径流量的影响程度,可以通过不同时期降水量与径流量对比进行分析。选择20世纪60年代初期与90年代末期降水量及前期影响雨量相似的两对丰枯不同的典型年份,即1961年、1962年与1999年、2000年。1961年和1999年是降水量及前期影响雨量相似的丰水年,1962年和2000年是降水量及前期影响雨量相似的枯水年。1961年之前的1956~1960年的5年间,除1958年为平水年外,其余年份径流量偏枯18%以上;1999年之前的1994~1997年连续4年径流量偏枯18%以上,1998年为平水年。在前期降水量均偏枯的情况下,1999年与1961年的降水量、径流量和径流系数基本相当,说明下垫面条件的变化对降水量偏丰年份的径流量影响不大。而紧接其后的2000年与1962年两个枯水年相比,虽然降水量相当,但径流量却减小16.4%,说明下垫面条件的变化对降水量偏枯年份的径流量影响较大。因此,下垫面条件的变化对丰水年径流量影响不大,但在降水量偏枯情况下,可以加剧径流偏枯的程度。

4.1.2.3　小结

综合上述分析,影响黄河源区径流变化的主要因素是降水量,下垫面条件的变化对径流产生一定程度的影响,总结如下:

(1)降水量变化是影响径流量变化的主要因素。

从唐乃亥站降水量、径流量丰枯变化及降水径流关系看,径流量的丰枯变化主要是由降水量丰枯决定的,20世纪90年代以来径流量偏枯,主要是降水量偏枯造成的。径流量的大小不仅与当年降水量大小有关,还受前一年降水量丰枯影响较大。

(2)下垫面条件的变化对降水量偏枯年份的径流量产生了明显的影响。

20世纪70年代以来,气温持续升高,致使下垫面蒸散发能力增强,冻土退化,导致下垫面蒸发量及下渗量增加,径流量减小。通过不同时期相似丰枯典型年降水量与径流量的对比分析,认为下垫面条件的变化对丰水年径流量影响不大,但在降水量偏枯情况下,可以加剧径流偏枯的程度。

4.2　生态环境演变及影响因素

为弄清黄河源区生态环境现状及其变化情况,本次研究安排了土地利用遥感调查专项工作。

土地利用遥感调查,以Landsat TM遥感数据为主要信息源,采用中国科学院资源环境时空数据库的土地利用分类系统,以室内分析结合必要的野外考察方式,对黄河源区1989年、2000年、2005年的土地利用状况进行系统、全面的遥感调查。不同年度遥感解译统计资料见表4-9。

4.2.1　生态环境变化分析

4.2.1.1　黄河源区各类型土地变化

通过遥感解译资料对比分析,不同土地利用类型,1989~2000年和2000~2005年两个时段,呈持续增加的类型有耕地、建设用地,先减少后增加的有林地、水体与湿地,先增加后减少的有草地、未利用土地。研究时段内植被面积发生动态变化的主要集中在四个区域:①玛多(县)区;②若尔盖(县)区;③河南(县)区;④兴海(县)区。各类型土地变化情况具体如下:

耕地(包括山地旱地、丘陵旱地、平地旱地)。整体上耕地持续增加,1989~

表 4-9 黄河源区各分区各县水源涵养植被演变情况

水资源涵养分区	县级行政区	1989 年土地利用状况（km^2）			2000 年土地利用状况（km^2）			2005 年土地利用状况（km^2）			2000 年与 1989 年土地利用状况比较（km^2）			2005 年与 2000 年土地利用状况比较（km^2）			2005 年与 1989 年土地利用状况比较（km^2）			土地面积合计（km^2）
		主要涵养植被	次要涵养植被	荒漠裸地	主要涵养植被	次要涵养植被	荒漠裸地	主要涵养植被	次要涵养植被	荒漠裸地	主要涵养植被	次要涵养植被	荒漠裸地	主要涵养植被	次要涵养植被	荒漠裸地	主要涵养植被	次要涵养植被	荒漠裸地	
东曲河口以上		17798	10302	4504	17549	10441	4614	17301	10687	4616	-249	139	110	-248	246	2	-497	385	112	32604
东曲河口—吉迈		6224	3840	2351	6114	3858	2442	5856	4114	2445	-110	18	92	-258	255	3	-368	274	94	12415
吉迈—沙曲河口		13206	4483	1393	13117	4595	1370	13013	4695	1374	-90	113	-23	-103	99	4	-193	212	-19	19082
沙曲河口—玛曲		19236	2348	363	18696	2841	410	18679	2866	402	-539	492	47	-18	25	-8	-557	518	39	21947
玛曲—唐乃亥		23718	7950	4256	23763	7973	4188	23748	7984	4192	45	23	-68	-15	11	4	30	33	-64	35924
唐乃亥—龙羊峡大坝		4584	2844	2020	4475	2884	2089	4467	2968	2013	-110	40	70	-8	84	-76	-117	124	-6	9448
总计		84766	31767	14887	83714	32593	15113	83064	33314	15042	-1052	825	227	-650	720	-70	-1702	1546	156	131420
各县合计	曲麻莱	3697	3140	1154	3654	3291	1046	3596	3344	1052	-43	151	-108	-58	53	6	-102	204	-102	7991
	称多	2674	1475	453	2649	1498	457	2628	1518	457	-25	22	3	-21	21	0	-46	43	3	4603
	玛多	12148	6163	3187	12009	6085	3404	11828	6270	3400	-139	-78	216	-182	185	-3	-320	107	213	21498
	达日	5793	3524	1815	5676	3577	1879	5460	3789	1883	-117	53	64	-216	212	4	-333	266	67	11132
	甘德	4976	1674	665	4918	1760	637	4858	1819	639	-58	86	-28	-61	58	2	-118	144	-26	7315
	玛沁	8496	2402	2300	8495	2419	2284	8382	2528	2288	-1	17	-17	-113	109	4	-114	127	-12	13198
	久治	4603	1349	310	4593	1354	315	4606	1339	315	-10	5	5	13	-15	0	4	-10	5	6261
	班玛	71	50	13	70	50	13	62	59	13	0	0	0	-9	9	0	-9	9	0	134
	河南	3737	1201	69	3705	1239	63	3697	1247	63	-32	38	-6	-8	8	0	-40	47	-6	5007
	泽库	3286	921	160	3284	915	167	3310	889	167	-2	-5	7	26	-27	1	24	-32	8	4366
	同德	2852	1467	358	2820	1513	343	2822	1510	344	-31	45	-14	2	-2	0	-29	43	-14	4676
	贵南	2890	1564	992	2800	1636	1010	2771	1694	982	-90	72	18	-30	58	-28	-119	130	-11	5446

续表 4-9

水资源涵养分区	县级行政区	1989年土地利用状况(km^2)			2000年土地利用状况(km^2)			2005年土地利用状况(km^2)			2000年与1989年土地利用状况比较(km^2)			2005年与2000年土地利用状况比较(km^2)			2005年与1989年土地利用状况比较(km^2)			土地面积合计(km^2)
		主要涵养植被	次要涵养植被	荒漠裸地	主要涵养植被	次要涵养植被	荒漠裸地	主要涵养植被	次要涵养植被	荒漠裸地	主要涵养植被	次要涵养植被	荒漠裸地	主要涵养植被	次要涵养植被	荒漠裸地	主要涵养植被	次要涵养植被	荒漠裸地	
各县合计	兴 海	6 125	2 369	1 763	6 215	2 291	1 754	6 179	2 326	1 755	88	-79	-9	-36	35	1	51	-43	-8	10 260
	共 和	838	938	788	812	912	839	853	919	792	-26	-25	51	40	7	-47	15	-19	4	2 564
	都 兰	25	42	17	28	40	16	27	41	16	3	-2	-1	-1	1	0	2	-1	-1	84
	青海省合计	62 211	28 279	14 045	61 730	28 580	14 227	61 076	29 294	14 165	-482	301	181	-653	713	-62	-1 136	1 015	119	104 536
	阿 坝	2 981	620	1	2 893	706	2	2 901	699	2	-87	86	1	7	-7	0	-80	79	1	3 601
	红 原	5 989	590	92	5 964	606	101	5 964	607	101	-25	16	9	0	2	0	-24	18	9	6 671
	若尔盖	6 047	514	158	5 886	645	188	5 847	692	180	-161	130	31	-39	47	-8	-200	178	23	6 719
	石 渠	35	11	7	35	12	7	34	13	7	-1	1	0	-1	1	0	-2	2	0	54
	马尔康	2	0	1	1	1	0	1	1	0	0	0	0	0	0	0	0	1	0	2
	松 潘	69	1	1	69	1	1	70	0	1	0	0	0	1	-1	0	1	-1	0	71
	四川省合计	15 123	1 737	259	14 849	1 970	299	14 817	2 012	291	-274	233	40	-32	42	-8	-306	275	32	17 118
	玛 曲	7 236	1 664	561	6 943	1 951	567	6 966	1 928	567	-293	287	6	23	-23	0	-270	264	6	9 460
	夏 河	114	49	1	113	50	1	124	40	1	-1	1	0	10	-10	0	9	-9	0	164
	碌 曲	82	40	20	79	42	20	81	40	20	-2	2	0	2	-2	0	0	0	0	142
	甘肃省合计	7 432	1 753	582	7 135	2 043	588	7 171	2 008	588	-296	290	6	35	-35	0	-261	255	6	9 766
总 计		84 766	31 767	14 887	83 714	32 593	15 113	83 064	33 314	15 042	-1 052	825	227	-650	720	-70	-1 702	1 546	156	131 420

注: 主要涵养植被土地包括:①林地——密林、灌木、疏林;②草地——高、中盖度草地;③河湖湿地——河渠、湖泊、水库、冰川积雪、沼泽。

次要涵养植被土地包括:①耕地、建设用地——城镇用地、农村居民点用地、工矿建设用地、山区耕地、丘陵耕地、平原耕地、滩地;②低盖度草地。

荒漠裸地包括沙地、戈壁、盐碱地、裸土、裸岩、荒漠。

2000 年增加 7.09 km^2,2000~2005 年增加 14.19 km^2,新增耕地主要来源于草地。

林地。整体上林地先减少后增加。1989~2000 年减少 111.23 km^2,减少的林地主要变为草地。2000~2005 年增加 20.76 km^2,新增林地主要来源于湿地。

草地。整体上草地先增加后减少,1989~2000 年增加 196.89 km^2,新增草地主要来源于水体和湿地,其次是裸地和林地。2000~2005 年减少 81.72 km^2。1989~2000 年,盖度升高的草地有 1 588.27 km^2,降低的有 3 120.08 km^2,后者是前者的近 2 倍。2000~2005 年,盖度升高的草地有 768.56 km^2,而降低的有 1 927.96 km^2,后者是前者的 2.5 倍。

湖泊湿地。整体上湖泊湿地先减少后增加,1989~2000 年减少 336.23 km^2,减少的水体与湿地也主要变为草地,约占 85%。2000~2005 年增加 112.85 km^2,新增水体与湿地主要来源于草地,约占 62%。

建设用地。整体上建设用地持续增加,1989~2000 年增加 16.10 km^2,2000~2005 年增加 3.74 km^2,新增建设用地主要来源于草地和耕地。

未利用土地。整体上未利用土地先增加后减少,1989~2000 年增加 227.42 km^2,新增未利用土地主要来源于草地,约占 80%,其次是水体与湿地,占 12%。2000~2005 年减少 69.81 km^2,减少的未利用土地主要变为低盖度草地,约占 85%。

1989~2005 年,土地利用变化呈缓慢匀速变化,生态环境逆向演进过程明显,发生变化的面积占总土地面积的比例:1989~2000 年为 5.17%,年平均 0.47%;2000~2005 年为 2.45%,年平均 0.49%。

4.2.1.2　水源涵养植被演变

为便于进行生态环境演变对水资源情势影响的分析,以卫星遥感调查成果为基础,按对水源涵养功能影响程度不同,将土地覆盖类型划分为三类:一是主要涵养植被土地;二是次要涵养植被土地;三是荒漠裸地。

主要涵养植被土地包括:①林地——密林、灌木、疏林;②草地——高、中盖度草地;③河湖湿地——河渠、湖泊、水库、冰川积雪、沼泽。

次要涵养植被土地包括:①耕地、建设用地——城镇用地、农村居民点用地、工矿建设用地、山区耕地、丘陵耕地、平原耕地、滩地;②低盖度草地。

荒漠裸地包括沙地、戈壁、盐碱地、裸土、裸岩、荒漠。

20 世纪 80 年代末期(1989 年)主要涵养植被土地 84 766 km^2,次要涵养植被土地 31 767 km^2,荒漠裸地 14 887 km^2;90 年代末期(2000 年)主要涵养植被土地 83 714 km^2,次要涵养植被土地 32 593 km^2,荒漠裸地 15 113 km^2;现状水平(2005 年),黄河源区主要涵养植被土地 83 064 km^2,次要涵养植被土地 33 314

km^2，荒漠裸地 15 042 km^2。近 20 年来主要涵养植被土地持续减少，总体减少 1 702 km^2，次要涵养植被持续增加，总体增加 1 547 km^2，荒漠裸地总体增加 156 km^2。

上述主要涵养植被的退化，已经引起了国家和有关省区的高度重视，在生态退化区建立了不少国家级和省级自然保护区，主要有：青海三江源自然保护区的约古宗列区、扎陵—鄂陵湖区、星星海区、年保玉则区、阿尼玛卿区、中铁—军功区，四川省的若尔盖湿地国家级自然保护区、阿坝曼则唐湿地省级自然保护区、长沙贡玛省级自然保护区，甘肃省的黄河首曲湿地省级自然保护区。

4.2.2　生态环境变化成因分析

生态环境变化的影响因素有两类，即自然因素和人为因素。自然因素包括降水、气温，人为因素包括超载过牧、滥砍、滥挖等。

从前面水文水资源情势变化及成因分析中可知，1989～2000 年，受降水持续偏枯及气温升高等自然因素影响，河流、湖泊、沼泽等湿地萎缩，植被退化、土地荒漠化，水源涵养能力降低，增加降水的下渗量、初损量及土壤蒸发量，使径流量减少程度加剧。2003～2005 年，由于降水连续平偏丰，再加上有关省区实施了生态保护项目，流域植被有所恢复，湖泊等湿地面积有所增加，径流量减少程度也得到缓解。对未来降水的丰枯趋势，国内学术界观点不一致。但本区气温持续升高，蒸发量、下渗量增加对径流的不利影响客观存在。

人为因素的不利影响主要表现在对资源的不合理开发利用上，如超载过牧、滥砍、滥挖等方面。

20 世纪 50 年代以来，随着区域内人口的增加，牲畜数量也成倍增长，每只羊占有的可利用草场则急剧减少，草原压力增加，过牧严重，据《甘肃甘南黄河重要水源补给生态功能区生态保护与建设规划》，玛曲县超载率一度高达 94.6%。草场超载过牧直接导致草地生产力的下降，草原退化，迫使部分牧民迁往高海拔的草原放牧，使人类活动的影响或破坏范围进一步扩大，草原涵养水源、补给河流水源、保持水土的功能降低。

区域内分布着许多高原特有、经济价值极高的野生动物种群。20 世纪 80 年代以来，大肆盗猎野生动物行为泛滥，导致天然生物链受损，自然环境破坏，高原上鼠害猖獗就是一个典型事例。

无序的采挖砂金和药材、修建道路等，破坏了原生植被，破坏了草原水土系统的原有结构，改变了草原的水文循环过程，影响了草原生态服务价值的有效发挥。

4.3 水源涵养保护布局

《中华人民共和国国民经济和社会发展第十一个五年计划纲要》提出的限制开发区域(生态功能区)涉及本规划范围内的有三个,其功能定位和发展方向分别为:①青海三江源草原草甸湿地生态功能区:封育草地,减少载畜量,扩大湿地,涵养水源,防治草原退化,实行生态移民。②四川若尔盖高原湿地生态功能区:停止开垦,减少过度开发,保持湿地面积,保护珍稀动物。③甘南黄河重要水源补给生态功能区:加强天然林、湿地和高原野生动植物保护,实行退耕还林还草、牧民定居和生态移民。

《国家重点生态功能保护区规划》(2006～2020年)指出,生态功能保护区是指在涵养水源、保持水土、调蓄洪水、防风固沙、维系生物多样性等方面具有重要作用的重要生态功能区内,有选择地划定一定面积予以重点保护和限制开发建设的区域。涉及本研究范围的有若尔盖—玛曲生态功能保护区和黄河源生态功能保护区等两个水源涵养生态功能保护区。对这些水源涵养保护区的"建设指引"是:"结合已有的生态保护和建设、水土流失治理等重大建设工程,加强森林管护、草地和湿地恢复,严格监管开矿、采砂以及其他毁林、毁草、破坏湿地等行为,严格控制水电开发,提高区域水源涵养生态功能。"

《国务院关于编制全国主体功能区规划的意见》(国发[2007]21号)指出,全国主体功能区规划是战略性、基础性、约束性的规划,是国民经济和社会发展总体规划、人口规划、区域规划、城市规划、土地利用规划、环境保护规划、生态建设规划、流域综合规划、水资源综合规划、海洋功能区划、海域使用规划、粮食生产规划、交通规划、防灾减灾规划等在空间开发和布局上的基本依据。根据规划意见,将国土空间划分为优化开发、重点开发、限制开发和禁止开发四大类区域:①优化开发区域是指国土开发密度已经较高、资源环境承载能力开始减弱的区域;②重点开发区域是指资源环境承载能力较强、经济和人口集聚条件较好的区域;③限制开发区域是指资源承载能力较弱、大规模集聚经济和人口条件不够好并关系到全国或较大区域范围生态安全的区域;④禁止开发区域是指依法设立的各类自然保护区域。

本次水源涵养保护以上述《中华人民共和国国民经济和社会发展第十一个五年计划纲要》、《国家重点生态功能保护区规划》(2006～2020年)和《国务院关于编制全国主体功能区规划的意见》等为指导,将《青海三江源规划》、《四川若尔盖湿地国家级自然保护区总体规划》、《四川阿坝曼则唐湿地省级自然保护区总体规划》等已确定的国家级和省级自然保护区列为禁止开发区，并在相关自然保护区规划的基础上，规划林地、草地、湖泊湿地的修复，提高区域水源涵养生态功能。

4.3.1　水源涵养分区

水资源情势与气温、降水、蒸发、地形、地貌、植被种类及其空间分布等自然因素关系密切，也与社会经济条件、水资源开发利用等社会因素关系密切。这些条件在黄河源区区域既有差异性，又有相似性。为了因地制宜地指导水源涵养工作，切合实际地采取规划措施，既能反映各地区的差异，又能反映同类区域的水源涵养前景，需要划分区域，分别情况，进行水源涵养的研究。

4.3.1.1　分区原则

（1）同一区内地形、地貌、气象、水文等自然地理条件基本相同，且相邻两区有较大差异。

（2）同一区内植被种类及其空间分布特征基本相同，湖泊湿地空间分布特征基本相同，且相邻两区有较大差异。

（3）反映出不同河段的特点，力求保持支流水系的完整，水资源开发利用条件大体相当，并照顾到干流已建重要水文站的控制作用。

（4）尽量保持工作区内现有国家级、省级自然保护区的完整性，原则上不分割自然保护区的核心区和缓冲区。

根据以上原则，将黄河源区划分为六个区：Ⅰ，东曲河口以上；Ⅱ，东曲河口—吉迈；Ⅲ，吉迈—沙曲河口；Ⅳ，沙曲河口—玛曲；Ⅴ，玛曲—唐乃亥；Ⅵ，唐乃亥—龙羊峡大坝。

4.3.1.2　各分区植被情况

1）东曲河口以上

本区地处黄河源头，西有雅拉达泽山，东有阿尼玛卿山，北邻布尔汗布达山，南以巴颜喀拉山为界，面积32 604 km²，干流河长409 km，平均高程4 488 m。区内地形相对平坦、低洼，排泄不畅，形成了大片的湖泊、沼泽湿地，该区湖泊面积1 546 km²，占黄河源区湖泊总面积的97%；面积大于1 km²的湖泊共有38个，占黄河源区湖泊总数的79%；面积大于10 km²的湖泊黄河源区共有11个，全部位于该区内。该区内最大的两个湖泊扎陵湖和鄂陵湖面积达1 137 km²，扎陵湖平均水深9 m，鄂陵湖平均水深17.6 m，两湖水面海拔4 260 m以上。该区沼泽面积1 341 km²，占黄河源区沼泽总面积的16%。该区是高原亚寒带半干旱气候区，降水稀少，气温较低，氧气稀薄，冰期长达近7个月。植被以大面积高寒草原、高寒草甸草原及沼泽类草原为主,现状水平,草地占土地面积的74%。区内分布有三江源自然保护区的约古宗列区、扎陵—鄂陵湖区、星星海区(核心区、缓冲区及部分实验区),面积约25 000 km^2,以及四川长沙贡玛自然保护区,面积约1 700 km^2;区内自然保护区面积约占分区面积的82%。

2)东曲河口—吉迈

本区间是黄河源头高原区向下游高山峡谷区的过渡段,面积12 415 km^2。黄河穿行于巴颜喀拉山与阿尼玛卿山之间,区内高差较大,干流河长184 km,平均高程4 451 m,属高原亚寒带半干旱气候区。主要支流有优尔曲、柯曲及吉迈河等,区内湖泊、沼泽较少。植被以大面积高寒草原、高寒草甸草原及沼泽类草原为主,灌木林地较东曲河口以上河段增多。现状水平,草地占土地面积的70%,灌木林地占土地面积的2%。分布有三江源自然保护区的星星海区(部分实验区),面积约1 500 km^2,占分区面积的12%。

3)吉迈—沙曲河口

本区地处高山峡谷,属巴颜喀拉山与阿尼玛卿山的峡谷地带,面积19 082 km^2,干流河长338 km,平均高程4 230 m,属高原亚寒带亚湿润区。区内高山深谷相间,山地气候垂直变化大。主要支流有西科曲、东科曲、沙曲等。区内湖泊、沼泽较少,仅占该区面积的4%。该区植被以禾草为主,草地面积占该区面积的74%;林木生长比较茂盛,以灌木林为主,林地面积占该区面积的13%,占黄河源区林地总面积的32%。分布有三江源自然保护区的年保玉则区,面积2 769 km^2,占分区面积的15%。

4)沙曲河口—玛曲

本区属高原丘陵地区,被岷山、巴颜喀拉山和阿尼玛卿山包围,黄河从西北穿山出谷流来,经过湖盆中心唐克附近骤转180°复向北西流出,形成了九曲黄河的第一曲,面积21 947 km^2,干流河长250 km,平均高程3 649 m。该区属高原亚寒带湿润区,气温较高,降水丰沛,蒸散发旺盛,是唐乃亥以上区域中降水最为丰富的地区。区内主要支流有贾曲、黑河与白河,河道蜿蜒曲折,支流、岔流十分发育。区域内南部以丘陵状高原为主,切割轻微,北部以平原沼泽为主,地势低洼。沼泽面积4 752 km^2,占该区土地面积的22%,占黄河源区沼泽总面积的56%,其中48%的沼泽都分布在黑河流域。该区禾草茂盛,草地占土地面积的70%,草地面积的83%都是高、中盖度草地;林地占土地面积的5%,其中93%的林地都是密林地和灌木林地。该区分布有甘肃黄河首曲湿地省级自然保护区、四川若尔盖湿地国家级自然保护区和四川阿坝曼则唐湿地省级自然保护区,面积5 921 km^2,占分区面积的27%。

5）玛曲—唐乃亥

本区东邻西倾山，西靠阿尼玛卿山，呈东南—西北向狭长分布，分区面积 35 924 km²，干流河长 371 km，平均高程 3 971 m。该区为高原亚寒带亚湿润向高原亚寒带半干旱气候区过渡带。河流下切较深，比降较大，水力资源丰富，区域内主要支流有西科河、泽曲、切木曲、巴沟、曲什安河及大河坝河。该区高寒荒漠较多，面积达 2 901 km²，占该区面积的 8%，占黄河源区高寒荒漠总面积的 58%。植被以草地、林地为主，分别占该区面积的 73% 和 10%，林地面积占黄河源区林地总面积的 46%。耕地占土地面积的 1%。分布有三江源自然保护区的阿尼玛卿山区和中铁—军功区，面积 12 145 km²，占分区面积的 34%。

6）唐乃亥—龙羊峡大坝

本区地处工作区的最下游，主体是龙羊峡库区，峡谷较深，分区面积 9 448 km²，干流河长 135 km。该区为高原亚寒带亚湿润向高原亚寒带半干旱气候区过渡带，雨量少，湿度低，多年平均气温 5. 8 ℃，绝对最低气温 -34 ℃。主要支流有沙沟、芒拉河等。该区土地沙化严重，沙地面积占区间面积的 11%，黄河源区沙化土地面积的 35% 集中在该区。草地占土地面积的 60%，林地占土地面积的 4%。耕地占土地面积的 9%。

黄河源区各分区各县水源涵养植被演变情况详见表 4-9。

4. 3. 2 水源涵养保护工程布局

水源涵养保护工程布局的原则是：涵养水源，生态良好，少扰动，多修复。

根据各分区植被类型，以及湖泊、沼泽湿地等分布情况，水源涵养保护工程布局为：东曲河口以上主要布置湖泊湿地保护、生物多样性保护及草原鼠害防治等生态环境保护工程；东曲河口—吉迈区间以草场的自然修复与保护工程为主；吉迈—沙曲河口区间以林地、草场的修复与保护工程为主；沙曲河口—玛曲区间主要布置沼泽湿地保护及沙化草地治理工程；玛曲—唐乃亥区间主要布置天然林保护工程；唐乃亥—龙羊峡大坝区间以防止耕地盲目扩张、保护草地和林地工程为主。

结合青海三江源等国家级、省级自然保护区规划的工程措施，在自然保护区的核心区和缓冲区，实施以草场围栏封育、草原鼠害防治、封山育林、湖泊湿地保护、生物多样性保护等为主的工程措施；在自然保护区的实验区，实施以退牧还草、黑土滩型草场治理、沙化草场及流动性沙丘治理、退耕还林还草、湿地植被修复等为主的工程措施；在牧民较多、不利于自然保护区保护的牧区实施生态移民；对自然保护区以外的区域，根据现有资料，主要就对恢复水源涵养功能影响较大的退化的主要水源涵养植被区，采取围栏、封育等工程措施。

根据《青海省水土保持生态建设规划报告》，对区域内的水土流失防治按照“预防为主、保护优先”的原则，以小流域为单元，采取林草措施、工程措施和保土耕作措施相结合，山、水、田、林、路统一规划，综合治理，其中林草措施包括水土保持种草、水土保持造林、封育治理、固沙种草、生态修复等措施，工程措施包括淤地坝工程建设及铅丝笼石谷坊、铅丝笼护岸墙等其他小型水保工程建设。

鉴于研究区内的自然保护区主要保护目标是维持生态环境良性循环，对水源涵养是极其有益的。涉及的青海三江源等国家级、省级自然保护区及重要规划区，不再重新安排水源涵养措施，原自然保护区规划的所有工程措施均作为本次水源涵养保护措施。

4.4 水源涵养保护工程措施及规模

4.4.1 东曲河口以上（源头湖泊湿地保护区）

本区地处黄河源头，面积 32 604 km^2，区内地形相对平坦，湖泊众多，主要植被类型为草地，约 77% 的面积为三江源自然保护区。主要涵养植被，20 世纪 80 年代末为 17 798 km^2，90 年代末为 17 549 km^2，现状为 17 301 km^2，现状比 80 年代末减少 497 km^2，其中林地增加 1 km^2，草地减少 398 km^2，湖泊湿地减少 100 km^2。次要涵养植被，80 年代末为 10 302 km^2（其中低盖度草地 9 707 km^2），90 年代末为 10 441 km^2（其中低盖度草地 9 799 km^2），现状为 10 687 km^2（其中低盖度草地 10 033 km^2），现状比 80 年代末增加 385 km^2。荒漠裸地，80 年代末为 4 504 km^2，90 年代末为 4 614 km^2，现状为 4 616 km^2，现状比 80 年代末增加 112 km^2。

《青海三江源规划》在该区采取的工程措施有退牧还草、沙化草地治理、黑土滩型沙化草地治理、草原鼠害防治、湖泊湿地保护、生态移民等；《四川长沙贡玛自然保护区总体规划》在该区采取的主要工程措施是草地沙化治理。这些措施对水源涵养是极为有益的，可作为水源涵养工程措施。

4.4.1.1 《青海三江源规划》规划措施

（1）退牧还草。本区地处高寒区，自然条件严酷，生态环境相当脆弱，除对严重退化的草原需要进行退牧还草外，对部分轻度退化草地也应采取禁牧和围栏封育,纳入退牧还草工程予以保护和恢复,使区域草原得以休养生息,促进草原植被和生态环境的自我恢复。在实施退牧还草围栏封育时,充分考虑野生动物的栖息环境,给野生动物留出一定的通道,保护野生动物的正常流动,确保生态系统的自然性和完整性。同时加大人工饲料推广力度,推行舍饲、半舍饲圈养,实现保护生态和草原可持续利用的目的。《青海三江源规划》在本区实施退牧还草工程 12 002 km^2。

(2)沙化草地治理。在高海拔地区,不适合人工种草来恢复沙化的草地,只能通过人工辅助的方式,建立围栏,进行封沙育草,减少人畜活动,改善局部地区生态条件,逐步恢复原生植被来遏制沙漠化进程,恢复原有生境。《青海三江源规划》在本区实施沙化草地治理工程 386 km^2。

(3)黑土滩型沙土草地治理。黑土滩型沙化草地是指由于过牧、鼠害以及冻融、风蚀和水蚀引起的严重退化的草地,主要表现为植被稀疏、盖度降低、可食牧草比重减少、草场生产力大幅度下降、土地裸露、土壤结构及理化性质变劣、水土流失及土地荒漠化加剧。该类草地仅通过长期封育,难以恢复,必须通过人工治理措施相配套。主要治理措施为土壤改良、施肥、补播牧草及封禁等。《青海三江源规划》在本区实施黑土滩型沙化草地治理工程 610 km^2。

(4)草原鼠害防治。在草地鼠害发生区主要利用自然界生物链的生存法则建设招鹰架来控制鼠害的发生,通过有效的招鹰灭鼠配套技术,最大限度地长期控制害鼠数量。也可采取生物毒素防治和鹰架控制相结合的办法,首先,利用C型肉毒梭菌毒灭鼠技术进行大面积集中连片防治,并复灭、扫残巩固防治成果,在此基础上,配套鹰架控制技术,力争将鼠害控制在最低限度,以利于草地植被的恢复。《青海三江源规划》在本区实施草原鼠害防治工程 3 221 km^2。

(5)湖泊湿地保护。对湖泊湿地的保护,主要通过封育,恢复植被,增加植被盖度,提高土壤的蓄水功能和高寒沼泽草甸植被水源涵养功能,逐步恢复原有湿地生境。《青海三江源规划》在本区实施湖泊湿地保护工程 691 km^2。

(6)生态移民。受自然环境的制约和千百年传统生产方式的影响,大部分牧民仍然过着半游牧的生活,完全依靠天然草地自由放牧。近年来,随着牲畜数量的增多,天然草场压力不断加大。草场的过度利用使天然草场大面积退化和沙化,草地生产能力下降,草畜矛盾日益突出,部分牧民群众生活在贫困线以下,更有一部分草地退化严重的地区,牧民离开草场,沦为“生态难民”。通过生态移民工程,减缓草原压力,恢复草原生态功能,提高牧民生活质量。《青海三江源规划》在本区实施生态移民 2 971 人。

4.4.1.2 **《四川长沙贡玛自然保护区总体规划》规划措施**

《四川长沙贡玛自然保护区总体规划》规划在本区实施草地沙化治理 120 km^2,对水源涵养有重要意义。

4.4.1.3 **本次治理措施**

本区土地面积的77%隶属青海三江源自然保护区,湖泊湿地众多,湖泊面积占黄河源区湖泊总面积的97%,属重点保护对象,主要土地覆盖类型为草地。参照《青海三江源规划》,结合本区域湖泊湿地和草地的退化情况,本次拟对自然保护区以外的退化湖泊湿地、退化草地实施治理,促进其水源涵养功能的恢复。实施围栏封育草地146 km^2,其中称多县28 km^2,玛多县90 km^2,达日县28 km^2。在《青海三江源规划》实施湖泊湿地治理的基础上,再围封湖泊湿地16 km^2,其中称多县11 km^2,玛多县5 km^2。

由于黄河源区内分布有破碎砾石、砾石土,土层薄,且存在冻融侵蚀、草场退化、风化等作用,每遇暴雨,城镇周边沟道洪水夹杂着大量砾石、泥沙,形成泥石流倾泄而出,严重威胁城镇及其周边地区人民生命财产安全。东曲河口以上地区有玛多县城以及称多、曲麻莱的部分乡镇,结合城镇周边小流域综合治理,设计在洪水、泥石流危害严重地区的沟道修建铅丝笼石谷坊、铅丝笼护岸墙等沟道防洪工程。该区建设铅丝笼石谷坊512座,计5.12万m^3;铅丝笼护岸墙2 197 m,计0.66万m^3。其中铅丝笼石谷坊主要位于沟道上游以拦截上游泥沙,防止沟道下切。铅丝笼护岸墙主要位于沟口以引流洪水和泥石流,防止其对沟道下游村庄的危害。

本区实施的主要水源涵养工程及分布见表4-10。

表4-10 东曲河口以上采取的主要水源涵养工程措施及规模

项目		退牧还草(km^2)	沙化草地治理(km^2)	黑土滩型沙化草地治理(km^2)	草原鼠害防治(km^2)	湖泊湿地保护(km^2)	生态移民(人)	石谷坊(座)	护岸墙(m)
《青海三江源规划》	约古宗列	1 950	0	42	392	477	2 971		
	扎陵—鄂陵湖	7 234	3	413	2 004	186			
	星星海	2 818	383	155	825	28			
	小　计	12 002	386	610	3 221	691	2 971		

续表 4-10

项目		退牧还草（km^2）	沙化草地治理（km^2）	黑土滩型沙化草地治理（km^2）	草原鼠害防治（km^2）	湖泊湿地保护（km^2）	生态移民（人）	石谷坊（座）	护岸墙（m）
《四川长沙贡玛自然保护区总体规划》			120						
本次安排	曲麻莱县							94	430
	称多县		28			11		71	223
	玛多县		90			5		347	1 544
	达日县		28						
	小　计		146			16		512	2 197
合　计		12 002	652	610	3 221	707	2 971	512	2 197

4.4.2 东曲河口—吉迈(湿地草原过渡带保护区)

本区间是黄河源头高原区向下游高山峡谷区的过渡段，区内高差较大，面积 12 415 km^2。现状水平，草地占土地面积的70%，灌木林地占土地面积的2%。主要涵养植被，20 世纪 80 年代末为 6 224 km^2，90 年代末为 6 114 km^2，现状为 5 856 km^2，现状比 80 年代末减少 368 km^2，其中林地减少 2 km^2，草地减少 342 km^2，湖泊湿地减少 24 km^2。次要涵养植被，80 年代末为 3 840 km^2（其中低盖度草地 3 696 km^2），90 年代末为 3 858 km^2（其中低盖度草地 3 686 km^2），现状为 4 114 km^2（其中低盖度草地 3 940 km^2），现状比 80 年代末增加 274 km^2。荒漠裸地，80 年代末为 2 351 km^2，90 年代末为 2 442 km^2，现状为 2 445 km^2，现状比 80 年代末增加 94 km^2。

该区属高原亚寒带半干旱气候区，是上游高平原向下游高山峡谷区的过渡地段，植被以高寒草原、高寒草甸草原及沼泽类草原为主，生态脆弱，从水源涵养出发，保护的主要对象为草原和湖泊湿地。安排对现状退化的约 370 km^2 主要涵养植被实施保护措施，其中草地 340 km^2，湖泊湿地 30 km^2。

在高海拔地区，不适合人工种草来恢复退化沙化的草地，只能通过人工辅助的方式，建立围栏，进行封育草地，减少人畜活动，逐步恢复原生植被。安排围栏封育草地 340 km^2，其中玛多县 80 km^2，达日县 190 km^2，玛沁县 60 km^2，班玛县

10 km²,对鼠害严重的草地可另外实施鼠害治理措施。

对湖泊湿地的保护,主要通过封育,恢复植被,增加植被盖度,提高土壤的蓄水功能和高寒沼泽草甸植被的水源涵养功能,逐步恢复原有湿地生境。安排封育湖泊湿地 30 km²,其中达日县 20 km²,玛沁县 10 km²。

该区分布有达日县城及达日县的部分乡镇,沟道防洪工程结合城镇周边小流域综合治理,规划在洪水、泥石流危害严重地区沟道建设石谷坊 150 座,计 1.50 万 m³;护岸墙 633 m,计 0.19 万 m³。

本区实施的主要水源涵养工程及分布见表 4-11。

表 4-11 东曲河口—吉迈采取的主要水源涵养工程措施及规模

项目	沙化草地治理(km²)	湖泊湿地保护(km²)	石谷坊(座)	护岸墙(m)
玛多县	80			
达日县	190	20	150	633
玛沁县	60	10		
班玛县	10			
小 计	340	30	150	633

4.4.3 吉迈—沙曲河口(高山峡谷林草保护区)

本区地处高山峡谷,面积 19 082 km²,现状水平,草地占土地面积的74%,林地占土地面积的 13%。主要涵养植被,20 世纪 80 年代末为 13 206 km²,90 年代末为 13 117 km²,现状为 13 013 km²,现状比 80 年代末减少 193 km²,其中林地减少 12 km²,草地减少 112 km²,湖泊湿地减少 69 km²。次要涵养植被,80 年代末为4 483 km²(其中低盖度草地 4 343 km²),90 年代末为 4 595 km²(其中低盖度草地 4 394 km²),现状为 4 695 km²(其中低盖度草地 4 489 km²),现状比 80 年代末增加 212 km²。荒漠裸地,80 年代末为 1 393 km²,90 年代末为 1 370 km²,现状1 374 km²,现状比 80 年代末减少 19 km²。

吉迈—沙曲河口土地面积占黄河源区面积的 15%,而径流量占黄河源区径流量的 23%,林地占黄河源区林地面积的 32%,是林地相对集中区,也是重要的产流区之一。本区分布有青海三江源自然保护区的年保玉则区,《青海三江源规划》在该区采取的工程措施有退牧还草 880 km²、黑土滩型沙化草地治理 130 km²、草原鼠害防治 627 km²、湖泊湿地保护 19 km²、生态移民 2 517 人等,这些措施对水源涵养是极为有益的。

本区林地、草地、湖泊湿地均存在不同程度的退化,自然生态因素恶化。年保玉则区以外退化的主要涵养植被共有 193 km^2,其中林地 12 km^2、草地 112 km^2、湖泊湿地 69 km^2,拟采取修复措施,改善这里的生态环境状况,增强水源涵养能力。

本区实施的主要水源涵养工程及分布见表 4-12。

表 4-12 吉迈—沙曲河口采取的主要水源涵养工程措施及规模

项目		退牧还草(km^2)	沙化草地治理(km^2)	黑土滩型沙化草地治理(km^2)	草原鼠害防治(km^2)	天然林保护(km^2)	湖泊湿地保护(km^2)	生态移民(人)	石谷坊(座)	护岸墙(m)
《青海三江源规划》	年保玉则区	880		130	627		19	2 517		
本次安排	达日县		20			6	25			
	甘德县		62				39		57	277
	玛沁县		30				5			
	久治县					6			100	500
	小　计		112			12	69		157	777
合　计		880	112	130	627	12	88	2 517	157	777

4.4.4 沙曲河口—玛曲(高原丘陵沼泽草地保护区)

本区属高原丘陵区,气温较高,降水丰沛。现状水平,草地占土地面积的70%,林地占土地面积的5%,沼泽、湖泊占土地面积的22%。主要涵养植被,20世纪80年代末为19 236 km^2,90年代末为18 696 km^2,现状为18 679 km^2,现状比80年代末减少557 km^2,其中林地减少15 km^2、草地减少302 km^2、湖泊湿地减少240 km^2。次要涵养植被,80年代末为2 348 km^2(其中低盖度草地2 117 km^2),90年代末为2 841 km^2(其中低盖度草地2 590 km^2),现状为2 866 km^2(其中低盖度草地2 612 km^2),现状比80年代末增加518 km^2。荒漠裸地,80年代末为363 km^2,90年代末为410 km^2,现状为402 km^2,现状比80年代末增加39 km^2。

沙曲河口—玛曲土地面积占黄河源区面积的17%,而径流量占黄河源区径流量的30%,沼泽湿地占黄河源区沼泽湿地的56%,是沼泽湿地最为集中区,也是重要的产流区,草地以高、中盖度草地为主,林地以密林和灌木林为主,属重要的水源涵养区。区内分布有四川若尔盖湿地国家级自然保护区和甘肃黄河首曲湿地省级自然保护区,且本区的甘肃省玛曲县已纳入《甘肃甘南黄河重要水源补给生态功能区生态保护与建设规划》,在这些地区水源涵养措施采用相应规划成果。

《四川若尔盖湿地国家级自然保护区总体规划》规划开展湿地恢复、沙化草地治理、生态移民等工程;《四川阿坝曼则唐湿地省级自然保护区总体规划》规划开展湿地恢复等工程;《甘肃甘南黄河重要水源补给生态功能区生态保护与建设规划》规划开展生态保护与修复、农牧民生产生活基础设施建设和生态保护支撑体系建设等。

沼泽湿地是本区主要的保护对象,根据水源涵养植被的退化情况,规划在《四川若尔盖湿地国家级自然保护区总体规划》、《四川阿坝曼则唐湿地省级自然保护区总体规划》和《甘肃甘南黄河重要水源补给生态功能区生态保护与建设规划》范围外,安排围封湖泊湿地 120 km^2,其中红原县 20 km^2,若尔盖县 100 km^2;围栏封育草地 90 km^2,其中阿坝县 80 km^2,若尔盖县 10 km^2;围栏封育林地 15 km^2,其中阿坝县 5 km^2,红原县 10 km^2。

本区分布有若尔盖、红原等县城,小型水保工程应与城镇周边小流域综合治理相结合,在洪水、泥石流危害严重地区沟道修建铅丝笼石谷坊、铅丝笼护岸墙等沟道防洪工程。安排建设石谷坊 513 座,计 5.13 万 m^3;护岸墙 2 204 m,计 0.66 万 m^3。

本区实施的主要水源涵养工程及分布见表 4-13。

4.4.5 玛曲—唐乃亥(高原森林草地保护区)

本区为高原亚寒带亚湿润向高原亚寒带半干旱气候区过渡带,分区面积 35 924 km^2。现状水平,草地占土地面积的 73%,林地占土地面积的 10%,耕地占土地面积的 1%。主要涵养植被,20 世纪 80 年代末为 23 718 km^2,90 年代末为23 763 km^2,现状为 23 748 km^2;现状比 80 年代虽略有增加,但主要是草地增加较多(约 130 km^2),林地、河湖湿地仍有所减少,其中林地减少 40 km^2、河湖湿地减少 60 km^2。次要涵养植被,80 年代末为 7 950 km^2(其中低盖度草地 7 180 km^2),90 年代末为 7 973 km^2(其中低盖度草地 7 137 km^2),现状为 7 984 km^2(其中低盖度草地 7 130 km^2),现状比 80 年代末增加 34 km^2。荒漠裸地,80 年代末为 4 256 km^2,90 年代末为 4 188 km^2,现状为 4 192 km^2,现状比 80 年代末减少 64 km^2。

表 4-13 沙曲河口—玛曲采取的主要水源涵养工程措施及规模

项目		退牧还草(km^2)	沙化草地治理(km^2)	黑土滩型沙化草地治理(km^2)	草原鼠害防治(km^2)	天然林保护(km^2)	湖泊湿地保护(km^2)	生态移民(人)	石谷坊(座)	护岸墙(m)
《四川若尔盖湿地国家级自然保护区总体规划》			8				50	2 100		
《四川阿坝曼则唐湿地省级自然保护区总体规划》							40			
《甘肃甘南黄河重要水源补给生态功能区生态保护与建设规划》(玛曲县)		3 242	801		488	150	763			
本次安排	阿坝县		80			5			27	118
本次安排	红原县					10	20		166	713
本次安排	若尔盖县		10				100		320	1 373
本次安排	小 计		90			15	120		513	2 204
合 计		3 242	899		488	165	973	2 100	513	2 204

玛曲—唐乃亥土地面积占黄河源区面积的27%,而径流量占黄河源区径流量的29%,林地占黄河源区林地面积的46%,是林地最为集中区,也是重要的产流区之一。20 世纪 90 年代径流量减少明显,林地、湖泊湿地的减少,对该区的水源涵养功能有负面影响。区内分布有《青海三江源规划》的阿尼玛卿山区和中铁—军功区,其规划的主要工程措施有退牧还草、天然林保护、生态移民等,见表 4-14。

本区是水源涵养植被状况良好地区,草地保护较好,仅林地和湖泊湿地略有退化。作为该区重点保护对象的林地,其退化部分主要集中在中铁—军功区,在《青海三江源规划》中已安排了相应的保护措施。本次安排围封湖泊湿地 50

km²，其中玛沁县 40 km²、泽库县 5 km²、兴海县 5 km²。

表 4-14　玛曲—唐乃亥采取的主要水源涵养工程措施及规模

项目		退牧还草（km²）	退耕还林还草（km²）	沙化草地治理（km²）	黑土滩型沙化草地治理（km²）	草原鼠害防治（km²）	天然林保护（km²）	湖泊湿地保护（km²）	生态移民（人）	石谷坊（座）	护岸墙（m）
《青海三江源规划》	阿尼玛卿山区				137	647					
	中铁—军功区	1 401	25		252	1 278	916		23 394		
	小计	1 401	25		389	1 925	916		23 394		
本次安排	玛沁县							40		223	916
	河南县									169	729
	泽库县							5		216	962
	同德县									201	923
	兴海县							5		218	850
	小　计							50		1 027	4 380
合　计		1 401	25		389	1 925	916	50	23 394	1 027	4 380

本区分布有河南、泽库、玛沁、同德等县城以及以上各县和兴海县的较多乡镇，小型水土工程应与城镇周边小流域综合治理相结合，安排在洪水、泥石流危害严重地区沟道修建铅丝笼石谷坊、铅丝笼护岸墙等沟道水土保持工程。安排建设石谷坊 1 027 座，计 10.27 万 m³；护岸墙 4 380 m，计 1.31 万 m³。

本区实施的主要水源涵养工程及分布见表 4-14。

4.4.6　唐乃亥—龙羊峡大坝（龙羊峡库区植被保护区）

本区地处工作区的最下游，主体是龙羊峡库区，分区面积 9 448 km²。现状水平，草地占土地面积的 60%，林地占土地面积的 4%，耕地占土地面积的 9%。主要涵养植被，20 世纪 80 年代末为 4 584 km²，90 年代末为 4 475 km²，现状为 4 467 km²，现状比 80 年代末减少 117 km²，其中林地减少 21 km²，草地减少 144 km²，河湖湿地有所增加，增加 48 km²。次要涵养植被，80 年代末为 2 844 km²（其中低盖度草地 1 927 km²），90 年代末为 2 884 km²（其中低盖度草地 1 955 km²），现状为 2 968 km²（其中低盖度草地 2 051 km²），现状比 80 年代末增加

124 km^2。荒漠裸地,80 年代末为 2 020 km^2,90 年代末为 2 089 km^2,现状 2 013 km^2,现状比 80 年代末减少 7 km^2。

唐乃亥—龙羊峡大坝土地面积占黄河源区面积的 7%,而耕地占黄河源区耕地面积的 65%,是耕地最为集中区,耕地增加也是该区草地、林地退化的重要原因。因此,该区的重点保护目标是防治耕地的盲目扩张,保护草地和林地。根据主要水源涵养植被的退化情况,安排围封草地 144 km^2,其中贵南县 135 km^2、共和县 9 km^2;规划围封林地 21 km^2,其中贵南县 5 km^2、同德县 2 km^2、兴海县 14 km^2。

根据《青海省淤地坝规划》及该区土壤侵蚀区可建淤地坝潜力调查分析,确定该区新建骨干淤地坝 122 座,中型淤地坝 142 座,小型淤地坝 155 座。本区分布有兴海、河南、贵南等县城以及较多的乡镇,结合区内城镇周边小流域综合治理,安排在洪水、泥石流危害严重地区沟道修建石谷坊 690 座,计 6. 90 万 m^3;护岸墙 2 847 m,计 0. 85 万 m^3。

本区实施的主要水源涵养工程及分布见表 4-15。

表 4-15　唐乃亥—龙羊峡大坝采取的主要水源涵养工程及分布

项目	沙化草地治理（km^2）	天然林保护（km^2）	石谷坊（座）	护岸墙（m）	淤地坝建设（座）
同德县		2			
贵南县	135	5	308	1 327	419
兴海县		14	216	850	
共和县	9		166	670	
小　计	144	21	690	2 847	419

围绕黄河源区 20 世纪 90 年代水资源明显减少问题,在系统整理气温、降水、径流、植被等各方面资料的基础上,初步认为水源涵养功能降低主要是自然因素引起的,降水量减少,致使植被缺水干枯退化,湖泊、沼泽湿地萎缩;气温升高,导致蒸发增加和冻土层退化,冻土层退化一方面造成隔水层下移,区域地下水位下降,地表变干,地表径流减少,直接影响和制约植物演替,加速草场退化进程,另一方面造成土壤水向土壤深处渗漏,从而导致地表径流减弱。对水资源的不合理利用更加剧了植被退化,湖泊、沼泽湿地萎缩,也是水源涵养功能降低的重要方面。通过退牧还草、沙化草地治理、围封湖泊湿地等措施,保护和修复黄河源区水源涵养功能,具体规划措施及规模见表 4-16。

表 4-16 黄河源区水源涵养措施汇总

项目			退牧还草（km^2）	沙化草地治理（km^2）	黑土滩型沙化草地治理（km^2）	草原鼠害防治（km^2）	退耕还林还草（km^2）	天然林保护（km^2）	湖泊湿地保护（km^2）	生态移民（人）	石谷坊（座）	护岸墙（m）	淤地坝建设（座）
自然保护区已规划工程	约古宗列区		1 950		42	392			477	2 971			
	扎陵—鄂陵湖区		7 234	3	413	2 004			186				
	星星海区		2 818	383	155	825			28				
	年保玉则区		880		130	627			19	2 517			
	阿尼玛卿区				137	647							
	中铁—军功区		1 401		252	1 278	25	916		23 394			
	若尔盖湿地保护区			8					50	2 100			
	长沙贡玛自然保护区			120									
	阿坝曼则唐湿地保护区								40				
	玛曲县		3 242	801		488		150	763				
	小　计		17 525	1 315	1 129	6 261	25	1 066	1 563	30 982			
本次安排工程	东曲河口以上	曲麻莱县									94	430	
		称多县		28					11		71	223	
		玛多县		90					5		347	1 544	
		达日县		28									
	东曲河口—吉迈	玛多县		80									
		达日县		190					20		150	633	
		玛沁县		60					10				
		班玛县		10									

续表 4-16

项目			退牧还草（km^2）	沙化草地治理（km^2）	黑土滩型沙化草地治理（km^2）	草原鼠害防治（km^2）	退耕还林还草（km^2）	天然林保护（km^2）	湖泊湿地保护（km^2）	生态移民（人）	石谷坊（座）	护岸墙（m）	淤地坝建设（座）
本次安排工程	吉迈—沙曲河口	达日县		20				6	25				
		甘德县		62					39		57	277	
		玛沁县		30					5				
		久治县						6			100	500	
	沙曲河口—玛曲	阿坝县		80				5			27	118	
		红原县						10	20		166	713	
		若尔盖县		10					100		320	1 373	
	玛曲—唐乃亥	玛沁县							40		223	916	
		河南县									169	729	
		泽库县							5		216	962	
		同德县									201	923	
		兴海县							5		218	850	
	唐乃亥—龙羊峡大坝	同德县						2					
		贵南县		135				5			308	1 327	419
		兴海县						14			216	850	
		共和县		9							166	670	
	小　计			832				48	285		3 049	13 038	419
合　计			17 525	2 147	1 129	6 261	25	1 114	1 848	30 982	3 049	13 038	419

第5章　水资源利用与保护

5.1　水资源分区

黄河源区水资源利用分区，以《黄河流域（片）水资源分区》为基础，结合黄河源区水资源开发利用现状及存在的主要问题，围绕水资源利用的任务进行。黄河源区共划分为河源—玛曲、玛曲—龙羊峡两个区，详见表5-1。

表5-1　黄河源区水资源分区

水资源分区	行政区划 省	行政区划 州	计算面积（km^2）
河源—玛曲	青海	玉树州	12 545
		果洛州	49 960
		小计	62 505
	四川	阿坝州	17 055
	甘肃	甘南州	6 570
	小计		86 130
玛曲—龙羊峡	青海	果洛州	9 541
		海南州	23 481
		黄南州	9 404
		小计	42 426
	甘肃	甘南州	2 864
	小计		45 290
合计			131 420

5.2 水资源量

5.2.1 地表水资源量

根据《黄河流域水资源及其开发利用调查评价简要报告》，黄河源区多年平均(1956~2000年)地表水资源量206.67亿m^3，占黄河流域多年平均地表水资源总量534.8亿m^3的38.6%，其中河源—玛曲、玛曲—龙羊峡河段分别为145.93亿m^3、60.74亿m^3。

5.2.2 地下水资源量及其可开采量

地下水资源量是指降水和地表水对饱水岩土层的补给量，包括降水入渗补给量和河道、湖库、渠系、渠灌田间等地表水体的入渗补给量等。地下水可开采量是指在可预见的时期内，通过经济合理、技术可行的措施，在不致引起生态环境恶化条件下允许从含水层中获取的最大水量。

根据《黄河流域水资源及其开发利用调查评价简要报告》，地下水资源量计算，平原区采用水均衡法，山丘区采用排泄量法。黄河源区1980~2000年平均地下水资源量82.79亿m^3(矿化度小于等于2 g/L)，其中，山丘区82.08亿m^3、平原区1.01亿m^3，山丘区与平原区重复计算量0.3亿m^3。地下水可开采量计算，平原区采用总补给量乘以可开采系数，并结合实际开采量调查情况计算，山丘区采用多年平均实际开采量和未计入地表水资源量的多年平均实测泉水流出量计算。黄河源区地下水可开采量很小，仅有6 084万m^3，全部为平原区矿化度小于等于2 g/L的地下水。

5.2.3 水资源总量

综合地表水资源和地下水资源评价成果，黄河源区多年平均水资源总量为207.13亿m^3，其中地表水资源量206.67亿m^3，地表水与地下水之间不重复计算量0.46亿m^3(全部在玛曲—龙羊峡河段)。从地区分布来看，黄河源区水资源量主要分布在河源—玛曲河段，该河段水资源总量为145.93亿m^3，占黄河源区多年平均水资源总量的70.5%。

5.3　水资源开发利用现状

5.3.1　经济社会情况

黄河源区流域面积13.14万km^2,涉及青海、四川、甘肃三省的6个州共19个县。其中青海省4州14县,面积10.49万km^2,占黄河源区总流域面积的79.8%;四川省1州3县,面积1.71万km^2,占黄河源区总流域面积的13.0%;甘肃省1州2县,面积0.94万km^2,占黄河源区总流域面积的7.2%。该区地域辽阔,人口稀少,是藏、汉、回、羌、蒙古等多民族聚居区。区内农业产业结构单一,生产力不发达,主要以畜牧业为主,交通、通信极为不便,经济文化落后。

据2005年资料统计,区域内总人口61.11万人,多集中在县城和乡镇,人口密度4.65人/km^2,其中农业人口48.45万人,占总人口的79.3%;耕地面积113.56万亩,农业人均占有耕地2.34亩;农田有效灌溉面积23.24万亩,实灌面积16.43万亩;粮食总产量2.98万t;国内生产总值(GDP)31.18亿元,人均GDP 5 102元,比2005年全国人均GDP 13 950元低63.4%,经济发展比较落后;工业增加值3.90亿元;农业增加值12.03亿元;大(小)牲畜共计779.37万头(只)。详见表1-3。

5.3.2　供水基础设施

5.3.2.1　地表水供水设施

地表水供水设施主要包括蓄水工程、引水工程和提水工程三类。

1)蓄水工程

截至2005年底,全区共有蓄水工程68座,其中,大型水库1座、小型水库13座、塘坝54座,全部位于玛曲—龙羊峡河段的青海省境内,现状总供水能力0.17亿m^3。

2)引水工程

截至2005年底,全区共有引水工程429处,均为小型工程,青海、四川、甘肃三省境内分别为375处、19处和35处。总设计引水规模18 m^3/s,设计供水能力2.24亿m^3,现状供水能力2.00亿m^3。

3)提水工程

现有提水工程53处,均位于玛曲—龙羊峡河段的青海省境内,总提水规模2.11 m^3/s,设计供水能力0.42亿m^3,现状供水能力0.33亿m^3。

5.3.2.2 地下水供水设施

据统计,2005 年黄河源区地下水供水设施只有浅层地下水生产井,数量 435 眼,其中配套机电井 107 眼,现状供水能力 0.13 亿 m^3。

5.3.2.3 其他供水设施

该河段仅四川省有污水处理厂,年利用量仅 35 万 m^3。集雨工程 23 018 处,年利用量 91 万 m^3。其中四川省 22 918 处,年利用量 90 万 m^3;青海省 100 处,年利用量约 1 万 m^3;甘肃境内没有集雨工程。

2005 年黄河源区供水基础设施调查统计详见表 5-2。

5.3.3 供水量

据统计,2005 年黄河源区各类工程总供水量 26 191.30 万 m^3,其中地表水 24 812.95 万 m^3,占总供水量的 94.7%;地下水 1 252.49 万 m^3,占总供水量的 4.8%;其他供水量 125.86 万 m^3,占 0.5%。由此可见,区内供水量以地表水为主。

地表水源供水量中,蓄水工程供水量 1 671.18 万 m^3,占地表供水量的 6.7%;引水工程供水量 19 871.26 万 m^3,占地表供水量的 80.1%,为主要供水水源;提水工程供水量 3 270.51 万 m^3,占地表供水量的 13.2%。地下水源供水量全部为浅层淡水。各类工程供水量详见表 5-3。

5.3.4 用水量

2005 年黄河源区各部门总用水量 26 191.30 万 m^3,其中农田灌溉用水 10 869.26万 m^3,占总用水量的 41.5%,为主要用水户;工业用水 408.10 万 m^3,占总用水量的 1.6%;林草灌溉用水 7 678.15 万 m^3,占总用水量的 29.3%;城镇生活用水 519.56 万 m^3,占总用水量的 2.0%;农村生活用水 6 716.23 万 m^3,占总用水量的 25.6%。各部门用水量详见表 5-4。

5.3.4.1 农田灌溉用水量

黄河源区农田灌溉用水量 10 869.26 万 m^3,其中水浇地灌溉用水 10 826.09 万 m^3,占 99.6%,另有很少量的菜田用水。农灌用水全部在玛曲—龙羊峡河段的青海省海南州。

5.3.4.2 工业用水

黄河源区工业用水量 408.10 万 m^3,全部为一般工业用水。

5.3.4.3 城镇生活用水量

城镇生活用水量 519.56 万 m^3,其中城镇居民用水 332.74 万 m^3,占

表 5-2　2005 年黄河源区供水基础设施调查统计

水资源分区	行政区划		地表水													地下水			其他水源			
			蓄水工程					引水工程				提水工程				浅层地下水			污水处理利用		集雨工程	
	省	州	数量（座）	总库容（万 m^3）	兴利库容（万 m^3）	现状供水能力（万 m^3）	设计供水能力（万 m^3）	数量（处）	引水规模（m^3/s）	现状供水能力（万 m^3）	设计供水能力（万 m^3）	数量（处）	提水规模（m^3/s）	现状供水能力（万 m^3）	设计供水能力（万 m^3）	生产井数量（眼）	其中：配套机井（眼）	现状供水能力（万 m^3）	数量（座）	年利用量（万 m^3）	数量（座）	年利用量（万 m^3）
合计			68	470	421	1 671		429	18	19 974	22 425	53	2.11	3 271	4 179	435	107	1 317		35	23 018	91
河源—玛曲	小计							184	1	3 200	3 513					355	32	531		35	22 918	90
	青海	小计						164	1	1 662	1 703					27	27	237				
		玉树州						5		70	70											
		果洛州						159	1	1 592	1 633					27	27	237				
	四川	阿坝州						19		1 098	1 370					323		225		35	22 918	90
	甘肃	甘南州						1		440	440					5	5	69				
玛曲—龙羊峡	小计		68	470	421	1 671		245	17	16 774	18 912	53	2.11	3 271	4 179	80	75	786			100	1
	青海	小计	68	470	421	1 671		211	17	16 474	18 592	53	2.11	3 271	4 179	75	70	746			100	1
		果洛州						20		196	241					6	6	138				
		海南州	67	469	420	1 671		163	15	14 648	16 721	53	2.11	3 271	4 179	63	62	511			100	1
		黄南州	1	1	1			28	2	1 630	1 630					6	2	97				
	甘肃	甘南州						34		300	320					5	5	40				

表 5-3 2005 年黄河源区供水量调查统计

（单位：万 m³）

水资源分区	行政区划		地表水源供水量				地下水源供水量			其他水源供水量			总供水量
	省	州	蓄水	引水	提水	小计	浅层淡水	深层承压水	小计	污水处理再利用	集雨工程	小计	
合 计			1 671.18	19 871.26	3 270.51	24 812.95	1 252.49		1 252.49	35.00	90.86	125.86	26 191.30
河源—玛曲	小 计			3 158.66		3 158.66	500.77		500.77	35.00	90.00	125.00	3 784.43
	青海	小 计		1 661.90		1 661.90	223.98		223.98				1 885.88
	青海	玉树州		69.58		69.58							69.58
	青海	果洛州		1 592.32		1 592.32	223.98		223.98				1 816.30
	四川	阿坝州		1 075.00		1 075.00	208.00		208.00	35.00	90.00	125.00	1 408.00
	甘肃	甘南州		421.76		421.76	68.79		68.79				490.55
玛曲—龙羊峡	小 计		1 671.18	1 6712.60	3 270.51	21 654.29	751.72		751.72		0.86	0.86	22 406.87
	青海	小 计	1 671.18	16 473.76	3 270.51	21 415.45	712.04		712.04		0.86	0.86	22 128.35
	青海	果洛州		195.73		195.73	119.61		119.61				315.34
	青海	海南州	1 671.18	14 647.69	3 270.51	19 589.38	516.96		516.96		0.86	0.86	20 107.20
	青海	黄南州		1 630.34		1 630.34	75.47		75.47				1 705.81
	甘肃	甘南州		238.84		238.84	39.68		39.68				278.52

表 5-4　2005 年黄河源区用水量调查统计

（单位：万 m^3）

水资源分区	行政区划		城镇生活用水量				农村生活用水量				工业用水量		农田灌溉用水量			林草灌溉用水量			总用水量
	省	州	城镇居民	城镇公共	城镇环境用水	小计	农村居民	大牲畜	小牲畜	小计	一般工业	小计	水浇地	菜田	小计	林果地灌溉	草场灌溉	小计	
合计			332.74	169.66	17.16	519.56	766.48	3891.48	2058.27	6716.23	408.10	408.10	10826.09	43.17	10869.26	1964.24	5713.91	7678.15	26191.30
河源—玛曲	小计		86.73	37.28	2.42	126.43	271.01	2373.51	811.95	3456.47	201.53	201.53							3784.43
	青海	小计	40.49	20.94	2.14	63.57	131.07	1186.99	476.25	1794.31	28.00	28.00							1885.88
		玉树州					3.49	33.86	32.23	69.58									69.58
		果洛州	40.49	20.94	2.14	63.57	127.58	1153.13	444.02	1724.73	28.00	28.00							1816.30
	四川	阿坝州	40.00	9.00		49.00	111.00	901.00	290.00	1302.00	57.00	57.00							1408.00
	甘肃	甘南州	6.24	7.34	0.28	13.86	28.94	285.52	45.70	360.16	116.53	116.53							490.55
玛曲—龙羊峡	小计		246.01	132.38	14.74	393.13	495.47	1517.97	1246.32	3259.76	206.57	206.57	10826.09	43.17	10869.26	1964.24	5713.91	7678.15	22406.87
	青海	小计	240.19	130.32	14.58	385.09	477.98	1355.57	1218.99	3052.54	152.00	152.00	10826.09	43.17	10869.26	1964.24	5705.22	7669.46	22128.35
		果洛州	48.29	36.89	2.02	87.20	18.44	102.68	65.02	186.14	12.00	12.00				30.00		30.00	315.34
		海南州	186.26	87.68	10.79	284.73	264.20	460.06	633.74	1358.00	119.00	119.00	10826.09	43.17	10869.26	1934.24	5541.97	7476.21	20107.20
		黄南州	5.64	5.75	1.77	13.16	195.34	792.83	520.23	1508.40	21.00	21.00					163.25	163.25	1705.81
	甘肃	甘南州	5.82	2.06	0.16	8.04	17.49	162.40	27.33	207.22	54.57	54.57					8.69	8.69	278.52

64.0%。城镇生活用水主要集中在玛曲—龙羊峡河段的青海省海南州和果洛州，两州用水量为371.93万m^3，占城镇生活总用水量的71.6%。

5.3.4.4 农村生活用水量

黄河源区农村生活用水量6 716.23万m^3，其中农村居民用水量766.48万m^3，占11.4%，大小牲畜用水量5 949.75万m^3，占88.6%。

5.3.4.5 林牧用水量

林牧用水中，林果地灌溉用水1 964.24万m^3，占25.6%，草场灌溉用水5 713.91万m^3，占74.4%。林果地与草场灌溉用水均位于玛曲—龙羊峡河段。

综合分析上述各部门用水量，黄河源区主要以农业用水为主，经济发展较为落后，属工业欠发达地区。

5.3.5 耗水量

用水消耗量（耗水量）是指毛用水量在输水、用水过程中，通过蒸腾蒸发、土壤吸收、产品消耗、居民和牲畜饮用等多种途径消耗掉而不能回到地表水体或地下含水层的水量。根据该地区农田灌溉的特点、工业用水及排水情况、城镇与农村给排水设施、林果地与草场的灌溉面积和净灌溉定额等，分析确定各用水部门用水耗水系数，并分别按照地表水、地下水两种用水水源，分析耗水量，结果见表5-5。

5.3.5.1 地表水耗水量

2005年黄河源区地表耗水总量为21 122.94万m^3，其中，农田灌溉8 338.48万m^3，占39.5%；林牧6 522.71万m^3，占30.9%；工业84.44万m^3，占0.4%；城镇生活27.18万m^3，占0.1%；农村生活6 150.13万m^3，占29.1%。玛曲—龙羊峡河段的青海省海南州地表耗水最多，为15 978.58万m^3，占总地表耗水量的75.6%。

5.3.5.2 地下水耗水量

2005年黄河源区耗用地下水量814.18万m^3，其中，农田灌溉32.45万m^3，占4.0%；林牧4.07万m^3，占0.5%；工业70.92万m^3，占8.7%；城镇生活140.64万m^3，占17.3%；农村生活566.10万m^3，占69.5%。

5.3.5.3 总耗水量

综合上述地表耗水量和地下耗水量，2005年黄河源区耗水总量为21 937.12万m^3，其中，农田灌溉8 370.93万m^3，占38.2%；林牧6 526.78万m^3，占29.7%；工业155.36万m^3，占0.7%；城镇生活167.82万m^3，占0.8%；农村生活6 716.23万m^3，占30.6%。玛曲—龙羊峡河段的青海省海南州耗水最多，为

表5-5 2005年黄河源区河段耗水量

（单位：万 m^3）

水资源分区	行政区划		城镇生活			农村生活			工业			农田灌溉			林草灌溉			总耗水量		
	省	州	地表	地下	小计	地表	地下	小计	地表	地下	小计	地表	地下	小计	地表	地下	小计	地表	地下	合计
合计			27.18	140.64	167.82	6150.13	566.10	6716.23	84.44	70.92	155.36	8338.48	32.45	8370.93	6522.71	4.07	6526.78	21122.94	814.18	21937.12
河源—玛曲	小计		19.81	28.16	47.97	3065.74	390.73	3456.47	62.90	15.94	78.84							3148.45	434.83	3583.28
	青海	小计		27.61	27.61	1661.90	132.41	1794.31		10.08	10.08							1661.90	170.10	1832.00
		玉树州				69.58		69.58										69.58		69.58
		果洛州		27.61	27.61	1592.32	132.41	1724.73		10.08	10.08							1592.32	170.10	1762.42
	四川	阿坝州	15.59		15.59	1094.00	208.00	1302.00	22.80		22.80							1132.39	208.00	1340.39
	甘肃	甘南州	4.22	0.55	4.77	309.84	50.32	360.16	40.10	5.86	45.96							354.16	56.73	410.89
玛曲—龙羊峡	小计		7.37	112.48	119.85	3084.39	175.37	3259.76	21.54	54.98	76.52	8338.48	32.45	8370.93	6522.71	4.07	6526.78	17974.49	379.35	18353.84
	青海	小计	4.99	112.17	117.16	2906.44	146.10	3052.54	2.80	52.20	55.00	8338.48	32.45	8370.93	6516.22	2.95	6519.17	17768.93	345.87	18114.80
		果洛州		39.26	39.26	165.73	20.41	186.14		4.32	4.32				25.50		25.50	191.23	63.99	255.22
		海南州		58.91	58.91	1288.14	69.86	1358.00		42.84	42.84	8338.48	32.45	8370.93	6351.96	2.95	6354.91	15978.58	207.01	16185.59
		黄南州	4.99	14.00	18.99	1452.57	55.83	1508.40	2.80	5.04	7.84				138.76		138.76	1599.12	74.87	1673.99
	甘肃	甘南州	2.38	0.31	2.69	177.95	29.27	207.22	18.74	2.78	21.52				6.49	1.12	7.61	205.56	33.48	239.04

16 185.59 万 m^3，占总耗水量的 73.8%。

5.3.6　水资源开发利用中存在的主要问题

（1）缺乏统一规划、管理和综合利用措施。黄河源区由于海拔高，气候恶劣，人口稀少，长期以来基本处于自然状态，在历次黄河治理开发规划中，几乎均未涉及该地区的综合治理内容。由于缺少综合利用规划，水资源开发利用目标大多比较单一，农业灌溉、工业用水、城市供水等各自为政，重复建设，造成了水资源开发的不合理及资金浪费现象。

（2）水资源浪费现象严重。该地区工业生产工艺落后，重复利用率低；农业灌溉灌水方式简陋，现有水利设施大多年久失修，灌溉水利用系数低；供水水价严重偏低，节水意识淡薄，加之管理水平差，以致经常出现一方面是水资源的浪费，另一方面又供水不足的现象。

（3）农牧区饮水安全问题依然严重。根据青海省国民经济和社会发展"十五"计划和 2010 年规划要求，"十五"末基本解决农牧区人畜饮水困难问题，使广大农牧区群众有水吃。但由于解困标准较低，一些地区水质安全问题相当突出，对人民的身心健康造成了严重威胁：氟病区群众现饮用含氟量超标的浅层井水、泉水，轻者造成当地居民黄牙，腰腿疼痛，弯腰驼背，关节活动受限，严重者丧失劳动能力，生活不能自理甚至瘫痪；污染区群众长期饮用水质不符合卫生标准的水，患肠道传染病的比例大幅度提高，加剧了传染性疾病的传播，加重了农牧民群众的医疗负担；局部缺水地区因用水缺乏，群众每天需投入大量的人力、物力和运输机械到数公里甚至数十公里外去取水，占用了大量的劳动力，而且由于缺水往往一水两用、三用，水质普遍不符合卫生标准。

（4）对生态环境保护重视不够，缺乏对水资源的保护措施。

5.4　水资源利用

5.4.1　黄河源区经济社会发展指标预测

根据黄河源区现状社会经济情况，结合国民经济与社会发展规划，对规划范围内 2020 年和 2030 年的人口、国内生产总值、城市化水平、农业发展、畜牧业发展等进行预测。

5.4.1.1　人口预测

2005 年黄河源区总人口为 61.11 万人，根据该地区历年人口统计资料，分析人口增长趋势，预计2020年、2030年水平总人口分别达到67.49万人、70.34万人，2005～2020年、2020～2030年人口年均增长率分别为6.64‰、4.15‰。

2005年黄河源区城镇人口为12.66万人，城镇化率为21%。城镇人口采用城镇化率的方法进行预测，结合国家和各级政府制定的城市（镇）化发展战略与规划，预测不同水平年城市（镇）化水平，合理安排城市（镇）发展布局和确定城镇人口规模。预计2020年、2030年水平城镇人口分别达到21.02万人、27.27万人，城镇化率分别为31%和39%。

5.4.1.2　国内生产总值预测

2005年黄河源区国内生产总值为31.18亿元，人均5 102元。考虑河段内各地区国民经济发展前景，预测2005～2020年、2020～2030年GDP年均增长率分别为8.31%、6.66%，2020年、2030年水平黄河源区国内生产总值分别为103.31亿元、196.92亿元，人均分别为15 307元、27 995元。

5.4.1.3　农业灌溉发展规模预测

现状黄河源区有效灌溉面积42.45万亩，其中农田有效灌溉面积23.24万亩、林草灌溉面积19.21万亩。农田和林草灌溉面积主要集中在玛曲—龙羊峡河段的青海省海南州，分别为23.24万亩和18.37万亩。

参考黄河流域水资源综合规划成果，2020年水平和2030年水平黄河源区农田有效灌溉面积维持现状不变，适度发展一定规模的林草面积。预计2020年水平林草灌溉面积达到28.62万亩，其中草地23.72万亩、林地4.90万亩，主要分布在四川省的阿坝州；2030年水平林草灌溉面积达到54.50万亩，其中草地49.22万亩、林地5.28万亩，增加的林草地除四川省阿坝州有少部分外，主要是青海省共和县的塔拉滩及其周边地区的草场（22.3万亩），是青海省为安置生态移民实施的项目。详见表5-6。

5.4.1.4　牲畜发展预测

黄河源区现有大小牲畜779.37万头（只），预计2020年、2030年水平分别发展到870.92万头（只）、912.19万头（只）。详见表5-6。

5.4.2　需水预测

根据《黄河流域（片）水资源综合规划技术细则》，结合黄河源区河段实际情况，本次规划需水预测的用水户分生活、生产和生态环境三大类。

5.4.2.1　生活需水量预测

生活需水分城镇居民生活需水和农村居民生活需水两类，采用人均日需水量法进行预测。

表 5-6　黄河源区河段经济社会发展指标预测

水资源分区	行政区划		水平年	人口(万人)		灌溉面积(万亩)				牲畜(万头(只))			国内生产总值(亿元)	工业增加值(亿元)	农业增加值(亿元)
				小计	其中:城镇	农田	林草		小计	大牲畜	小牲畜	小计			
	省	州					林果地	草场							
合计			2020	67.49	21.02	23.24	4.90	23.72	51.86	304.97	565.95	870.92	103.31	18.14	28.22
			2030	70.34	27.27	23.24	5.28	49.22	77.74	324.17	588.02	912.19	196.92	37.65	47.77
河源—玛曲	小计		2020	21.81	5.70		0.91	7.50	8.41	206.17	226.69	432.86	26.48	4.78	8.32
			2030	22.66	7.62		1.29	10.70	11.99	221.68	241.44	463.12	44.19	8.75	11.52
	青海	小计	2020	9.75	2.59					73.85	126.48	200.33	9.00	0.30	2.78
			2030	10.34	3.57					73.85	122.48	196.33	15.42	0.58	3.95
		玉树州	2020	0.15						2.51	10.16	12.67	0.09		0.09
			2030	0.15						2.51	10.16	12.67	0.12		0.12
		果洛州	2020	9.60	2.59					71.34	116.32	187.66	8.91	0.30	2.69
			2030	10.19	3.57					71.34	112.32	183.66	15.30	0.58	3.83
	四川	阿坝州	2020	9.81	2.73		0.91	7.30	8.21	96.01	65.63	161.64	11.49	1.34	4.07
			2030	9.96	3.46		1.29	10.40	11.69	107.72	80.00	187.72	18.20	2.25	5.42
	甘肃	甘南州	2020	2.25	0.38			0.20	0.20	36.31	34.58	70.89	5.99	3.14	1.47
			2030	2.36	0.59			0.30	0.30	40.11	38.96	79.07	10.57	5.92	2.15
玛曲—龙羊峡	小计		2020	45.68	15.32	23.24	3.99	16.22	43.45	98.80	339.26	438.06	76.83	13.36	19.90
			2030	47.68	19.65	23.24	3.99	38.52	65.75	102.49	346.58	449.07	152.73	28.90	36.25
	青海	小计	2020	43.62	15.01	23.24	3.99	16.12	43.35	75.81	318.18	393.99	73.57	12.20	18.92
			2030	45.56	19.23	23.24	3.99	38.42	65.65	75.81	322.82	398.63	147.14	26.96	34.81
		果洛州	2020	4.61	2.77		0.08		0.08	7.86	21.25	29.11	8.49	0.03	0.73
			2030	4.90	3.23		0.08		0.08	7.86	21.29	29.15	13.57	0.05	1.04
		海南州	2020	28.46	9.39	23.24	3.91	15.46	42.61	32.87	198.53	231.40	49.27	11.88	9.45
			2030	29.52	12.10	23.24	3.91	37.76	64.91	32.87	202.93	235.80	102.37	26.40	16.58
		黄南州	2020	10.55	2.85			0.66	0.66	35.08	98.40	133.48	15.81	0.29	8.74
			2030	11.14	3.90			0.66	0.66	35.08	98.60	133.68	31.20	0.51	17.19
	甘肃	甘南州	2020	2.06	0.31			0.10	0.10	22.99	21.08	44.07	3.26	1.16	0.98
			2030	2.12	0.42			0.10	0.10	26.68	23.76	50.44	5.59	1.94	1.44

2005 年黄河源区城镇居民生活需水量为 319.20 万 m^3，需水定额为 69 L/(人·d)，农村居民生活需水量为 776.41 万 m^3，需水定额为 44 L/(人·d)。随着项目区内各地经济社会的发展和人民生活水平的不断提高，今后用水水平也会逐步提高，生活需水将呈增长趋势。预计 2020 年水平，城镇居民和农村居民生活需水定额分别为 94 L/(人·d)和 59 L/(人·d)，需水量分别为 721.57 万 m^3 和 1 004.59 万 m^3；2030 年水平，城镇居民和农村居民生活需水定额分别为 100 L/(人·d)和 67 L/(人·d)，需水量分别为 989.42 万 m^3 和 1 053.21 万 m^3，详见表 5-7。

表 5-7　黄河源区城镇及农村生活需水量预测成果

水资源分区	行政区划		需水量(万 m^3)					
			2005 年		2020 年		2030 年	
	省	州	城镇居民	农村居民	城镇居民	农村居民	城镇居民	农村居民
合计			319.20	776.41	721.57	1 004.59	989.42	1 053.21
河源—玛曲	小计		82.88	269.49	193.32	351.17	276.74	373.13
	青海	小计	36.28	129.90	92.36	156.53	131.76	167.87
		玉树州	0	3.47	0	3.01	0	3.56
		果洛州	36.28	126.43	92.36	153.52	131.76	164.31
	四川	阿坝州	41.35	111.54	88.20	155.05	123.45	161.33
	甘肃	甘南州	5.25	28.05	12.76	39.59	21.53	43.93
玛曲—龙羊峡	小计		236.32	506.92	528.25	653.42	712.68	680.08
	青海	小计	233.64	481.95	518.49	616.37	698.20	637.89
		果洛州	47.78	22.78	98.78	36.94	120.58	39.62
		海南州	159.91	309.21	331.05	396.75	441.66	413.29
		黄南州	25.95	149.96	88.66	182.68	135.96	184.98
	甘肃	甘南州	2.68	24.97	9.76	37.05	14.48	42.19

5.4.2.2　生产需水量预测

1) 工业需水量

工业需水采用万元增加值用水量法预测。2005 年黄河源区工业需水量为

408.10 万 m³，万元增加值需水量为 105 m³/万元。随着工业结构的调整和水重复利用率的提高，工业万元增加值需水量会逐步降低。经预测，2020 年水平，工业万元增加值需水定额为 30.4 m³/万元，工业需水量 551.75 万 m³；2030 年水平，工业万元增加值需水定额为 15.6 m³/万元，工业需水量 587.89 万 m³，详见表 5-8。

表 5-8　黄河源区工业需水量预测成果

水资源分区	行政区划		需水量(万 m³)		
	省	州	2005 年	2020 年	2030 年
合计			408.10	551.75	587.89
河源—玛曲	小计		201.53	283.55	306.81
	青海	小计	28.00	43.38	45.41
		玉树州			
		果洛州	28.00	43.38	45.41
	四川	阿坝州	57.00	84.43	93.01
	甘肃	甘南州	116.53	155.74	168.39
玛曲—龙羊峡	小计		206.57	268.20	281.08
	青海	小计	152.00	194.33	201.00
		果洛州	12.00	1.92	1.57
		海南州	119.00	155.74	160.40
		黄南州	21.00	36.67	39.03
	甘肃	甘南州	54.57	73.87	80.08

2）建筑业与第三产业需水量

2005 年黄河源区建筑业和第三产业需水量为 134.93 万 m³，综合需水定额为 8.9 m³/万元。随着节水技术的提高及城镇管网漏失率的减小，预测 2020 年和 2030 年水平建筑业和第三产业需水量分别为 397.88 万 m³ 和 564.78 万 m³，综合需水定额分别下降至 7.0 m³/万元和 5.1 m³/万元。详见表 5-9。

表5-9　黄河源区建筑业及第三产业需水量预测成果

水资源分区	行政区划		需水量(万 m^3)		
	省	州	2005年	2020年	2030年
合计			134.93	397.88	564.78
河源—玛曲	小计		35.51	104.83	156.17
	青海	小计	16.47	55.40	82.68
		玉树州			
		果洛州	16.47	55.40	82.68
	四川	阿坝州	14.66	39.89	58.80
	甘肃	甘南州	4.38	9.54	14.69
玛曲—龙羊峡	小计		99.42	293.05	408.61
	青海	小计	94.37	285.72	397.28
		果洛州	15.69	56.63	71.67
		海南州	63.44	172.32	240.24
		黄南州	15.24	56.77	85.37
	甘肃	甘南州	5.05	7.33	11.33

3)农田灌溉需水量

2005年黄河源区平水年($P=50\%$)、中等干旱年($P=75\%$)农田灌溉需水量分别为8 364.04万 m^3、10 595.45万 m^3,需水定额分别为360 m^3/亩、456 m^3/亩。随着节水措施的加强和种植结构的调整,在保持现有灌溉面积不变的情况下,2020年水平平水年($P=50\%$)、中等干旱年($P=75\%$)农田灌溉需水量分别为6 517.75万 m^3、8 245.32万 m^3,需水定额分别为280 m^3/亩、355 m^3/亩;2030年水平平水年($P=50\%$)、中等干旱年($P=75\%$)农田灌溉需水量分别为6 124.21万 m^3、7 724.56万 m^3,需水定额分别为264 m^3/亩、332 m^3/亩。中等干旱年($P=75\%$)情况下,2030年水平与2005年相比需水量下降了2 870.89万 m^3,定额下降了124 m^3/亩,农田灌溉水利用系数由现状的0.37提高到2030年的0.51。详见表5-10。

表 5-10 黄河源区农田灌溉需水量预测成果

<table>
<tr><th rowspan="3">水资源分区</th><th colspan="2" rowspan="2">行政区划</th><th colspan="6">需水量(万 m³)</th></tr>
<tr><th colspan="2">2005 年</th><th colspan="2">2020 年</th><th colspan="2">2030 年</th></tr>
<tr><th>省</th><th>州</th><th>P = 50%</th><th>P = 75%</th><th>P = 50%</th><th>P = 75%</th><th>P = 50%</th><th>P = 75%</th></tr>
<tr><td colspan="3">合 计</td><td>8 364. 04</td><td>10 595. 45</td><td>6 517. 75</td><td>8 245. 32</td><td>6 124. 21</td><td>7 724. 56</td></tr>
<tr><td rowspan="6">河源—玛曲</td><td colspan="2">小 计</td><td></td><td></td><td></td><td></td><td></td><td></td></tr>
<tr><td rowspan="3">青海</td><td>小 计</td><td></td><td></td><td></td><td></td><td></td><td></td></tr>
<tr><td>玉树州</td><td></td><td></td><td></td><td></td><td></td><td></td></tr>
<tr><td>果洛州</td><td></td><td></td><td></td><td></td><td></td><td></td></tr>
<tr><td>四川</td><td>阿坝州</td><td></td><td></td><td></td><td></td><td></td><td></td></tr>
<tr><td>甘肃</td><td>甘南州</td><td></td><td></td><td></td><td></td><td></td><td></td></tr>
<tr><td rowspan="6">玛曲—龙羊峡</td><td colspan="2">小 计</td><td>8 364. 04</td><td>10 595. 45</td><td>6 517. 75</td><td>8 245. 32</td><td>6 124. 21</td><td>7 724. 56</td></tr>
<tr><td rowspan="4">青海</td><td>小 计</td><td>8 364. 04</td><td>10 595. 45</td><td>6 517. 75</td><td>8 245. 32</td><td>6 124. 21</td><td>7 724. 56</td></tr>
<tr><td>果洛州</td><td></td><td></td><td></td><td></td><td></td><td></td></tr>
<tr><td>海南州</td><td>8 364. 04</td><td>10 595. 45</td><td>6 517. 75</td><td>8 245. 32</td><td>6 124. 21</td><td>7 724. 56</td></tr>
<tr><td>黄南州</td><td></td><td></td><td></td><td></td><td></td><td></td></tr>
<tr><td>甘肃</td><td>甘南州</td><td></td><td></td><td></td><td></td><td></td><td></td></tr>
</table>

4)林牧畜需水量

黄河源区林果地、草场灌溉定额及牲畜需水定额,主要根据当地实际情况确定。2005 年林牧畜需水量为 14 290. 90 万 m^3,预计到 2020 年和 2030 年水平需水量分别增至 15 467. 91 万 m^3 和 26 105. 72 万 m^3,2030 年比 2005 年需水量增加了 11 814. 82 万 m^3。详见表 5-11。

5. 4. 2. 3 河道外生态环境需水量预测

河道外生态环境需水量包括城镇生态环境需水和农村生态环境需水两部分。城镇生态环境需水量包括城镇绿化、河湖补水和环境卫生三部分。2005 年城镇生态、环境需水量为 17. 16 万 m^3,采用定额法预测黄河源区 2020 年和 2030 年水平城镇生态环境需水量分别为 49. 36 万 m^3 和 67. 45 万 m^3。农村生态环境需水主要为林草植被建设需水,经预测,2020 年、2030 年水平需水量分别为 38. 19 万 m^3、56. 81 万 m^3。详见表 5-12。

表 5-11　黄河源区林牧畜需水量预测成果

水资源分区	行政区划		需水量(万 m^3)											
			2005 年				2020 年				2030 年			
	省	州	林果地灌溉	草场灌溉	牲畜需水	小计	林果地灌溉	草场灌溉	牲畜需水	小计	林果地灌溉	草场灌溉	牲畜需水	小计
合计			1274.87	6907.00	6109.03	14290.90	1452.28	6163.71	7851.92	15467.91	1404.20	16006.81	8694.71	26105.72
河源—玛曲	小计				3286.79	3286.79	127.27	765.73	4397.83	5290.83	162.88	875.42	4899.16	5937.46
	青海	小计			1644.86	1644.86			1784.72	1784.72			1798.78	1798.78
		玉树州			67.27	67.27			77.44	77.44			82.98	82.98
		果洛州			1577.59	1577.59			1707.28	1707.28			1715.80	1715.80
	四川	阿坝州			1242.56	1242.56	127.27	765.73	1761.07	2654.07	162.88	875.42	2010.71	3049.01
	甘肃	甘南州			399.37	399.37			852.04	852.04			1089.67	1089.67
玛曲—龙羊峡	小计		1274.87	6907.00	2822.24	11004.11	1325.01	5397.98	3454.09	10177.08	1241.32	15131.39	3795.55	20168.26
	青海	小计	1274.87	6896.25	2593.25	10764.37	1325.01	5366.63	2919.11	9610.75	1241.32	15101.76	3086.55	19429.63
		果洛州	29.95		165.04	194.99	23.30		200.07	223.37	21.83		213.74	235.57
		海南州	1244.92	6613.90	1098.29	8957.11	1301.71	5146.90	1289.00	7737.61	1219.49	14895.91	1392.73	17508.13
		黄南州		282.35	1329.92	1612.27		219.73	1430.04	1649.77		205.85	1480.08	1685.93
	甘肃	甘南州		10.75	228.99	239.74		31.35	534.98	566.33		29.63	709.00	738.63

表 5-12 黄河源区河道外生态环境需水量预测成果

水资源分区	行政区划		需水量(万 m^3)								
			2005 年			2020 年			2030 年		
	省	州	城镇生态环境	农村生态环境	小计	城镇生态环境	农村生态环境	小计	城镇生态环境	农村生态环境	小计
合计			17.16		17.16	49.36	38.19	87.55	67.45	56.81	124.26
河源—玛曲	小计		2.42		2.42	7.24	9.00	16.24	10.47	10.91	21.38
	青海	小计	2.14		2.14	5.96	9.00	14.96	8.25	10.91	19.16
		玉树州									
		果洛州	2.14		2.14	5.96	9.00	14.96	8.25	10.91	19.16
	四川	阿坝州									
	甘肃	甘南州	0.28		0.28	1.28		1.28	2.22		2.22
玛曲—龙羊峡	小计		14.74		14.74	42.12	29.19	71.31	56.98	45.90	102.88
	青海	小计	14.58		14.58	41.21	29.19	70.40	55.38	45.90	101.28
		果洛州	2.02		2.02	6.92	5.00	11.92	9.12	6.36	15.48
		海南州	10.79		10.79	26.84	22.99	49.83	35.10	38.45	73.55
		黄南州	1.77		1.77	7.45	1.20	8.65	11.16	1.09	12.25
	甘肃	甘南州	0.16		0.16	0.91		0.91	1.60		1.60

5.4.2.4 需水总量

对上述各用水部门的需水预测成果进行汇总,2005 年平水年($P=50\%$)、中等干旱年($P=75\%$)情况下全河段需水量(不计河道内用水,下同)分别为2.43 亿 m^3、2.65 亿 m^3;2020 年水平需水量分别为 2.47 亿 m^3、2.65 亿 m^3;2030 年水平需水量分别为 3.55 亿 m^3、3.71 亿 m^3。详见表 5-13。

5.4.3 供水分析

不同水平年可供水量分析预测的基础是各水平年规划水源工程的实施情况及所能形成的供水能力。根据黄河源区水资源条件和社会经济发展需水情况,各水平年不同水源工程的可供水量详见表 5-14。

表5-13　黄河源区河道外年需水量汇总成果　（单位：万 m³）

水资源分区	行政区划		水平年	生活需水	生产需水		生态环境需水	总计	
	省	州			$P=50\%$	$P=75\%$		$P=50\%$	$P=75\%$
合计			2005	1 095.61	23 197.97	25 429.38	17.16	24 310.74	26 542.15
			2020	1 726.16	22 935.29	24 662.86	87.55	24 749.00	26 476.57
			2030	2 042.63	33 382.60	34 982.95	124.26	35 549.49	37 149.84
河源—玛曲	小计		2005	352.37	3 523.83	3 523.83	2.42	3 878.62	3 878.62
			2020	544.49	5 679.21	5 679.21	16.24	6 239.94	6 239.94
			2030	649.87	6 400.44	6 400.44	21.38	7 071.69	7 071.69
	青海	小计	2005	166.18	1 689.33	1 689.33	2.14	1 857.65	1 857.65
			2020	248.89	1 883.50	1 883.50	14.96	2 147.35	2 147.35
			2030	299.63	1 926.87	1 926.87	19.16	2 245.66	2 245.66
		玉树州	2005	3.47	67.27	67.27		70.74	70.74
			2020	3.01	77.44	77.44		80.45	80.45
			2030	3.56	82.98	82.98		86.54	86.54
		果洛州	2005	162.71	1 622.06	1 622.06	2.14	1 786.91	1 786.91
			2020	245.88	1 806.06	1 806.06	14.96	2 066.90	2 066.90
			2030	296.07	1 843.89	1 843.89	19.16	2 159.12	2 159.12
	四川	阿坝州	2005	152.89	1 314.22	1 314.22		1 467.11	1 467.11
			2020	243.25	2 778.39	2 778.39		3 021.64	3 021.64
			2030	284.78	3 200.82	3 200.82		3 485.60	3 485.60
	甘肃	甘南州	2005	33.30	520.28	520.28	0.28	553.86	553.86
			2020	52.35	1 017.32	1 017.32	1.28	1 070.95	1 070.95
			2030	65.46	1 272.75	1 272.75	2.22	1 340.43	1 340.43

续表 5-13

水资源分区	行政区划		水平年	生活需水	生产需水		生态环境需水	总计	
	省	州			$P=50\%$	$P=75\%$		$P=50\%$	$P=75\%$
玛曲—龙羊峡	小计		2005	743.24	19 674.14	21 905.55	14.74	20 432.12	22 663.53
			2020	1 181.67	17 256.08	18 983.65	71.31	18 509.06	20 236.63
			2030	1 392.76	26 982.16	28 582.51	102.88	28 477.80	30 078.15
	青海	小计	2005	715.59	19 374.78	21 606.19	14.58	20 104.95	22 336.36
			2020	1 134.86	16 608.55	18 336.12	70.40	17 813.81	19 541.38
			2030	1 336.09	26 152.12	27 752.47	101.28	27 589.49	29 189.84
		果洛州	2005	70.56	222.68	222.68	2.02	295.26	295.26
			2020	135.72	281.92	281.92	11.92	429.56	429.56
			2030	160.20	308.81	308.81	15.48	484.49	484.49
		海南州	2005	469.12	17 503.59	19 735.00	10.79	17 983.50	20 214.91
			2020	727.80	14 583.42	16 310.99	49.83	15 361.05	17 088.62
			2030	854.95	24 032.98	25 633.33	73.55	24 961.48	26 561.83
		黄南州	2005	175.91	1 648.51	1 648.51	1.77	1 826.19	1 826.19
			2020	271.34	1 743.21	1 743.21	8.65	2 023.20	2 023.20
			2030	320.94	1 810.33	1 810.33	12.25	2 143.52	2 143.52
	甘肃	甘南州	2005	27.65	299.36	299.36	0.16	327.17	327.17
			2020	46.81	647.53	647.53	0.91	695.25	695.25
			2030	56.67	830.04	830.04	1.60	888.31	888.31

2005 年平水年($P=50\%$)、中等干旱年($P=75\%$)总可供水量分别为 2.44 亿 m^3、2.76 亿 m^3;2020 年水平分别为 2.48 亿 m^3、2.73 亿 m^3;2030 年水平分别为 3.56 亿 m^3、3.72 亿 m^3。

5.4.4　水资源供需分析

5.4.4.1　现状水平年供需分析

现状水平年供需分析,主要是为了评价在现状用水技术、用水水平、用水效率和工程条件下,水资源开发利用的合理性及存在问题。供需分析计算采用

50%和75%两个保证率,结果见表5-15,两种情况均不缺水。

表5-14　黄河源区各水平年可供水量汇总　(单位:万 m^3)

水平年	水资源分区	地表供水量		地下供水量		其他水源供水量	合计	
		$P=50\%$	$P=75\%$	$P=50\%$	$P=75\%$		$P=50\%$	$P=75\%$
2005	河源—玛曲	3 612	3 626	385	385		3 997	4 011
	玛曲—龙羊峡	19 767	22 905	673	673	0.90	20 441	23 579
	合　计	23 379	26 531	1 058	1 058	0.90	24 438	27 590
2020	河源—玛曲	5 796	5 807	449	449	37.00	6 282	6 293
	玛曲—龙羊峡	17 597	20 054	785	785	140.70	18 523	20 980
	合　计	23 393	25 861	1 234	1 234	177.70	24 805	27 273
2030	河源—玛曲	6 558	6 550	459	459	71.00	7 088	7 080
	玛曲—龙羊峡	27 430	29 046	785	785	268.70	28 484	30 100
	合　计	33 988	35 596	1 244	1 244	339.70	35 572	37 180

5.4.4.2　水平年供需分析

本次供需分析计算的水平年为2020年和2030年两个水平年,每个水平年均采用50%和75%两个保证率。经分析计算,规划水平年均不缺水,结果详见表5-15。

5.4.5　水资源利用工程措施

黄河源区地域广阔,人口稀少,水资源利用少而分散,根据生态环境保护、生态移民、产业结构调整及经济发展需要,结合牧区水利工程建设,重点解决人畜饮水问题,生态移民安置水源问题,实行休牧、舍饲的饲草料基地灌溉用水问题,以及已有灌区的续建配套与节水改造问题。

5.4.5.1　城镇供水

根据县城与乡镇发展,对现状供水能力不足的县乡安排一定规模的城镇供水设施,对城镇管网进行改造。新增日供水能力20万t。

5.4.5.2　农牧区饮水工程

根据当地自然、经济条件和社会发展状况,合理选择饮水工程的类型、规模及供水方式。首先考虑当前的现实可行性,同时兼顾今后长远发展的需要。水源选择应符合当地水资源管理的要求,根据区域水资源条件选择水源,优质水源

表 5-15　各水平年黄河源区水资源供需平衡　（单位：万 m^3）

水平年	保证率	水资源分区	需水量				供水量			
			生活需水	生产需水	生态需水	合计	地表水	地下水	其他水源	合计
2005	$P=50\%$	河源—玛曲	352.37	3 523.83	2.42	3 878.62	3 612.00	385.00		3 997.00
		玛曲—龙羊峡	743.24	19 674.14	14.74	20 432.12	19 767.10	673.00	0.90	20 441.00
		合　计	1 095.61	23 197.97	17.16	24 310.74	23 379.10	1 058.00	0.90	24 438.00
	$P=75\%$	河源—玛曲	352.37	3 523.83	2.42	3 878.62	3 626.00	385.00		4 011.00
		玛曲—龙羊峡	743.24	21 905.55	14.74	22 663.53	22 905.10	673.00	0.90	23 579.00
		合　计	1 095.61	25 429.38	17.16	26 542.15	26 531.10	1 058.00	0.90	27 590.00
2020	$P=50\%$	河源—玛曲	544.49	5 679.21	16.24	6 239.94	5 796.00	449.00	37.00	6 282.00
		玛曲—龙羊峡	1 181.67	17 256.08	71.31	18 509.06	17 597.30	785.00	140.70	18 523.00
		合　计	1 726.16	22 935.29	87.55	24 749.00	23 393.30	1 234.00	177.70	24 805.00
	$P=75\%$	河源—玛曲	544.49	5 679.21	16.24	6 239.94	5 807.00	449.00	37.00	6 293.00
		玛曲—龙羊峡	1 181.67	18 983.65	71.31	20 236.63	20 054.30	785.00	140.70	20 980.00
		合　计	1 726.16	24 662.86	87.55	26 476.57	25 861.30	1 234.00	177.70	27 273.00
2030	$P=50\%$	河源—玛曲	649.87	6 400.44	21.38	7 071.69	6 558.00	459.00	71.00	7 088.00
		玛曲—龙羊峡	1 392.76	26 982.16	102.88	28 477.80	27 430.30	785.00	268.70	28 484.00
		合　计	2 042.63	33 382.60	124.26	35 549.49	33 988.30	1 244.00	339.70	35 572.00
	$P=75\%$	河源—玛曲	649.87	6 400.44	21.38	7 071.69	6 550.00	459.00	71.00	7 080.00
		玛曲—龙羊峡	1 392.76	28 582.51	102.88	30 078.15	29 046.30	785.00	268.70	30 100.00
		合　计	2 042.63	34 982.95	124.26	37 149.84	35 596.30	1 244.00	339.70	37 180.00

优先满足生活用水需要。水源有保证、人口居住较集中的地区,应建设集中式供水工程,并尽可能适度规模,供水到户;经济欠发达、农民收入比较低的地区,供水系统可暂先建到集中给水点,待经济条件具备后,再解决自来水入户问题。居住分散的山丘区农民可建分散式供水工程。重点解决的问题:饮用水中氟大于2 mg/L、砷大于0.05 mg/L、溶解性总固体大于2 g/L、耗氧量(COD_{Mn})大于6 mg/L,其他污染严重的饮水水质问题;无供水设施、用水极不方便、季节性缺水严重的饮水问题。

根据青海省"十一五"水利发展与水安全规划,"十一五"期间计划解决100万人的饮水安全问题,其中黄河源区有17.04万人,2011~2020年预计解决67.04万人的饮水安全问题,其中黄河源区有7.24万人。

海南州地区的共和、贵南、同德、兴海4县,共安排解决饮水不安全人口为11.17万人。安排解决用水方便程度不达标人数为6.82万人;水量不达标、水源保证率不达标和水质不达标人数分别为2.08万人、0.52万人、1.75万人。工程类型有除氟砷工程8项,除盐工程10项,集中供水工程114项,分散工程2项。

黄南州地区的河南、泽库两县,共解决饮水不安全人口为3.22万人。安排解决用水方便程度不达标人数为2.09万人;水质不达标、水量不达标和水源保证率不达标人数分别为0.7万人、0.23万人、0.2万人。工程类型有除氟砷工程1项,除盐工程2项,集中供水工程50项,分散工程5项。

玉树州地区的称多、曲麻莱两县,共解决饮水不安全人口为4.7万人。安排解决水质不达标人数为3.84万人;用水方便程度不达标、水量不达标和水源保证率不达标人数分别为0.5万人、0.34万人、0.02万人。工程类型有除氟砷工程20项,除盐工程19项,集中供水工程40项,分散工程7项。

果洛州地区包括所属玛沁、玛多、达日、甘德、久治、班玛6县,共解决饮水不安全人口为5.19万人。安排解决用水方便程度不达标人数为4.10万人;水量不达标、水源保证率不达标和水质不达标人数分别为0.39万人、0.35万人、0.35万人。工程类型有除氟砷工程6项,除盐工程1项,集中供水工程95项。

5.4.5.3　塔拉滩生态治理工程

塔拉滩位于青海省海南藏族自治州共和县境内,东南临龙羊峡水库,东北距海南州政府所在地恰卜恰镇4 km,总面积2 136 km^2。塔拉滩属于高寒干旱荒漠草原与半干旱草原自然环境,土地生产力低而不稳,自我恢复能力差,生态系统脆弱。由于干旱缺水,加之不合理的牧业生产和人类经济活动,近年来塔拉滩牧草地退化和沙漠化现象较为严重。为缓解人类活动对塔拉滩生态环境的压力,扭转塔拉滩生态环境恶化趋势,青海省提出了以保护为主、以减畜和退牧还草为中心的塔拉滩生态治理工程规划,拟集中和就地安置生态移民 1 300 户、6 439 人,围栏封育面积 313 万亩,发展饲草地灌溉 22.3 万亩,年需引水量约 6 000 万 m^3,灌溉水源为黄河二级支流青根河。

5.4.5.4 节水改造

黄河源区河段的农田灌溉地区主要在海南州,2020 年水平和 2030 年水平灌溉面积保持不变,拟对灌区进行续建配套与节水改造,大力发展节水农业,衬砌干、支、斗渠道,维修改造各类渠系建筑物。共衬砌干、支、斗渠道 141 km,维修改造各类渠系建筑物 1 271 座,改善灌溉面积 16.06 万亩。

5.5 水资源保护

黄河源区是黄河的主要产流区之一,区域现状水质良好,龙羊峡水库下泄水体为黄河流域社会经济发展提供优良的水资源保障,因此黄河源区的水域总体上应以保护为主,限制开发。

5.5.1 水功能区划

青海、甘肃和四川依法划定各省水功能区划,以青政函[2003]12 号、甘政函[2007]51 号和川府函[2003]194 号分别批复《青海省水功能区划报告》、《甘肃省水功能区划报告》和《四川省水功能区划报告》。

黄河源区共对包含黄河、黑河、白河在内的 22 条河 5 016.6 km 河长进行水功能区划,共划分水功能一级区 23 个,其中保护区 17 个、保留区 5 个、开发利用区 1 个;水功能二级区 1 个,总河长 71.0 km。其中,黄河玛多县以上(包括黄河源头的扎陵湖和鄂陵湖)、卡日曲、多曲、热曲、黑河、白河、曲什安河、大河坝河等多条河流穿越了三江源自然保护区和四川若尔盖湿地自然保护区,对黄河水资源保护和自然生态的保护具有重要意义,故将黄河干流玛多以上、卡日曲、多曲、热曲、白河、黑河等 16 条支流划分为保护区,用于黄河源头区水源涵养和生态功能的恢复保护,与区域内自然保护区保护生态环境的目的相一致。黄河玛多—龙羊峡大坝以及达日河、吉迈河、章安河、贾曲等 4 条支流区域内人口少,经济相对落后,现状水质好,划分为保留区,作为今后开发利用和保护水资源而预留的水域。芒拉河中下游河谷为贵南县农业基地,建有多个灌溉工程,农灌用水较多,划为开发利用区。水功能区划成果详见表 5-16、表 5-17。

表 5-16　黄河源区水功能一级区划成果

水资源三级区	河　流	一级水功能区	起始断面	终止断面	长度（km）	水质目标
河源—玛曲	黄　河	黄河玛多源头水保护区	源头	黄河沿水文站	270.0	Ⅱ
河源—龙羊峡	黄　河	黄河青甘川保留区	黄河沿水文站	龙羊峡大坝	1 417.2	Ⅱ
河源—玛曲	卡日曲	卡日曲三江源自然保护区	源头	入黄口	126.4	Ⅱ
河源—玛曲	多　曲	多曲三江源自然保护区	源头	入黄口	171.2	Ⅱ
河源—玛曲	勒那曲	勒那曲三江源自然保护区	源头	入黄口	95.3	Ⅱ
河源—玛曲	热　曲	热曲三江源自然保护区	源头	入黄口	190.9	Ⅱ
河源—玛曲	优尔曲	优尔曲三江源自然保护区	源头	入黄口	81.5	Ⅱ
河源—玛曲	柯　曲	柯曲三江源自然保护区	源头	入黄口	100.1	Ⅱ
河源—玛曲	达日河	达日河达日保留区	源头	入黄口	120.5	Ⅱ
河源—玛曲	吉迈河	吉迈河达日保留区	源头	入黄口	101.0	Ⅱ

续表 5-16

水资源三级区	河　流	一级水功能区	起始断面	终止断面	长度（km）	水质目标
河源—玛曲	西科曲	西科曲三江源自然保护区	源头	入黄口	138.7	Ⅱ
河源—玛曲	东科曲	东科曲三江源自然保护区	源头	入黄口	155.4	Ⅱ
河源—玛曲	章安河	章安河久治保留区	源头	入黄口	69.2	Ⅱ
河源—玛曲	沙　曲	沙曲三江源自然保护区	源头	入黄口	110.0	Ⅱ
河源—玛曲	贾　曲	贾曲阿坝保留区	源头	入黄口	107.2	Ⅱ
河源—玛曲	白　河	白河三江源自然保护区	源头	入黄口	269.9	Ⅱ
河源—玛曲	黑　河	黑河三江源自然保护区	源头	入黄口	455.9	Ⅱ
玛曲—龙羊峡	泽　曲	泽曲三江源自然保护区	源头	入黄口	232.9	Ⅱ
玛曲—龙羊峡	切木曲	切木曲三江源自然保护区	源头	入黄口	150.9	Ⅱ
玛曲—龙羊峡	巴　曲	巴曲三江源自然保护区	源头	入黄口	142.0	Ⅱ
玛曲—龙羊峡	曲什安河	曲什安河三江源自然保护区	源头	入黄口	201.8	Ⅱ
玛曲—龙羊峡	大河坝河	大河坝河三江源自然保护区	源头	入黄口	165.3	Ⅱ
玛曲—龙羊峡	芒拉河	芒拉河贵南开发利用区	源头	入黄口	143.3	Ⅱ

表 5-17　黄河源区水功能二级区划成果

水资源三级区	水功能区名称	起始断面	终止断面	长度(km)	水质目标
玛曲—龙羊峡	芒拉河贵南农业用水区	源头	入黄口	143.3	Ⅲ

水功能区与自然保护区重叠情况见表 5-18。

表 5-18　黄河源区水功能区与自然保护区重叠区域

序号	河　流	水功能区	自然保护区	重叠河长(km)	重叠区域类型
1	黄　河	黄河玛多源头水保护区	三江源约古宗列保护区	98	核心区、缓冲区、实验区
2	黄　河	黄河玛多源头水保护区	三江源扎陵—鄂陵湖保护区	144	核心区、缓冲区、实验区
3	黄　河	黄河青甘川保留区	三江源星星海保护区	231	核心区、缓冲区、实验区
4	黄　河	黄河青甘川保留区	三江源年保玉则保护区	90	实验区
5	黄　河	黄河青甘川保留区	三江源中铁—军功保护区	192	核心区、缓冲区、实验区
6	黄　河	黄河青甘川保留区	黄河首曲湿地自然保护区	234	缓冲区、实验区
7	卡日曲	卡日曲三江源自然保护区	三江源约古宗列、扎陵—鄂陵湖保护区	110	实验区
8	多　曲	多曲三江源自然保护区	三江源扎陵—鄂陵湖保护区	49	核心区、缓冲区、实验区
9	勒那曲	勒那曲三江源自然保护区	三江源扎陵—鄂陵湖保护区	86	核心区、缓冲区、实验区
10	热　曲	热曲三江源自然保护区	三江源扎陵—鄂陵湖、星星海保护区	112	实验区

续表 5-18

序号	河 流	水功能区	自然保护区	重叠河长(km)	重叠区域类型
11	优尔曲	优尔曲三江源自然保护区	三江源星星海、阿尼玛卿保护区	30	实验区
12	柯 曲	柯曲三江源自然保护区	三江源星星海保护区	2	实验区
13	东科曲	东科曲三江源自然保护区	三江源年保玉则保护区	13	实验区
14	章安河	章安河久治保留区	三江源年保玉则保护区	26	实验区
15	黑 河	黑河三江源自然保护区	四川若尔盖湿地自然保护区	78	核心区、实验区
16	泽 曲	泽曲三江源自然保护区	三江源中铁—军功保护区	6	实验区
17	切木曲	切木曲三江源自然保护区	三江源阿尼玛卿、中铁—军功保护区	91	核心区、缓冲区、实验区
18	巴 曲	巴曲三江源自然保护区	三江源中铁—军功保护区	3	实验区
19	曲什安河	曲什安河三江源自然保护区	三江源阿尼玛卿山保护区	66	核心区、缓冲区、实验区
20	大河坝河	大河坝河三江源自然保护区	三江源中铁—军功保护区	1	实验区

5.5.2 水污染现状

5.5.2.1 污染物入河量

由于黄河源区人口少、城镇规模小,工业基础薄弱,废污水和污染物入河量、排放量较小。2005 年黄河源区废污水入河量 297.3 万 m^3,污染物 COD、氨氮入河量分别为 541.8 t、57.4 t;废污水排放总量 651.3 万 m^3,COD、氨氮排放总量分别为 1 264.2 t、130 t。见表 5-19。

目前区域环保基础设施较差,生活污水和工业废水均未经处理直接排放。其中,城镇生活污染物排放量占区域污染物排放总量的 70% 左右,是区域污染物控制的重点。区域各县工业企业规模小,主要以农产品加工业为主,兼有一些小型制药业、建筑业和冶金业。

表 5-19 黄河源区现状年污染物入河量

水资源三级区	行政区划		入河量			排放量								
			污水量(万 m^3/a)	COD(t/a)	氨氮(t/a)	废污水(万 m^3/a)			COD(t/a)			氨氮(t/a)		
						生活	工业	合计	生活	工业	合计	生活	工业	合计
总计			297.3	541.8	57.4	401.9	249.4	651.3	964.1	300.1	1 264.2	93.3	36.7	130
河源—玛曲	合计		137.1	225.3	26.3	89.2	119.7	208.9	211.1	128.6	339.7	22.3	19	41.3
	青海	果洛州	50.1	103.3	9.7	47.3	19.5	66.8	114	27.5	141.5	10.7	2.5	13.2
	四川	阿坝州	46.4	74	9.6	34.3	37.1	71.4	78.9	37.1	116	9.3	5.6	14.9
	甘肃	甘南州	40.6	48	7	7.6	63.1	70.7	18.2	64	82.2	2.3	10.9	13.2
玛曲—龙羊峡	合计		160.2	316.5	31.1	312.7	129.7	442.4	753	171.5	924.5	71	17.7	88.7
	青海	小计	140.7	295	27.5	308.3	100.7	409	742.5	142.1	884.6	69.7	12.7	82.4
		果洛州	55.5	124	11.7	65.6	8.4	74	158	11.8	169.8	14.8	1.1	15.9
		海南州	50.1	99.6	9.1	211	77.2	288.2	508	109	617	47.7	9.7	57.4
		黄南州	35.1	71.4	6.7	31.7	15.1	46.8	76.5	21.3	97.8	7.2	1.9	9.1
	甘肃	甘南州	19.5	21.5	3.6	4.4	29	33.4	10.5	29.4	39.9	1.3	5	6.3

区域集中式城镇污水处理厂建设尚处于空白状态,大部分城镇只在主要街道旁设置了排水沟(多为明沟排水),在没有设置排水沟的区域生活污水就近陆域排放,其中共和、兴海等县城的废污水陆域排放,不入河,区域废污水入河系数为 0.3。

5.5.2.2 现状水质

1)天然水化学特征

黄河源区经济发展比较落后,水体受人类活动影响较小,天然水化学特征基本上可以用参数的现状值进行表征。

根据多次考察补测资料,黄河源区地表水矿化度变幅范围较大,在 82 ~ 459 mg/L,属中低矿化度水。其中黄河干流矿化度较高,基本属中矿化度水,300 mg/L以上的中矿化度水主要分布在曲什安河、勒那曲、热曲、泽曲等支流,300 mg/L 以下的低矿化度水主要分布在黑河、白河、吉迈河、沙曲、切木曲、大河坝河、达日河、东科曲等支流。地表水总硬度大部分在 150 ~ 200 mg/L,属适度硬水,有少部分是 150 mg/L 以下的软水。河水总硬度随矿化度的增加而增加,地区分布规律与矿化度基本相同。

根据阿列金分类法,黄河源区地表水水化学类型全部为重碳酸盐类,以 C_{I}^{Ca} 型水居多,矿化度较低,硬度不高,天然水质较好。见表 5-20。

表 5-20　黄河源区河段河流水化学特征

测站名	所属河流	水化学类型	测站名	所属河流	水化学类型
玛　多		$C_{\mathrm{I}}^{\mathrm{Na}}$	东科曲	东科曲	$C_{\mathrm{II}}^{\mathrm{Mg}}$
军　功		$C_{\mathrm{I}}^{\mathrm{Ca}}$	沙曲	沙曲	$C_{\mathrm{II}}^{\mathrm{Ca}}$
玛　曲	黄　河	$C_{\mathrm{I}}^{\mathrm{Ca}}$	切木曲	切木曲	$C_{\mathrm{II}}^{\mathrm{Ca}}$
唐乃亥		$C_{\mathrm{I}}^{\mathrm{Ca}}$	泽曲	泽曲	$C_{\mathrm{I}}^{\mathrm{Ca}}$
龙羊峡		$C_{\mathrm{I}}^{\mathrm{Ca}}$	上村	大河坝河	$C_{\mathrm{II}}^{\mathrm{Ca}}$
勒那曲	勒那曲	$C_{\mathrm{I}}^{\mathrm{Na}}$	大米滩	曲什安河	$C_{\mathrm{III}}^{\mathrm{Ca}}$
热　曲	热　曲	$C_{\mathrm{I}}^{\mathrm{Mg}}$	茫拉河	茫拉河	$C_{\mathrm{III}}^{\mathrm{Ca}}$
达日河	达日河	$C_{\mathrm{III}}^{\mathrm{Ca}}$	唐克	白河	$C_{\mathrm{I}}^{\mathrm{Ca}}$
吉　曲	吉迈河	$C_{\mathrm{II}}^{\mathrm{Ca}}$	若尔盖	黑河	$C_{\mathrm{I}}^{\mathrm{Ca}}$

2）现状水质

（1）常规监测断面。

黄河源区河段只有玛曲一个常规水质监测断面，选取 2005～2006 年逐月常规水质监测资料，对玛曲断面进行水质评价。评价结果显示，玛曲断面水质较好，逐月水质稳定，类别基本为Ⅱ类。

（2）补测断面。

为比较全面地反映黄河源区水质，广泛收集黄河源区有关水质资料，并对黄河源区干支流 30 个重要断面的水质进行了补测。断面位置见图 5-1。

综合各水质监测成果并进行水质评价，结果表明，目前黄河源区水体水质稳定，受人类活动影响较小，河流水体处于天然状态，水质多为Ⅰ、Ⅱ类，水质良好。黑河、白河水质类别为Ⅲ类，高锰酸盐指数相对偏高，未达到Ⅱ类水质标准。水质评价结果见表 5-21。

（3）城镇下游水质评价。

选取沙曲、玛曲等城镇下游水质断面，对久治、玛曲等县城下游附近河流水体进行水质评价。评价结果表明，久治、玛曲等城镇下游附近河流水体水质为Ⅰ、Ⅱ类，水质良好。见表 5-22。

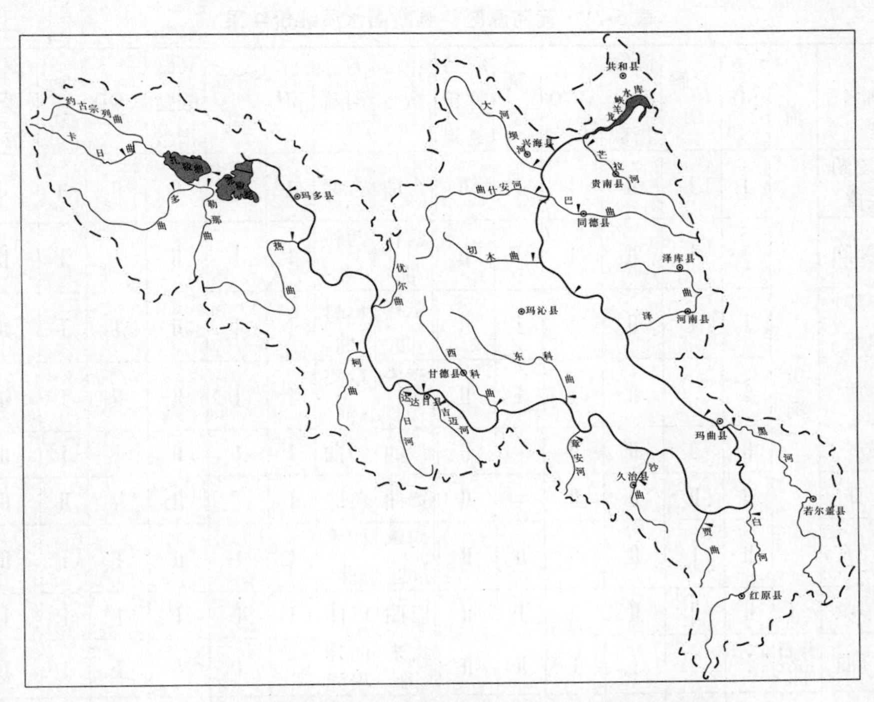

图 5-1　黄河源区河段水质监测站(断面)分布示意图

5.5.3　入河污染物总量控制要求

5.5.3.1　污染物入河量预测

根据黄河源区城镇规划及发展和生活、工业水量配置方案,在区域现有治污水平下,对 2020 年水平和 2030 年水平城镇生活、工业污染物排放量和入河量进行预测。详见表 5-23。

大量增加的污染物势必对黄河源区河流水质造成一定影响。因此,必须采取有效措施对区域废污水尤其是生活污水加以治理,严格控制污染物入河量,保障水体良好水质,维护黄河流域用水安全。

5.5.3.2　入河污染物总量控制方案

黄河源区河段是黄河天然来水的主要河段之一,该河段良好的水质对保证整个黄河流域用水安全具有极其重要的作用,鉴于其特殊地位以及所处生态环境的脆弱性,该区域必须实行严格的水资源保护制度。

表 5-21　黄河源区补测断面水质评价结果

站名	河流	pH	溶解氧	高锰酸盐指数	COD	氨氮	综合评价结果	站名	河流	pH	溶解氧	高锰酸盐指数	COD	氨氮	综合评价结果
扎陵湖东岸	黄河	Ⅰ	Ⅰ	Ⅱ	Ⅰ	Ⅰ	Ⅱ	吉曲	吉曲	Ⅰ	Ⅰ	Ⅱ	Ⅱ	Ⅱ	Ⅱ
扎鄂间		Ⅰ	Ⅰ	Ⅱ	Ⅰ	Ⅰ	Ⅱ	西科曲	西科曲	Ⅰ	Ⅰ	Ⅱ	Ⅰ	Ⅰ	Ⅱ
鄂陵湖北		Ⅰ	Ⅰ	Ⅱ	Ⅰ	Ⅰ	Ⅱ	东科曲	东科曲	Ⅰ	Ⅰ	Ⅱ	Ⅰ	Ⅰ	Ⅱ
军功		Ⅰ		Ⅱ	Ⅰ	Ⅰ	Ⅱ	章安河	章安河	Ⅰ	Ⅰ	Ⅱ	Ⅱ	Ⅰ	Ⅱ
玛多		Ⅱ	Ⅱ	Ⅱ	Ⅱ		Ⅱ	沙曲	沙曲	Ⅰ	Ⅰ	Ⅱ	Ⅰ	Ⅰ	Ⅱ
达日		Ⅱ	Ⅱ	Ⅱ	Ⅱ		Ⅱ	贾曲	贾曲	Ⅰ	Ⅰ	Ⅱ	Ⅱ	Ⅱ	Ⅱ
唐乃亥		Ⅱ	Ⅰ	Ⅱ	Ⅱ	Ⅱ	Ⅱ	切木曲	切木曲	Ⅰ	Ⅰ	Ⅱ	Ⅰ	Ⅰ	Ⅱ
龙羊峡		Ⅱ	Ⅱ	Ⅱ	Ⅱ	Ⅰ	Ⅱ	巴曲	巴曲	Ⅰ	Ⅰ	Ⅰ	Ⅰ	Ⅰ	Ⅰ
卡日曲	卡日曲	Ⅰ	Ⅰ	Ⅰ	Ⅰ	Ⅱ	Ⅱ	大米滩	曲什安河	Ⅰ	Ⅰ	Ⅰ	Ⅰ	Ⅰ	Ⅰ
多曲	多曲	Ⅰ	Ⅰ	Ⅱ	Ⅰ	Ⅱ	Ⅱ	上村	大河坝河	Ⅰ	Ⅰ	Ⅰ	Ⅰ	Ⅰ	Ⅰ
勒那曲河口	勒那曲	Ⅰ	Ⅰ	Ⅱ	Ⅰ	Ⅱ	Ⅱ	芒拉河	芒拉河	Ⅰ	Ⅰ	Ⅱ	Ⅰ	Ⅰ	Ⅱ
热曲河口	热曲	Ⅰ	Ⅰ	Ⅰ	Ⅰ	Ⅱ	Ⅱ	泽曲	泽曲	Ⅰ	Ⅰ	Ⅱ	Ⅰ	Ⅱ	Ⅱ
优尔曲	优尔曲	Ⅰ	Ⅰ	Ⅰ	Ⅰ	Ⅱ	Ⅱ	若尔盖	黑河	Ⅱ	Ⅱ	Ⅲ	Ⅱ	Ⅱ	Ⅲ
科曲	科曲	Ⅰ	Ⅰ	Ⅱ	Ⅰ	Ⅰ	Ⅱ	唐克	白河	Ⅱ	Ⅱ	Ⅲ	Ⅱ		Ⅲ
达日河	达日河	Ⅰ	Ⅰ	Ⅱ	Ⅰ	Ⅰ	Ⅱ								

表 5-22　黄河源区县城下游水质评价结果

县城名称	站名	河流	现状水质
久治	沙曲	沙曲	Ⅱ
玛曲	玛曲	黄河	Ⅱ
河南	泽曲	泽曲	Ⅱ
同德	巴曲	巴曲	Ⅰ
兴海	上村	大河坝河	Ⅰ

表 5-23　黄河源区规划水平年污染物排放量入河量预测成果

水资源分区	行政区划		水平年	入河量			排放量								
				废污水（万 m^3）	COD(t)	氨氮(t)	废污水（万 m^3）			COD(t)			氨氮(t)		
	省	州					合计	城镇生活	工业	合计	城镇生活	工业	合计	城镇生活	工业
合计			2020	565.0	1 093.4	109	1 162	844.9	317.1	2 353	2 035.9	317.1	233.3	185.7	47.6
			2030	743.6	1 495.9	146.7	1 499.2	1 171	328.2	3 150.2	2 822	328.2	307	257.7	49.3
河源—玛曲	小计		2020	254.2	460.5	47.6	377.1	216	161.1	681.5	520.4	161.1	71.5	47.4	24.1
			2030	330.5	631.7	63.7	482.9	313	169.9	924.2	754.3	169.9	94.4	68.9	25.5
	青海	果洛州	2020	106.8	221.1	21.5	142.4	113.8	28.6	302.8	274.2	28.6	29.3	25	4.3
			2030	145.7	311.7	29.9	194.2	165.1	29.1	427	397.9	29.1	40.7	36.3	4.4
	四川	阿坝州	2020	93.2	173.9	18.1	141.2	89.7	51.5	267.6	216.1	51.5	27.4	19.7	7.7
			2030	122.2	239.1	24.3	182.5	127.6	54.9	362.4	307.5	54.9	36.3	28.1	8.2
	甘肃	甘南州	2020	54.2	65.5	8	93.5	12.5	81	111.1	30.1	81	14.8	2.7	12.1
			2030	62.6	80.9	9.5	106.2	20.3	85.9	134.8	48.9	85.9	17.4	4.5	12.9
玛曲—龙羊峡	小计		2020	310.8	632.9	61.4	784.9	628.9	156	1 671.5	1 515.5	156	161.8	138.3	23.5
			2030	413.1	864.2	83	1 016.3	858	158.3	2 226	2 067.7	158.3	212.6	188.8	23.8
	青海	小计	2020	282.5	599.1	56.8	736.9	619.3	117.6	1 610	1 492.4	117.6	153.9	136.2	17.7
			2030	379.9	821.8	77.5	1 586	843.5	742.5	2 150.4	2 032.9	117.5	203.3	185.6	17.7
		果洛州	2020	90.8	211.5	19.5	121	119.7	1.3	289.7	288.4	1.3	26.5	26.3	0.2
			2030	111.8	261.2	24.1	149	148	1	357.8	356.8	1	32.8	32.6	0.2
		海南州	2020	91.7	175	16.9	482.6	387.6	95	1 029.1	934.1	95	99.6	85.3	14.3
			2030	123.9	244.8	23.4	619.7	525.1	94.6	1 360	1 265.4	94.6	129.7	115.5	14.2
		黄南州	2020	100	212.6	20.4	133.3	112	21.3	291.2	269.9	21.3	27.8	24.6	3.2
			2030	144.2	315.8	30	192.3	170.4	21.9	432.6	410.7	21.9	40.8	37.5	3.3
	甘肃	甘南州	2020	28.3	33.8	4.6	48	9.6	38.4	61.5	23.1	38.4	7.9	2.1	5.8
			2030	33.2	42.4	5.5	55.3	14.5	40.8	75.6	34.8	40.8	9.3	3.2	6.1

黄河源区干支流现状水质良好，处于Ⅰ、Ⅱ类，按照水体水质不劣于现状水质，继续维持良好水质的总体目标，规划年污染物入河总量不超过现状年入河总量进行总体控制。在预测的规划年污染物入河量基础上，结合区域经济社会发展和治污技术水平综合制定入河污染物总量控制方案。2020 年、2030 年区域 COD 入河控制量分别为 484. 0 t、498. 1 t，氨氮入河控制量分别为 53. 3 t、55. 1 t，较现状年略有减少。规划年入河污染物总量控制方案详见表 5-24。

表 5-24　黄河源区污染物入河总量控制方案

水资源分区	行政区划		COD(t)		氨氮(t)	
	省	州	2020 年	2030 年	2020 年	2030 年
合　计			484. 0	498. 1	53. 3	55. 1
河源—玛曲	小　计		227. 6	239. 6	26. 4	27. 8
	青海	果洛州	91. 0	93. 8	9. 6	9. 9
	四川	阿坝州	82. 6	86. 9	9. 7	10. 2
	甘肃	甘南州	54. 0	58. 9	7. 1	7. 7
玛曲—龙羊峡	小　计		256. 4	258. 5	26. 9	27. 3
	青海	小　计	230. 8	230. 8	23. 1	23. 2
		果洛州	74. 6	65. 9	6. 9	6. 1
		海南州	71. 7	74. 0	7. 5	7. 8
		黄南州	84. 5	90. 9	8. 7	9. 3
	甘肃	甘南州	25. 6	27. 7	3. 8	4. 1

5. 5. 4　城镇及工业废污水治理建议

(1)加快城镇污水处理基础设施建设，抓紧治理城镇生活垃圾、畜禽养殖污染。

随着《青海三江源自然保护区建设总体规划》的逐步实施，近年来黄河源区内能源、交通、通信等基础条件得到了明显改善，城镇化进程逐步加快，部分牧民群众逐步进入城镇定居，城镇人口有较大的增加，城镇生活污水也逐渐增加。建议在果洛州环境保护“十一五”规划、海南州环境保护“十一五”计划、阿坝州环境保护“十一五”规划、甘德县环境保护与建设“十一五”规划等基础上，重点加强区域低温条件下污水处理工艺尤其是生态污水净化系统的研究和探索，采用具有投资省、运行维护费用低等优点的生态处理方法对有条件的城镇污水进行处理,逐步提高区域城镇的污水处理率,对污水处理设施的出水采取绿化回用等手段,减少污染物入河量。

黄河源区城镇垃圾目前基本是集中堆放,未进行无害化处理,存在汛期冲入河中的隐患,为确保黄河水质安全,应逐步推行黄河干流及重要支流沿岸垃圾无害化处理。加大畜牧业污染治理力度,加强牲畜粪便处理,减小牲畜粪便对河流水体水质的影响。

(2)优先发展区域特色产业,强化工业点源治理。

严格执行国家关于自然保护区保护政策、相关环境保护政策,新建项目必须符合国家产业政策,根据各城镇所处的地域生态经济建设条件确定其发展方向和功能,选择适合本地资源优势和环境容量的特色产业,适度发展特色生态旅游业、农牧产品深加工产业和其他为农牧业服务的产业。严格执行环境影响评价和“三同时”制度,全面实现工业污染源稳定达标排放,控制区域内食品加工、屠宰、选矿等行业 COD 和氨氮的排放量,对砂金露天采矿、超载过牧、野生植物乱采滥挖等资源开发活动进行严格环境管理,加强对工业污染源的监管。

第6章 干流河段梯级开发

6.1 梯级规划工作历史概况

黄河上游源区河段，由于气候、环境、交通等客观原因，20世纪80年代以前对该河段所做工作较少。1980年编制的《青海省水力资源普查成果报告》对该河段进行了初步的梯级布置，在该河段布置特合土、建设、官仓、门堂、多松、多尔根、玛尔挡、尔多、茨哈峡、江前、班多、羊曲等12个梯级，利用落差1 182 m，总装机容量6 351 MW，年发电量约275亿kW·h。

2003年完成的《全国水力资源复查报告》，在黄河干流黄河源区河段规划了13座梯级电站（增加了黄河源和塔吉柯梯级，取消了江前梯级），总装机容量约7 917 MW，年发电量约346亿kW·h（主要指标见表6-1）。

表6-1 黄河干流黄河源区河段梯级规划指标（2003年水力资源复查）

序号	梯级名称	正常蓄水位（m）	正常蓄水位以下库容（亿m³）	调节库容（亿m³）	调节性能	最大/最小水头（m）	装机容量（MW）	年发电量（亿kW·h）
1	黄河源	4 270.15				14.35/11.8	2.5	0.175
2	特合土	4 140		6		48/43	84	3.6
3	建　设	4 080		10		81/66	150	6.44
4	官　仓	3 920	45	15	季调节	142/122	540	23.46
5	门　堂	3 775	70	16	季调节	138/118	580	25.38
6	塔吉柯	3 635		5.3	季调节	65/50	260	11.3
7	多　松	3 440	81	31	年调节	121/101	1 100	44.52
8	多尔根	3 320	3.75	1	日调节	156/136	1 260	56.53
9	玛尔挡	3 160	1.4	0.5	日调节	70/60	570	25.46
10	尔　多	3 070	1.6	0.4	日调节	86/76	720	32.28
11	茨哈峡	2 980	2.78	0.58	日调节	124.8/110	1 000	44.34
12	班　多	2 845	2.69	0.43	日调节	124/106	1 000	44.33
13	羊　曲	2 680	3.66	1.18	日调节	76.9/61	650	28.37
合　计							7 916.5	346.19

受青海省有关部门委托,西北院开展了黄河源区河段的水电开发规划工作。规划分为湖口—多松、多松—尔多和茨哈峡—羊曲等三个河段。

2001 年西北院完成《黄河上游茨哈至羊曲河段水电规划报告》,2002 年 1 月,报告通过了水利部水利水电规划设计总院审查,2002 年 11 月国家发展计划委员会以计办基础[2002]1489 号文对审查意见进行了批复。规划推荐梯级为茨哈峡、班多和羊曲 3 级开发,选择近期工程为班多电站。西北院已完成各梯级电站的预可行性研究报告。

2006 年西北院完成了《黄河上游干流多松至尔多河段水电规划报告》(征求意见稿)。规划安排梯级为宁木特、玛尔挡和尔多 3 级开发,推荐近期工程为宁木特和玛尔挡梯级。

目前湖口—多松河段水电开发规划工作正在开展,初步规划安排的梯级有黄河源(已建)、特合土、建设、塔格尔、官仓、赛纳、门堂、塔吉柯 1、塔吉柯 2、扣哈等 10 座梯级。

根据西北院初步规划成果,黄河源区干流河段共布置了 16 座梯级,梯级总装机容量约 7 981 MW,年发电量约 334 亿 kW·h(主要指标见表 6-2)。其中扣哈以上梯级装机容量 1 421 MW,年发电量 60.78 亿 kW·h,分别占总装机容量和发电量的 17.8% 和 18.2%;宁木特以下梯级装机容量 6 560 MW,年发电量 273.3 亿 kW·h,分别占总装机容量和发电量的 82.2% 和 81.8%,可开发的装机主要集中在宁木特以下梯级。

表 6-2　黄河源区干流河段梯级初步规划指标(西北院初步规划)

序号	梯级名称	正常蓄水位(m)	正常蓄水位以下库容(亿 m^3)	调节库容(亿 m^3)	调节性能	最大水头(m)	装机容量(MW)	年发电量(亿 kW·h)
1	黄河源	4 270.15	15.21			13.4	2.5	0.175
2	特合土	4 140	16.29	5.09	年调节	50	60	2.73
3	建　设	4 080	29.15	4.35	年调节	82.1	116	5.13
4	塔格尔	3 940	40.77	10.86	年调节	93.9	192	8.71
5	官　仓	3 845	3.82	0.23	日调节	48.2	118	4.79
6	赛　纳	3 795	7.76	0.25	日调节	69.7	180	7.31
7	门　堂	3 724	49	9.4	不完全年调节	114.2	375	16.55

续表 6-2

序号	梯级名称	正常蓄水位(m)	正常蓄水位以下库容(亿 m^3)	调节库容(亿 m^3)	调节性能	最大水头(m)	装机容量(MW)	年发电量(亿 kW·h)
8	塔吉柯1	3 608	6.98	0.28	日调节	67.9	243	9.88
9	塔吉柯2	3 539	0.43	0.09	日调节	18.8	60	2.46
10	扣　哈	3 490	2.75	0.32	日调节	20.8	74	3.04
11	宁木特	3 410	44.57	29.9	年调节	140	1 060	42.91
12	玛尔挡	3 270	12.6	0.75	日调节	183.6	1 360	59.5
13	尔　多	3 070	0.92	0.14	日调节	81.2	600	26.04
14	茨哈峡	2 980	39.4	9.2	季调节	228	2 000	81.63
15	班　多	2 758	0.13		径流式	40	340	14.12
16	羊　曲	2 715	21.24	5.06	季调节	133	1 200	49.1
合　计			291.02	75.92			7 980.5	334.08

6.2 河段开发任务

黄河源区河段以高原湖盆和高山峡谷相间分布为主要地貌特征，干流河道长约1 687 km，占黄河干流河道总长的30.9%。两湖（扎陵湖、鄂陵湖）湖口以上海拔在4 260 m以上，地势平坦，草滩广阔，湖泊、沼泽众多，属高原湖泊沼泽地貌，不具备水电开发的条件，黄河羊曲以下进入龙羊峡水库（正常蓄水位2 600 m）回水区，不再安排梯级。根据河段特点，结合水源涵养分区情况，黄河源区水电梯级按照湖口—吉迈、吉迈—沙曲河口、沙曲河口—玛曲、玛曲—羊曲等四个河段进行分析。

6.2.1 地区社会经济简况

湖口—吉迈河段流经青海省玉树藏族自治州、果洛藏族自治州，河段内土地面积35 178 km^2，总人口2.81万人，人口密度0.8人/km^2，国内生产总值1.22亿元，人均国民生产总值为4 336元，仅占同期全国平均水平（13 950元）的31.0%。河段海拔大部分在4 000 m以上，海拔较高，气候寒冷，氧气稀薄，人口稀少，主要以畜牧业为主，人均收入低，为黄河源区河段中最落后的地区。

吉迈—玛曲河段流经青海果洛藏族自治州、四川阿坝州、甘肃甘南州的部分地区，河段内土地面积 50 952 km^2，总人口 16.85 万人，人口密度 3.31 人/km^2，国内生产总值 8.11 亿元，人均国民生产总值为 4 812 元，仅占同期全国平均水平的 34.5%。河段海拔在 3 400 ~ 4 000 m，气候条件较吉迈以上稍好，以畜牧业为主，人均收入较低。

玛曲—羊曲河段流经青海果洛藏族自治州、海南州、黄南州及甘肃甘南州的部分地区，河段内总土地面积 45 290 km^2，总人口 41.45 万人，人口密度 9.15 人/km^2，国内生产总值 21.85 亿元，人均国民生产总值为 5 271 元，占同期全国平均水平的 37.8%。河段海拔在 3 400 m 以下，高程较低，气候条件较好，人口密度在规划河段内较大，除少部分农业生产外，仍以畜牧业为主，人均收入较低。

总结当地经济社会发展的特点是：地域广阔，人口稀少；经济基础薄弱，发展水平低；畜牧业作为当地农牧民的主要经济来源，是当地的支柱产业。

6.2.2　电力发展需求

6.2.2.1　国家电力发展有关规划

我国电力工业发展的方针是：提高能源效率，保护生态环境，加强电网建设，大力发展水电，优化发展煤电，推进核电建设，稳步发展天然气发电，加快新能源发电，促进装备工业发展，深化体制改革，实现电力、经济、社会、环境统筹协调发展。

2006 年我国发电总装机容量 6.22 亿 kW，发电量 28 344 亿 kW · h。根据全面建设小康社会的总体要求，2020 年 GDP 将比 2000 年总量翻两番，我国经济社会的持续发展对电力的需求巨大。2020 年前，我国经济发展仍处于快速增长期，随着产业结构的调整，第三产业将加快发展，比重上升，工业化、信息化、现代化同时进行，信息产业与新技术产业发展加快，比重增加。随着工业化水平的逐步提高，重工业增速将逐步下降，轻工业将加快发展。产业结构的调整将使单位 GDP 的耗电量减少。第一产业用电增加，比重下降。城乡居民生活用电将继续快速平稳增长，比重上升。随着国民经济的不断增长，电力需求也逐年增加，根据预测，2020 年全国需电量约 52 800 亿 kW · h，所需装机容量约 11.60 亿 kW。

国家“十五”规划明确指出，“西电东送”对西部开发具有很强的带动作用。“西电东送”战略规划的总体原则是促进西部水力资源与大型煤电基地的开发，从而促进西部地区的经济发展，实现全国电力的可持续发展，推进全国联网，把国家电网建设成“安全、可靠、高效、开放”的电网和“结构坚强、潮流合理、技术先进、调度灵活、留有裕度”的电网。根据国家电网公司开展的“西电东送”规划，我国“西电东送”包括北、中、南三条大通道。其中，北通道是“三西”（山西、陕西、内蒙古西部）坑口电站和黄河上游水电向华北和山东送电；中通道是以三峡水电为核心，向华中和华东送电；南通道是西南水电、坑口电站和三峡水电向广东送电。规划提出，2020 年“西电东送”的总规模为 11 000 万 kW 左右，北通道、中通道各 4 000 万 kW 左右，南通道 3 000 万 kW。

我国《可再生能源中长期发展规划》指出，要把发展可再生能源作为全面建设小康社会和实现可持续发展的重大战略举措，加快水能、风能、太阳能和生物质能的开发利用，促进技术进步，增强市场竞争力，不断提高可再生能源在能源消费中的比重。充分利用水电、沼气、太阳能热利用和地热能等技术成熟、经济性好的可再生能源，加快推进风力发电、生物质发电、太阳能发电的产业化发展，逐步提高优质清洁可再生能源在能源结构中的比例，力争到 2020 年使可再生能源消费量达到能源消费总量的 15%。

考虑到资源分布特点、开发利用条件、经济发展水平和电力市场需求等因素，今后水电建设的重点是金沙江、雅砻江、大渡河、澜沧江、黄河上游和怒江等重点流域；同时，在水能资源丰富地区，结合农村电气化县建设和实施“小水电代燃料”工程需要，加快开发小水电资源。到 2010 年，全国水电装机容量达到 1.9 亿 kW；到 2020 年，全国水电装机容量达到 3 亿 kW。而 2005 年底全国水电装机容量为 1.17 亿 kW，按此规划从 2006 年到 2020 年，需新增 1.83 亿 kW 水电装机容量，可见我国水电发展的潜力很大。

6.2.2.2　西北电网需求分析

西北电网覆盖陕、甘、青、宁四省（区），是全国六大跨省电网之一。西北电网的电源布局现状是东部陕西、宁夏以火电为主，西部甘肃、青海以水电为主。经过近 30 年的发展，西北电网已经形成了以 330 kV 电压为主的主网架，为配合拉西瓦水电站的建设，西北电网内还正在逐步建设更高一级 750 kV 输电线路。

截至 2005 年底，西北电网发电设备总装机 3 144.6 万 kW，其中水电1 086.8 万 kW，火电 2 031.1 万 kW，风电 17.6 万 kW，其他 9.1 万 kW，水、火电装机比例分别为 34.6% 和 64.6%。从 2005 年全年电量平衡来看，陕西、甘肃、青海为电量送出省，宁夏为电量购入省，华中为西北电网的外部输电区。

西北电网电源建设方针是电源建设规模应能满足国民经济发展和人民生活对电力市场的需求，特别是适应西部大开发的形势需要。发挥大电网优势，优化电源布局。优化发电能源结构，积极发展水电，优化发展火电，因地制宜发展新能源。其规划重点开发的水电项目包括黄河源区、黄河黑山峡、汉江、白龙江等河段的梯级水电站。

据《西北电力工业“十一五”发展规划及 2020 年远景目标研究》,2015 年、2020 年西北电网规划向华北送电 600 万 kW,其中水电外送为 300 万 kW。考虑送电华北及与四川联网后,2010 年、2020 年、2030 年系统需要的总装机容量分别为 5 213 万 kW、9 653 万 kW、15 539 万 kW。在 2005 年系统总装机容量的基础上,需要增加的装机容量分别为 2 068 万 kW、6 508 万 kW、12 394 万 kW。考虑已开工和已批复的电源项目后,2010 年、2020 年、2030 年西北电网系统需新增发电容量分别为 1 028 万 kW、5 225 万 kW、11 110 万 kW。

随着地区经济的发展和“西电东送”的实施,西北电网电力、电量缺口越来越大,为满足地区电力、电量需求和支持“西电东送”,在建设火电站的同时,开发建设黄河干流源区河段梯级电站是必要的。

6.2.2.3　当地电力需求

青海电网是西北电网的一部分,处于电网末端,电压等级为 750/330/110 kV,东部 330 kV 已基本形成单环网网架,并且进一步扩大。110 kV 电网覆盖面积占全省的 57%,用电量占全省的 98% 以上。覆盖人口 493.5 万人,占全省总人口的 91%。青海省地域辽阔,地形、资源、交通、物产等差异较大,至今仍有大部分地区处于小电网或孤立电厂供电的局面。目前青海电网未覆盖的地区主要有海西州西部、玉树州和果洛州的三个县,土地面积约占全省的 43%,但用电量不到全省的 5%。

青海电网主要由西宁电网、海东电网、海北电网、海南电网、海西电网、黄化电网六部分组成,西宁电网、海东电网是青海省的负荷中心电网。西宁电网负荷约占全省总负荷的 60%,海东电网负荷约占全省总负荷的 20%。截至 2005 年底,青海电网总装机(统调口径)565 万 kW,其中水电装机 483 万 kW,占总装机容量的 85%,火电装机 82 万 kW,占总装机容量的 15%。2005 年青海电网用电量为 197.5 亿 kW·h,年最大供电负荷为 295.1 万 kW,发电量为 212 亿 kW·h,其中水电 160 亿 kW·h,火电 52 亿 kW·h。

由于黄河源区的大部分地区为牧区,人口居住分散,工业落后,县城用电负荷一般在 1 000~2 000 kW,当地用电量很小。目前该河段中有玛多县、久治县及其他县的大部分乡镇尚未被青海电网覆盖,主要靠小水电和太阳能光伏电站供电,如玛多县修建有黄河源电站,装机容量 2 500 kW,年发电 1 750 万 kW·h;甘德县下藏科乡和久治县门堂乡均修建有 30 kW 太阳能光伏电站。黄河源区用电的特点是负荷分散、负荷密度小,用电水平较低。

综上分析,黄河源区电力需求较小,此河段的水电梯级开发主要为西北电网供电，满足西北地区国民经济发展及“西电东送”的用电需要。

6.2.3 综合利用对梯级开发的要求

6.2.3.1 黄河龙羊峡以下综合利用调蓄要求

根据《黄河治理开发规划纲要》（1997年修订），黄河上游龙羊峡、刘家峡、大柳树（规划）等3座骨干工程联合运用，构成黄河水量调节工程体系的主体。龙羊峡水库是一座具有多年调节性能的大型综合性枢纽工程，除发电外，与刘家峡水库联合运用承担青海、甘肃、宁夏、内蒙古河段的防洪、灌溉、防凌和工业城镇供水等任务。龙羊峡水库正常蓄水位2 600 m，相应库容247亿m^3，死水位2 530 m，相应库容53.5亿m^3，水库调节库容193.5亿m^3。自1986年10月下闸蓄水以来，由于连续多年枯水，造成龙羊峡水库蓄水没有达到正常蓄水位，2005年11月，龙羊峡水库水位达2 597.62 m，蓄水量达238亿m^3，是蓄水以来的最大蓄水量。其下的刘家峡水库正常蓄水位1 735 m，相应库容57亿m^3，死水位1 694 m，相应库容15.5亿m^3，有效库容41.5亿m^3。目前两库联合运用对上中游防洪、防凌和供水起到十分重要的作用。

防凌是目前宁蒙河段综合治理面临的最为突出的问题，现状条件下宁蒙河段防凌主要依靠刘家峡水库按照防凌调度控泄流量，提高冰期下泄水温，减轻宁蒙河段凌汛灾害。黑山峡河段规划的黑山峡水库，位于宁蒙河段的上游，以反调节、防凌（防洪）为主，兼顾供水、发电，全河水资源合理配置，综合利用。黑山峡水库正常蓄水位1 380 m，总库容约110亿m^3，调节库容约56亿m^3。水库距宁蒙河段近、库容大，对于解决宁蒙河段防凌、防洪问题具有重要作用。

由于已建的龙羊峡、刘家峡水库和规划的黑山峡水库总调节库容约290亿m^3，调节能力很强，能够满足综合利用对上游来水的调蓄要求，因此龙羊峡以上河段开发不考虑对龙羊峡以下河段用水的调蓄要求。

6.2.3.2 南水北调西线调入水量的调蓄要求

根据南水北调西线一期工程项目建议书的初步研究成果，南水北调西线一期工程调水河流为雅砻江和大渡河，规划多年平均调水量80亿m^3，西线调水的供水目标是缓解黄河流域水资源紧缺状况，为西北地区提供国民经济发展用水，补充黄河河道内生态用水，改善黄河河道基本功能。其供水范围主要在黄河龙羊峡以下地区，根据有关研究成果结论，西线调水入黄河后，依靠黄河上游龙羊峡、刘家峡、大柳树及古贤、小浪底等水库的调蓄，可以满足黄河上中游供水及下游输沙对水量的调节要求。

南水北调西线工程在黄河源区没有供水任务，但西线调水在黄河源区河段发电效益显著，为增加黄河源区梯级的发电量，需要将西线调水过程调节为均匀下泄。经分析，如果把西线调水 11 个月的水量调节到 12 个月均匀下泄，所需要的调节库容为 6.67 亿 m^3。可见，调节南水北调西线调入水量所需调节库容不大。

6.2.3.3　黄河源区干流河段灌溉、供水及防洪要求

黄河源区农田灌溉面积较小，2005 年统计农田有效灌溉面积仅为 23.24 万亩，林草灌溉面积 19.21 万亩，集中在河段下游的青海省海南州的贵南、同德、兴海，主要引用芒拉河、巴沟、曲什安河等支流水量灌溉，用水量较小。河段内沿河分布的县城有玛多县、达日县、玛曲县等，但该地区县城规模小，人口较少（玛多县城 2 156 人，达日县城 2 128 人，玛曲县城 5 631 人），工业以畜产品加工业为主，用水量较小。因此，在梯级开发规划中暂不考虑灌溉和供水的任务。

黄河源区干流河段，由于沿岸县城和乡镇所处位置较高，无大量的农田需要防护，地方相关部门也未提出防洪和防凌等要求，故该河段规划梯级不考虑防洪和防凌任务。

6.2.4　河段开发任务

黄河源区是黄河流域径流的主要来源区，且高程较高、气候恶劣、生态环境脆弱。鉴于黄河流域是资源性缺水地区，水资源非常宝贵，黄河源区干流河段的开发任务应以生态环境保护和水源涵养保护为重点，在保护生态的基础上有序开发水电资源。

黄河鄂陵湖口—羊曲河段总长 1 389 km，总落差 1 674 m，河道平均比降 1.21‰。各河段地形地貌、开发条件、生态环境、社会经济等方面差别较为明显，根据各河段的特点，分析提出各河段开发任务。

6.2.4.1　湖口—吉迈河段

湖口—吉迈河段长 387 km，高差 307 m，平均比降 0.79‰，自上而下流经青海省玛多县、达日县、玛沁县、甘德县。

该河段位于研究河段的上段，高程在 4 000 m 以上，人口密度仅 0.8 人/km^2，高寒缺氧，地广人稀，植被覆盖较差，生态环境脆弱。湖口—东曲河口为宽阔的湖盆地带，河段长度 202.7 km，河道平均比降 0.42‰，河道宽浅，地势平缓，草滩广阔，湖泊众多。东曲河口—吉迈河段黄河流经高原盆地草原区，河段长度 184.3 km，河道平均比降 1.20‰，河道比降较陡，两侧是起伏平缓的低山丘陵，河谷开阔，河势散乱，多有心滩和汊流分布。除在达日以上 40 km 和 100 km 处，有两段较窄的峡谷河段，其他河段河谷宽度在 200 m 以上，建坝条件较差。

该河段年径流量较小，黄河沿水文站多年平均径流量为6.86亿m^3，至吉迈水文站增加至38.73亿m^3，仅占唐乃亥以上径流量的3%～19%。该河段的水力资源理论蕴藏量为196 MW，占黄河源区总资源量的3.1%，技术可开发装机容量178 MW，年发电量8.0亿kW·h，仅占黄河源区河段发电量的2.4%。

目前在该区内建立了青海三江源自然保护区的扎陵—鄂陵湖保护区和星星海保护区。扎陵—鄂陵湖保护区面积15 507 km^2，河段内长度约53 km，占河段总长的13.4%，两湖是黄河源头最大的淡水湖，对于黄河源头水量具有巨大的调节功能，主要保护两湖的湿地、鸟类等；星星海保护区面积6 906 km^2，河段内长度185 km，占河段总长的47.8%，是以保护湖泊及沼泽为主体功能的保护区。

在黄河源区土著鱼类如厚唇裸重唇鱼、花斑裸鲤、极边扁咽齿鱼、骨唇黄河鱼、黄河裸裂尻鱼、似鲶高原鳅等，在黄河源区的干支流均有分布。其中极边扁咽齿鱼、骨唇黄河鱼、似鲶高原鳅等三种鱼类，被列入《中国濒危动物红皮书》。这些鱼类主要分布在扎陵湖、鄂陵湖，青海玛多县、达日县、久治县，以及四川红原县、甘肃玛曲县等地。

吉迈以上河段高程高（在4 000 m以上），生态环境脆弱，生态环境保护应作为首要需求。从梯级的建设条件看，吉迈以上河段径流量较小，河道比降较缓，河谷开阔，水电开发淹没相对较大，装机容量及发电量相对较小；从对生态环境的影响来看，梯级开发将打破原来的自然生境，可能对当地生态环境带来难以修复的损失，梯级可能阻断水生生物洄游通道，对黄河上游土著鱼类的繁育生长带来不利影响。权衡利弊，水电开发弊大于利。因此，拟定该河段以生态环境保护为重点，尽量避免人为开发对自然生态的不利影响，不适宜进行水电开发。

6.2.4.2　吉迈—沙曲河口河段

吉迈—沙曲河口河段长338.2 km，高差399 m，平均比降1.18‰。自上而下流经青海省达日县、甘德县、久治县及甘肃省玛曲县等4县。

河段位于研究河段的上中段，高程在3 947～3 548 m，人口密度约2.5人/km^2，人口较为稀少。河段内宽谷与高山深谷相间，林草植被较好。西科曲以上河谷较为开阔，河湾发育。西科曲以下河道由宽谷向峡谷过渡，岗龙乡朗东村（西科曲以下15 km）至塔吉柯村（沙曲以上4 km）为官仓峡，为“U”形河谷，河谷宽度60～150 m，峡谷长约198 km，落差252 m，比降1.27‰，水能资源开发条件较好。塔吉柯以下至沙曲河口又逐步进入宽谷河段，比降变缓。

该河段径流量较大，由吉迈站的38.73亿m^3逐渐增加至沙曲河口的73.62亿m^3，占唐乃亥站水量的19.4%～36.8%。该河段的水力资源理论蕴藏量为734 MW，占黄河源区总资源量的11.4%，技术可开发装机容量1 168 MW，年发电量49.7亿kW·h,占黄河源区河段发电量的14.9%。

该河段自下日乎寺至门堂附近的110 km范围,为青海三江源自然保护区年保玉则保护区的范围,占该河段长度的32.5%。年保玉则山又称果洛山,在久治县境内,是巴颜喀拉山东南段的一座著名山峰,具有神秘瑰丽的色彩。年保玉则山是长江和黄河流域的重要分水岭,以保护雪山、冰川及四周湖泊为主体功能。

黄河上游土著鱼类如花斑裸鲤、极边扁咽齿鱼、骨唇黄河鱼、似鲶高原鳅、厚唇裸重唇鱼、黄河裸裂尻鱼等在该河段均有分布。目前,在青海、甘肃、四川交界的黄河玛曲河段被列为特有鱼类种质资源保护区,其地理范围涉及青海甘德、久治,四川若尔盖,甘肃玛曲和青海河南等县。另外,甘肃设有玛曲青藏高原土著鱼类省级自然保护区,其范围大部分包含在特有鱼类种质资源保护区内。该河段的门堂以下河段为特有鱼类种质资源保护区的范围。

该河段高程有所降低,整体上植被分布情况较好。官仓峡河段,比降较陡,水电资源开发有较好的条件,但河谷内相对较宽,草场广布,梯级开发对草场的淹没面积较大,开发对当地生态环境也将造成较大的影响。此外,梯级开发可能阻断水生生物洄游通道,对黄河上游土著鱼类的繁育生长带来不利影响。从地形、水能资源状况分析,官仓峡河段具有一定的开发条件,但从保护自然环境和梯级开发的不利影响综合分析,认为该河段以生态环境保护为重点,近期不宜安排水电开发。

6.2.4.3　沙曲河口—玛曲河段

沙曲河口—玛曲河段长250.4 km,高差148 m,平均比降0.59‰。自上而下流经青海省久治县、甘肃省玛曲县、四川省阿坝县和若尔盖县。

河段位于研究河段的中下段,高程在3 548~3 408 m,人口密度约4.5人/km^2,人口较为稀少。河段内地形开阔,河势散乱,汊流众多,多有河心滩,在齐哈玛乡扣哈村以下约2.5 km处河谷较窄,此段长约15 km,比降1.13‰。之后,地势转为平缓地形,河势散乱,河道形态接近平原型河道,平均比降在0.2‰左右。

河段内有黑河和白河汇入,径流量较大,由沙曲河口的73.62亿m^{3}逐渐增加至玛曲站的142.7亿m^3,玛曲站的水量占唐乃亥站水量的71.4%。该河段的水力资源理论蕴藏量为326 MW,占黄河源区总资源量的5.1%,技术可开发装机容量74 MW,年发电量3.0亿kW·h,占黄河源区河段发电量的0.9%。

该河段自阿万仓至玛曲县附近的209 km(占该河段长度的83.5%),是甘肃省黄河首曲湿地自然保护区及甘肃玛曲青藏高原土著鱼类省级自然保护区的范围。首曲保护区位于玛曲县,以保护湿地、沼泽为主体功能。甘肃玛曲青藏高原土著鱼类省级自然保护区,主要保护黄河玛曲段栖息的厚唇裸重唇鱼、花斑裸鱼、极边扁咽齿鱼、骨唇黄河鱼、似鲶高原鳅等高原冷水性土著鱼类。该河段已被列为特有鱼类种质资源保护区。根据资料分析,该河段水面宽阔,水流较为平缓,又有黑河、白河等支流在该河段汇入,是黄河上游土著鱼类的主要产卵场。

沙曲河口—玛曲河段,河谷开阔,河道平缓,湿地广为分布,水电开发条件较差。该河段是黄河上游土著鱼类的主要产卵场,并已划为特有鱼类种质资源保护区。因此,该河段以湿地和土著鱼类的保护为主,不宜进行水电开发。

6.2.4.4 玛曲—羊曲河段

玛曲—羊曲河段长413.4 km,高差820 m,平均比降1.98‰。该河段自上而下流经甘肃省玛曲县,青海省河南县、玛沁县、同德县、兴海县和贵南县。

河段位于研究河段的下段,高程在3 400 m以下,人口密度约9.2 人/km^2,高程较低,人口密度有一定的增加。河段内以高山峡谷地貌为主,河谷呈“V”形,河流深切,比降较陡,水力资源丰富。玛曲—唐乃亥河段,长度370.8 km,比降1.98‰,其中西科河以上为宽谷向峡谷过渡地段,玛曲附近河段为近平原型河道,两岸地形低缓,西科河段河道为高原峡谷地貌,河谷较窄;西科河口至同德县境内的巴沟入口处,称为拉加峡,全长216 km,落差588 m,比降2.72‰,河段两岸山势陡峻,山体雄厚,河谷狭窄,平均河谷宽40 ~ 80 m,具有良好的筑坝条件;巴曲—唐乃亥河段,河谷相对较宽,耕地及居民稍多。唐乃亥—羊曲河段峡谷与宽谷相间,河段长42.6 km,比降2.00‰。其中的野狐峡段,峡谷段长33 km,落差70 m,比降2.12‰,山高谷深,山势陡峻,交通不便。

该河段径流量较大,由玛曲站的142.7亿m^{3}逐渐增加至唐乃亥站的200亿m^3,水量比较丰富。水力资源理论蕴藏量为5 161 MW,占黄河源区总资源量的80.4%,技术可开发装机容量6 560 MW,年发电量273.3亿kW·h,占黄河源区河段发电量的81.8%,是水电资源的富区。

该河段自宁木特至班多的162 km,为青海三江源自然保护区中铁—军功保护区的范围,占该河段长度的39.2%。中铁—军功保护区包括江群、中铁、军功三个国有林场,为黄河上游最西部的天然林区之一,主体功能是保护以青海云杉、紫果云杉、祁连圆柏等为建群种的原始林。

黄河上游土著鱼类如花斑裸鲤、骨唇黄河鱼、似鲶高原鳅、黄河裸裂尻鱼等在该河段的玛曲、河南、同德、贵南等地均有分布。军功以上河段被划为特有鱼类种质资源保护区。

该河段内水能资源丰富,大部分为高山峡谷地段,水位落差大,河谷狭窄,水电开发工程量小,水库回水大部分在峡谷河段,淹没影响较小,对周边生态环境的影响相对较小,是黄河源区水电开发的重点河段。南水北调西线一期调水80亿 m^3,调水量从贾曲入黄,由于水量的增加,经水库的调节,水电开发指标将更加优越。由于中铁—军功核心区位于黄河干流上,应处理好梯级开发与自然保护区的关系。同时,梯级规划应注意采取必要的措施,尽可能减少对土著鱼类的生存环境的影响。因此,该河段的开发任务是在生态保护的前提下,适当进行水电资源的开发。

各河段水能资源情况见表6-3。

表6-3　黄河源区河段水能资源蕴藏量及开发任务

河　段	水力资源理论蕴藏		技术可开发量				开发任务
	理论蕴藏量(MW)	占全河段比例(%)	装机容量(MW)	占全河段比例(%)	年发电量(亿kW·h)	占全河段比例(%)	
湖口—吉迈河段	196	3.1	178	2.2	8.0	2.4	不适宜水电开发
吉迈—沙曲河段	734	11.4	1 168	14.7	49.7	14.9	近期不宜安排水电开发
沙曲—玛曲河段	326	5.1	74	1.0	3.0	0.9	不适宜水电开发
玛曲—羊曲河段	5 161	80.4	6 560	82.1	273.3	81.8	在生态保护基础上适当开发水电
合　计	6 417		7 980		334		

6.3　梯级工程布局

6.3.1　梯级开发的影响因素及布局原则

6.3.1.1　梯级开发的有利因素

1)独特的地形条件有利于水电梯级的开发

黄河源区河段具有高原湖盆和高山峡谷相间的地貌特征,官仓峡、拉加峡、野狐峡等峡谷地段,河道较窄,河道比降较陡,具有水电梯级开发条件。其中玛曲以上的官仓峡长约198 km,落差252 m,比降1.27‰,河道曲折,河谷呈"U"形,河谷宽度60~150 m,具有一定的水能资源开发条件;玛曲以下的拉加峡长216 km,落差588 m,比降2.72‰,该段河道迂回曲折,河谷多呈"V"形,河谷宽度40~80 m,河道两岸山势险峻,具有良好的建坝地形;野狐峡段长33 km,落差70 m,比降2.12‰,河谷呈"V"形,河谷宽度50 m左右。分析可见,黄河源区河段具有进行水电开发的有利地形条件,特别是拉加峡河段,水量丰富,梯级开发优势明显。

2)梯级开发有利于带动地方经济的发展

黄河源区交通落后,经济发展水平低,畜牧业是当地的支柱产业,其他还有少量的加工业、采掘业、原料工业和手工业,经济总量小。2005年国内生产总值为31.18亿元,人均GDP为5 102元,仅为全国平均水平的36.6%,经济发展水平远落后于全国平均水平。

黄河干流黄河源区河段,径流稳定,落差集中,水力资源丰富,开发利用该河段水力资源,可将资源优势转变为经济优势,满足西北地区经济长远发展的需要,对推动黄河上游贫困地区及青海省经济发展,增加当地财政收入,加强当地的文化、教育、卫生事业建设,提高边远民族地区人民生活水平,具有十分重要的意义。

3)涉及移民安置人口较少,淹没补偿费用较低

黄河源区人口稀少,当地生产方式以农牧业为主,生产力水平低,基础设施不完善,文化教育、交通条件总体条件较差,可结合移民安置,通过集中建设,提高牧民生活水平。从水库淹没情况看,水库淹没范围内主要为草地和林地,库区和周围地区定居的牧民较少,初步统计梯级水库淹没人口大部分在1 200人以下。淹没基础设施较少,移民搬迁安置和生产安置量也较小。与经济发达地区相比较,移民安置人口较少,相应的淹没补偿费用也较低。

4)水电开发有利于节省其他能源及减轻环境污染

《中华人民共和国国民经济和社会发展第十一个五年规划纲要》指出,应在保护生态基础上有序开发水电,要统筹做好移民安置、环境治理、防洪和航运,贯彻和落实科学发展观,认真分析总结水电开发的经验和教训。坚持优先开发、有序开发水电的原则。黄河源区水力资源较丰富,开发利用黄河源区水电资源,提供的电能可替代建设燃煤电站,节约煤炭资源,对于缓解我国能源不足问题、减少环境污染及减轻交通运输的压力均具有积极的作用。开发水电资源符合国家鼓励开发可再生能源资源的发展思路。

6.3.1.2　梯级开发的不利因素

1）河源地区生态环境脆弱，梯级开发将对生态环境造成不利影响

黄河源区干流河段高寒缺氧，生态环境脆弱。近年来，受气候变化和人类活动的共同影响，造成草场退化、土地沙化、水源涵养能力降低等一系列问题。为保护河源区脆弱的生态环境，目前在河段内划定有青海三江源自然保护区（国家级）、四川若尔盖湿地保护区（国家级）、甘肃省黄河首曲湿地自然保护区（省级）、四川长沙贡玛自然保护区（国家级）和四川阿坝曼则唐湿地自然保护区（省级）。为保护黄河上游土著鱼类，在甘肃玛曲河段建立了黄河上游特有土著鱼类水产种质资源保护区（国家级）。

《中华人民共和国自然保护区条例》第 18 条规定，自然保护区可分为核心区、缓冲区和实验区。核心区禁止任何单位和个人进入，除非有关部门批准，不允许进入从事科学研究活动；缓冲区只准进入从事科学研究观测活动；实验区可以进入从事科学试验、教学实习、参观考察、旅游以及驯化、繁殖珍稀濒危野生动植物等活动。

《中华人民共和国自然保护区条例》第 32 条规定，在自然保护区的核心区和缓冲区内，不得建设任何生产设施。在自然保护区的实验区内，不得建设污染环境、破坏资源或者景观的生产设施；建设其他项目，其污染物排放不得超过国家和地方规定的污染物排放标准。在自然保护区的实验区内已经建成的设施，其污染物排放超过国家和地方规定的排放标准的，应当限期治理；造成损害的，必须采取补救措施。

根据上述规定，从有利于生态保护的角度出发，在划定的自然保护区核心区和缓冲区内，应禁止水电梯级开发。在自然保护区的实验区进行水电梯级开发，也应得到环保部门的批准，并采取必要的生态保护措施。

生长在黄河源区河段的极边扁咽齿鱼、骨唇黄河鱼、似鲶高原鳅等三种鱼类，被列入《中国濒危动物红皮书》，水电梯级开发将会对土著鱼类的生境造成一定的破坏，给珍稀鱼类的繁衍生长造成不利的影响。

2）梯级开发使库损增加，将减少总的水资源量

黄河源区是黄河的主要产流区之一，黄河源区坝址处多年平均径流量约 206.7 亿 m^3，占黄河流域径流总量的 38.6%。黄河流域属资源性缺水流域，随着流域经济社会的发展，对水资源量的需求也越来越高。

黄河源区河段来水是支撑流域经济发展的重要水源保证，做好水源涵养保护，保证基本水量的下泄是黄河源区治理开发的首要任务。水电梯级开发后，水库蓄水必然使水面面积增大，蒸发损失增加，将造成河道下泄水量的减少，对黄

河流域国民经济发展和河流自身健康的维持造成不利影响。

按照西北院初步规划的16座梯级估算，黄河源区河段梯级水库全部建成后，平均水面面积增加780 km^2，蒸发损失约增加3.57亿 m^3，损失水量约占唐乃亥平均径流量的1.8%，蒸发损失的增加将使龙羊峡以下河段下泄水量减少。因此，大规模的梯级开发将减少黄河上游的水资源量。此外，由于下泄水量的减少，将对龙羊峡以下梯级发电造成不利影响。初步估算，由于蒸发损失增加将减少龙羊峡以下梯级发电量约15亿 kW · h（测算龙羊峡以下梯级中单方水发电指标为4.2 kW · h）。从蒸发损失和对龙羊峡以下梯级电站发电的影响方面考虑，库面面积大、蒸发损失大、自身发电量较小的梯级电站不宜建设。

3）在藏区修建水库，移民搬迁具有一定的复杂性

黄河源区是以藏族为主的少数民族地区，以畜牧业为主，草场是藏族同胞赖以生活的基础。河谷滩地一般是优质草场，产草量高，承载能力大，草场淹没后，将使当地牧民失去生活条件，需要进行移民安置。

移民安置主要有以下途径：一是移民到其他草场，继续游牧生活。由于草地承载能力有限，基本处于饱和状态，在草场面积不增加的情况下，增加牧业人口，将会导致草场过牧、草场退化等，可见库区牧民按原生活方式安置有一定的难度。二是移民集中安置在城镇附近，通过技术培训，使其具有一定的生产技能，从事其他行业。由于牧民原来从事的都是牧业，改变几千年的生活习惯，也有一定的难度。

个别水库淹没范围内涉及寺院的搬迁。由于藏区牧民都信奉藏传佛教，寺院与藏族农牧民关系唇齿相依，寺院的生存又依赖周边农牧民奉养。信教群众都居住在寺庙附近，寺院的搬迁势必对信仰宗教的藏民生活带来一定影响。寺院的选址需依照历史传统和宗教仪规进行，并要说服信教民众。由于信仰及观念原因，寺院搬迁难度较大。

6.3.1.3 梯级开发布局的原则

根据梯级开发的影响因素分析，结合当地的经济社会特点，拟定黄河源区河段梯级布局的原则为：

（1）河段梯级布局应符合黄河治理开发总体要求，以保障流域社会经济的可持续发展为前提。

（2）河段梯级开发要与生态环境保护相结合，尽可能减少梯级开发对生态环境的不利影响，规划梯级应尽量避开划定的自然保护区。

（3）以已完成的梯级工程布局为基础，在减少淹没损失、降低移民安置难度的前提下，充分合理地利用水力资源。

(4)在地形、地质、淹没等条件允许的情况下,在河段上布置有调节能力的水库,通过梯级补偿调节,提高梯级电站的综合效益。

(5)梯级布置除必要的调蓄水库外,一般梯级应避免布置宽阔水面的水库,以减少水库的蒸发损失。

6.3.2　各河段以往规划梯级的分析与调整

6.3.2.1　湖口—吉迈河段

吉迈以上河段,河谷较宽,河势散乱,高程在4 000 m以上,生态环境脆弱,梯级开发的地形地质条件较差。2003年水力资源复查成果中,在该河段布置有黄河源、特合土、建设等3座梯级,利用水头143 m,装机容量237 MW。西北院在该河段初步规划中,维持了3座梯级的布局(见图6-1),复核后的装机容量178.5 MW。

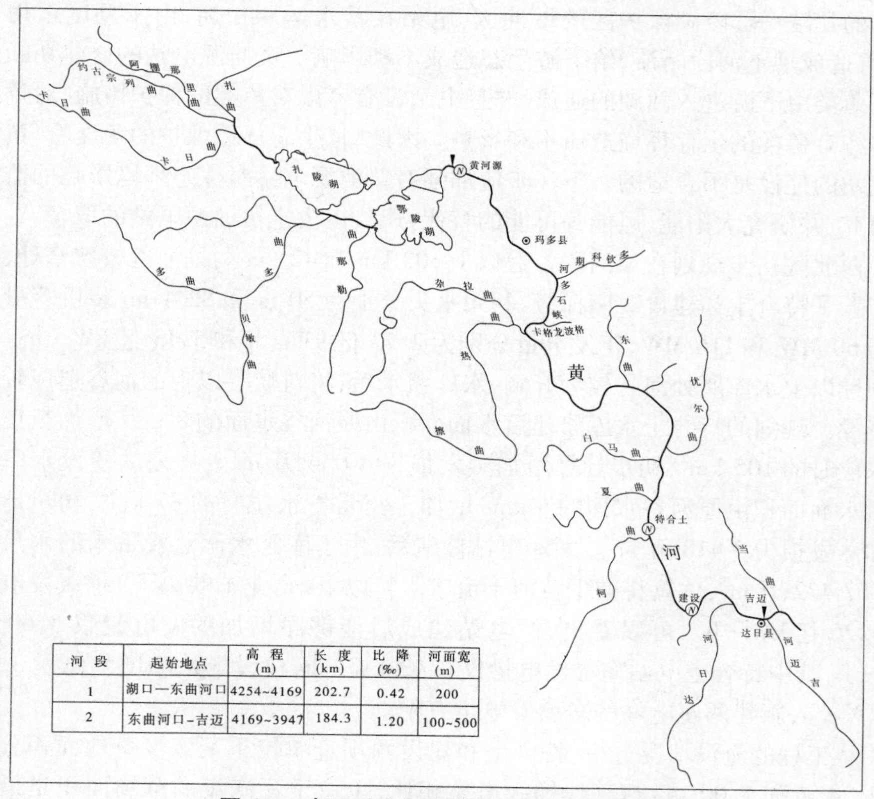

河段	起始地点	高程(m)	长度(km)	比降(‰)	河面宽(m)
1	湖口—东曲河口	4254~4169	202.7	0.42	200
2	东曲河口-吉迈	4169~3947	184.3	1.20	100~500

图6-1　吉迈以上河段梯级布局平面示意图

黄河源电站为已建电站,位于鄂陵湖口以下约17 km处,水库正常蓄水位以下库容15.21亿m^3,正常蓄水位4 270 m,装机2×1 250 kW,年平均发电量1 753万kW·h。大坝最大坝高18 m,坝顶高程4 273 m,坝长1 529 m。工程于1998年4月开工建设,2001年12月首台机组发电,电站总投资7 000多万元,主要为玛多县供电。黄河源电站的修建,解决了玛多县的缺电问题,对于带动地方经济、改善人民生活水平起到了显著的作用。但该电站的修建对黄河源区生态环境造成了极为不利的影响。该河段河道宽浅,坝址处河床宽度约300 m,且左岸地形平坦,建坝条件并不好,回水使鄂陵湖水位(据1978年施测数据,鄂陵湖水面高程4 269 m)抬升,蓄水后库区面积较大,据2006年和1989年卫星影像解译资料对比分析,水库蓄水面积18.37 km^2,使鄂陵湖水面增加约12 km^2,造成年蒸发损失水量约1 500万m^3。由于水量损失,将减少黄河干流宁木特以下(含龙羊峡以下)梯级发电量约0.86亿kW·h。该电站位于青海三江源自然保护区的扎陵—鄂陵湖保护区的缓冲区,电站在蓄水运用初期,由于调度运用不善,曾造成坝下河段断流,给下游生态造成不利影响。黄河源电站的修建切断了土著鱼类由下游进入两湖的通道,并且电站没有考虑对鱼类的保护措施,对黄河上游特有鱼类的生存环境造成不利影响。因此,从生态环境保护的角度看,黄河源电站的建设是不合适的。下一步应加强对黄河源电站对生态环境影响的监测和研究,并研究太阳能、风能等可能的替代方案,以决定黄河源电站的取舍。

西北院初步规划在该河段吉迈以上103 km和42 km两处河谷较狭窄处,分别布置了特合土和建设2座梯级,利用水头分别为50 m和82.1 m,装机容量分别为60 MW和116 MW,年发电量分别为2.73亿kW·h和5.13亿kW·h。由于坝址以上水库所处河谷较为开阔,水库蓄水后,将对峡谷以上的河谷造成较大的淹没。规划的特合土水库修建后水面面积由原河谷水面的8 km^2增加至正常蓄水位时的105 km^2,初步计算增加蒸发损失4 054万m^3。规划的建设水库修建后水面面积由原河谷水面的5 km^2增加至正常蓄水位时的87 km^2,初步计算增加蒸发损失3 418万m^3。两座电站修建后,由于库区水面蒸发带来的水量减少约7 472万m^3,估算将减少黄河干流宁木特以下(含龙羊峡以下)梯级发电量约4.26亿kW·h。可以看出,两电站建成后能够净增加的发电量仅3.60亿kW·h,其中特合土电站净增发电量仅0.42 kW·h,建设电站净增发电量3.18亿kW·h,新建两座电站的净增发电量有限。

从工程的淹没情况分析,特合土和建设两坝址单位千瓦淹没草地面积分别为2.24亩和1.00亩,与其他梯级电站相比,单位千瓦淹没的草场面积是最大的。同时,由于两坝址高程在4 000 m以上,河谷较为开阔,自然条件较差,电站的单位千瓦投资与其他梯级相比也是最高的。吉迈以上电站蒸发损失及有关发电指标见表6-4。

表6-4　吉迈以上梯级水库蒸发损失及发电指标

梯级名称	装机容量(MW)	发电量(亿kW·h)	水面面积(km^2)	蒸发损失(万m^3)	减少黄河宁木特以下发电量(亿kW·h)	净增发电量(亿kW·h)	损失占发电量的比例(%)
黄河源	2.5	0.175	30.37	1 500	0.855	-0.680	488.57
特合土	60	2.73	105	4 054	2.311	0.419	84.65
建　设	116	5.13	87	3 418	1.948	3.182	37.97

注：表中规划梯级装机容量及发电量采用西北院规划值。

从对黄河上游土著鱼类的生活环境影响分析，黄河源、特合土及建设电站的修建将切断黄河吉迈以上黄河干流与两湖的鱼类洄游通道，对土著鱼类的繁衍生长造成不利影响。

综上所述，湖口—吉迈河段，由于特合土和建设坝址距离黄河源头地区较近，坝址径流量较小，装机容量及净发电量较小，建库后库区蒸发损失较大，单位千瓦投资较高。从保护当地脆弱的生态环境，减少人为干扰破坏，同时保护黄河上游土著鱼类的角度出发，不宜进行水电梯级开发。

6.3.2.2　吉迈—沙曲河口河段

吉迈—沙曲河口河段穿行于青藏高原腹地，河谷形态由宽谷向高山峡谷型过渡，两岸无重要城镇及大型工矿企业，人口稀少。据2003年水力资源复查成果，在该河段布置了官仓、门堂、塔吉柯等3座梯级电站，利用水头345 m，装机容量1 380 MW，其中官仓和门堂为高坝大库，坝高分别为160 m、168 m，淹没及蒸发损失均较大。西北院在该河段提出六级开发方案，即塔格尔、官仓、赛纳、门堂、塔吉柯1、塔吉柯2等(见图6-2)，利用水头413 m，装机容量1 168 MW，年发电量49.7亿kW·h。

1）以往规划梯级情况

塔格尔梯级为该河段的第一级梯级，位于岗龙乡以上约24 km处，西北院初步规划梯级正常蓄水位3 940 m，利用水头约94 m，装机192 MW，多年平均年发电量8.71亿kW·h。水库正常蓄水位水面面积107.84 km^2，淹没草场面积16.07万亩。

官仓坝址位于甘德县岗龙乡下游约23 km，河谷较窄，坝址条件较好。西北

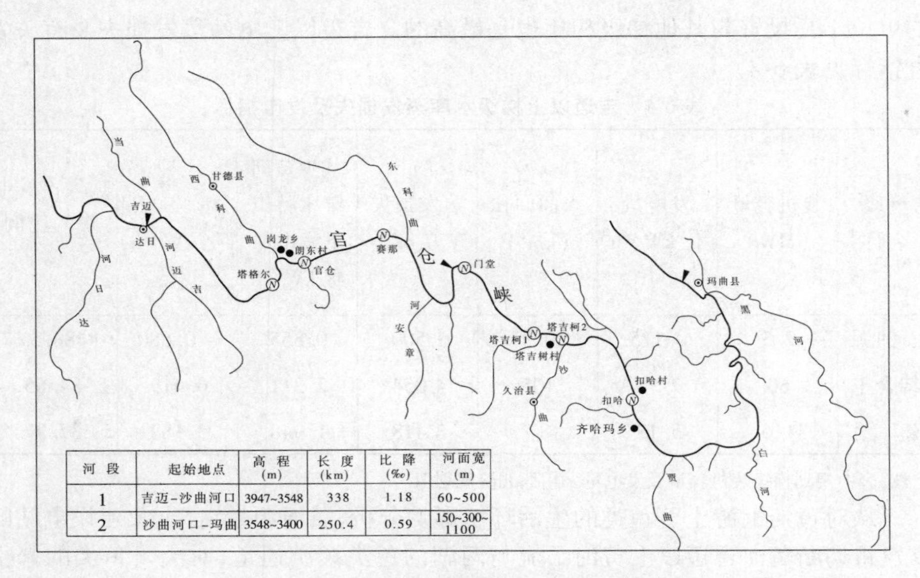

河 段	起始地点	高程 (m)	长度 (km)	比降 (‰)	河面宽 (m)
1	吉迈-沙曲河口	3947~3548	338	1.18	60~500
2	沙曲河口-玛曲	3548~3400	250.4	0.59	150~300~1100

图6-2　吉迈—玛曲河段梯级布局平面示意图

院初步规划官仓正常蓄水位3 845 m,利用水头约48 m,装机118 MW,多年平均年发电量4.79亿kW·h。水库正常蓄水位水面面积23.63 km^2,淹没草场面积2.83万亩。

赛纳梯级位于甘德县下藏科乡以上约33 km处,三江源自然保护区的年保玉则保护区的实验区内,西北院初步规划梯级正常蓄水位3 795 m,利用水头约70 m,装机180 MW,多年平均年发电量7.31亿kW·h。水库正常蓄水位水面面积25.18 km^2,淹没草场面积3.19万亩。

门堂梯级位于久治县门堂乡附近,有上、下两个比较坝址。上坝址位于门堂乡上游约4 km处,属青海境内;下坝址位于门堂乡下游约17 km处,为青海和甘肃的交界处。两坝址相距约21 km。上坝址为"U"形河谷,河谷宽度约300 m,下坝址河谷较窄,宽度约220 m,从地形地质条件分析,下坝址优于上坝址。西北院初步规划采用下坝址方案,正常蓄水位3 724 m,利用水头约114 m,装机375 MW,多年平均年发电量16.55亿kW·h。该水库正常蓄水位水面面积100.27 km^2,淹没草场面积13.51万亩,淹没面积较大,水库回水进入三江源自然保护区的年保玉则保护区的实验区内。

塔吉柯1、塔吉柯2为该河段最下段的两个梯级。塔吉柯1规划正常蓄水位3 608 m,利用水头约68 m,装机243 MW,多年平均年发电量9.88亿kW·h。塔吉柯2位于塔吉柯1梯级以下约17 km处,规划正常蓄水位3 539 m,利用水头约 19 m,装机 60 MW,多年平均年发电量 2.46 亿 kW·h。其中塔吉柯 1 正常蓄水位水面面积 28.76 km^2,淹没草场面积 3.07 万亩,塔吉柯 2 利用水头较低,淹没面积较小。

各梯级规划指标及淹没情况见表 6-5。

表 6-5　吉迈—沙曲河口段初步规划梯级情况

序号	梯级名称	正常蓄水位(m)	装机容量(MW)	年发电量(亿 kW·h)	水面面积(km^2)	蒸发损失(万 m^3)	淹没草场面积(万亩)
1	塔格尔	3 940	192	8.71	107.84	3 831	16.07
2	官　仓	3 845	118	4.79	23.63	938	2.83
3	赛　纳	3 795	180	7.31	25.18	1 020	3.19
4	门　堂	3 724	375	16.55	100.27	3 882	13.51
5	塔吉柯 1	3 608	243	9.88	28.76	995	3.07
6	塔吉柯 2	3 539	60	2.46	4.72	117	0.46
合　计			1 168	49.7	290.4	10 783	39.13

注:规划梯级为西北院成果,根据新量算的水库面积曲线,对水面面积进行了复核。

2)本次调整意见

西北院在该河段规划的 6 座梯级总装机容量 116.8 万 kW,年发电量 49.7 亿 kW·h。水库修建后形成的总水面面积为 290.4 km^2,由于水面面积增大将增加水库蒸发损失约 1.08 亿 m^3。

规划梯级中赛纳坝址位于三江源自然保护区的年保玉则保护区的实验区内,门堂水库回水至年保玉则实验区,塔吉柯 2 位于甘肃黄河首曲湿地自然保护区的实验区。年保玉则保护区以保护雪山、冰川及四周湖泊为主体功能,首曲湿地自然保护区以保护高原湿地和野生动植物为主体功能。黄河上游土著鱼类如花斑裸鲤、极边扁咽齿鱼、骨唇黄河鱼、似鲶高原鳅、厚唇裸重唇鱼、黄河裸裂尻鱼等在该河段的达日和久治县均有分布。

该河段高程在 3 500 m 以上,海拔相对较高,在官仓峡河段有一定的开发条件,但河段内河谷较宽,库区草场面积较大,为避免较大的淹没损失,该河段不宜修建高坝大库,根据现场查勘及地形资料分析,提出以下调整方案。

(1)塔格尔梯级。

塔格尔梯级为该河段的第一级梯级,西北院规划梯级正常蓄水位 3 940 m 以不淹没达日县城为控制上限,水库回水至吉迈—冬吾河段,河谷宽度达到 1.5

km,水库蓄水后正常蓄水位水面面积约 108 km^2,淹没草场面积较大,蒸发损失较大。从减少淹没和减少水量损失考虑,建议正常蓄水位降为 3 920 m 左右,可使对应的水面面积减少为 70 km^2,蒸发损失及淹没损失大为减少,作为吉迈—玛曲河段的第一座规划梯级,为有效增加下游梯级发电能力,建议塔格尔降低水位开发,在降低水位后,正常蓄水位初步拟定为 3 920 m,水库库容 16.13 亿 m^3,调节库容仍能满足年调节要求。

(2)官仓梯级。

官仓坝址下游是岗龙乡下日乎寺所在地,该寺院属藏传佛教格鲁派,历史悠久,目前有僧侣约 120 人。官仓坝址下移的可能性不大。西北院初步规划官仓正常蓄水位 3 845 m,利用水头约 48 m,装机 118 MW,年均发电量 4.79 亿 kW · h。本次分析维持其正常蓄水位不变。

(3)赛纳梯级。

赛纳梯级位于三江源自然保护区的年保玉则保护区的实验区内,该水库库区位于峡谷河段,水库库容较小,淹没、蒸发损失相对较小。西北院初步规划赛纳梯级正常蓄水位 3 795 m,可利用水头约 70 m,装机 180 MW,年均发电量 16.55 亿 kW · h。本次分析维持西北院初步规划方案。

(4)门堂梯级。

门堂梯级有上下两个坝址,其中上坝址位于年保玉则保护区的实验区。上坝址位于门堂乡以上,可避免对门堂乡、门堂贡巴寺院及其周边草场的淹没,减少淹没损失。在同样为 3 720 m 水位时,上坝址水面面积 55.7 km^2,下坝址水面面积 94.88 km^2,采用上坝址可减少近 42% 的水面面积,有效减少蒸发损失;并且门堂水库淹没在青海省,上坝址位于青海境内,而下坝址位于青海、甘肃两省交界处,采用上坝址可减少省际间的矛盾,便于工程的建设和管理。本次综合分析认为门堂采用上坝址较好。

从梯级总体布局分析,以位于第一级的塔格尔梯级作为年调节水库,门堂水库不必再设较大的调节库容,因此可适当降低门堂的正常蓄水位,根据库区地形分析,门堂正常蓄水位为 3 700 m 时,可使水面面积减小至 36.46 km^2,同时避开对东科曲与黄河干流交汇段大量草场的淹没,本次规划推荐门堂正常蓄水位为 3 700 m。

(5)塔吉柯梯级。

2003 年水力资源复查成果在门堂以下河段仅布置了塔吉柯一座梯级,塔吉柯村以下地势较缓,河谷开阔,比降平缓,仅为 0.42‰,建坝地形条件较差。为充分利用该段水力资源,西北院初步规划中在该河段布置了塔吉柯 1、塔吉柯 2

等两座梯级。塔吉柯1位于特有鱼类种质资源保护区的实验区,塔吉柯2位于特有鱼类种质资源保护区的核心区。其中塔吉柯2虽然坝址处河谷较为开阔,但利用水头低、库区回水水面面积不大,淹没草场面积相对较小。从充分利用该河段的水力资源考虑,保留塔吉柯2梯级。

综合以上分析,在吉迈—沙曲河口河段共布置塔格尔、官仓、赛纳、门堂、塔吉柯1、塔吉柯2等6座梯级。塔格尔位于黄河源区河段的第一级,宜布置为具有一定调节能力的水库,对上游来水进行调节,增加下游梯级的发电效益。

但是,由于该河段高程在3 500 m以上,海拔相对较高,在官仓峡河段虽然有一定的梯级开发条件,但由于河谷相对较宽,库区内草场面积较大,为避免较大的淹没损失,该河段不宜修建高坝大库。从装机规模及发电指标看,该河段技术可开发装机容量116.8万kW,占黄河源区技术可开发装机容量的14.6%;年发电量49.7亿kW·h,占全河段年发电量的14.9%。该河段水电开发规模有限。由于地理位置离青海省负荷中心及外送电集结地较远,当地用电需求较少,近期进行开发的必要性不大。同时,该河段建坝淹没草原面积相对较大,从可能产生的环境影响分析,草场的淹没对陆生生物的生活环境将造成一定的不利影响。坝体的施工对地表植被将造成一定的破坏,坝体阻断了水体的联系,对特有鱼类的洄游和生长将造成较大影响。鉴于该河段梯级开发影响较大,下一步应进一步研究梯级开发对自然、鱼类等保护区影响的补救措施。

6.3.2.3　沙曲河口—玛曲河段

沙曲河口—玛曲河段河谷开阔,河道比降0.59‰,河道较缓,梯级开发条件较差。2003年水力资源复查成果没有在该河段布置梯级。西北院在该河段水电规划中,在齐哈玛以上的较窄河段,布置了扣哈梯级,规划正常蓄水位3 490 m,利用水头约21 m,装机74 MW,多年平均年发电量3.04亿kW·h。水库正常蓄水位相应的水面面积为68.2 km^2,淹没草场面积2.87万亩。

沙曲河口—玛曲河段是黄河上游土著鱼类繁殖、索饵、越冬的主要场所,该区域土著鱼类资源十分丰富,共有经济土著鱼类15种,其中厚唇重唇鱼、花斑裸鲤、极边扁咽齿鱼、骨唇黄河鱼、黄河裸裂尻鱼、似鲶高原鳅等为中国特有高原鱼类。甘肃省已将该河段划为玛曲土著鱼类省级自然保护区,并已公布为特有鱼类种质资源保护区。该河段左岸整个被划为甘肃省黄河首曲省级湿地保护区。

分析认为,扣哈坝址所在位置河谷较宽,虽然利用水头仅20.8 m,但由于库区河谷开阔,水库淹没草场面积较大。由于水库面积较大,水库蓄水后增加年蒸发损失水量达到2 786万m^3,其损失的水量估算将减小宁木特以下梯级发电量1.59亿kW·h,若扣除对下游梯级发电的影响,则电站的净发电量仅为1.45亿

kW·h(见表6-6)。另据有关地质资料,扣哈坝址岩体完整性较差,坝基岩体类别低,工程地质条件总体较差。坝址位于首曲湿地保护区的实验区和特有鱼类种质资源保护区,建坝将对土著鱼类的繁殖和生长造成较大影响。因此,该河段以湿地保护和青藏高原土著鱼类保护为主,不宜进行梯级的开发。

表6-6 扣哈梯级水库蒸发损失及发电指标

梯级名称	装机容量(MW)	发电量(亿kW·h)	水面面积(km^2)	蒸发损失(万m^3)	减少黄河宁木特以下发电量(亿kW·h)	净发电量(亿kW·h)	损失占发电量的比例(%)
扣 哈	74	3.04	68.2	2 786	1.588	1.452	52.24

注:表中梯级装机容量及发电量采用西北院规划值。

6.3.2.4 玛曲—羊曲河段

玛曲—羊曲河段大部分位于高山峡谷河段,高程在3 400 m以下,水量丰富,河道比降较大,黄河上游最长的峡谷拉加峡位于该河段,峡谷段山高水深,河道深切,梯级开发条件优越。2003年水力资源复查成果在该河段布置了多松、多尔根、玛尔挡、尔多、茨哈、班多、羊曲等7座梯级电站,利用水头约759 m,装机容量6 300 MW。西北院在该河段规划中做了大量的工作。2001年西北院完成《黄河上游茨哈至羊曲河段水电规划报告》,2004年提出《黄河上游茨哈至班多河段开发方案调整报告》,2006年提出《黄河上游干流多松至尔多河段水电规划报告》(征求意见稿),初步规划的梯级为宁木特、玛尔挡、尔多、茨哈峡、班多和羊曲等6级开发方案(见图6-3)。总利用水头约800 m,装机容量6 560 MW,年发电量273.3亿kW·h。

1)以往规划梯级情况

宁木特梯级位于青海河南县和玛沁县交界的黄河干流上,坝址位于泽曲河口以上约3.7 km处。宁木特梯级为黄河玛曲以下河段开发的第一座梯级,水库库区相对较为开阔,可获得较大的调节库容,具备修建年调节水库的良好条件,规划以宁木特作为龙头调节水库进行开发。西北院初步规划宁木特正常蓄水位3 410 m,利用水头140 m,装机容量1 060 MW,多年平均年发电量42.91亿kW·h。水库正常蓄水位以下库容44.57亿m^3,调节库容29.90亿m^3,进行年调节运用。

玛尔挡梯级位于玛沁县军功乡上游约5 km处,坝址河谷狭窄高陡,河床覆盖层浅,基岩裸露,均为坚硬岩,岩体较完整,工程地质条件整体较好,适于修筑

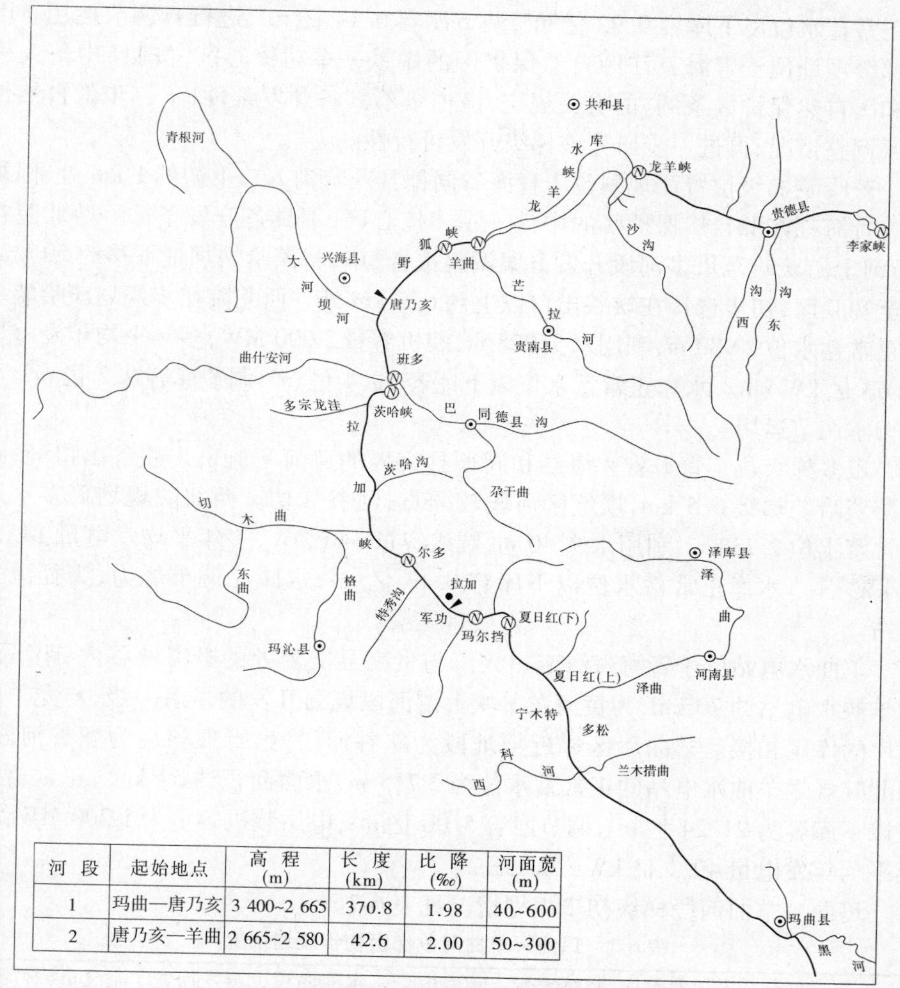

河段	起始地点	高程(m)	长度(km)	比降(‰)	河面宽(m)
1	玛曲—唐乃亥	3 400~2 665	370.8	1.98	40~600
2	唐乃亥—羊曲	2 665~2 580	42.6	2.00	50~300

图6-3　玛曲以下河段梯级布局平面示意图

混凝土重力坝及高拱坝。西北院初步规划玛尔挡正常蓄水位3 270 m，利用水头183.6 m，装机容量1 360 MW，多年平均年发电量59.5亿kW·h。水库正常蓄水位以下库容12.6亿m^3，调节库容0.75亿m^3，进行日调节运用。

尔多梯级位于青海省同德县和玛沁县界河处，距上游玛尔挡坝址约32 km。坝址处河道顺直，河谷狭窄，河床覆盖层浅，基岩裸露，坝址岩体完整性较差，坝基及围岩类别较低，工程地质条件较差。西北院初步规划尔多正常蓄水位3 070 m，利用水头81.2 m，装机容量600 MW，多年平均年发电量26.04亿kW·h。水库正常蓄水位以下库容0.92亿m^3,调节库容0.14亿m^3,进行日调节运用。因该梯级坝址位于青海三江源自然保护区的中铁—军功核心区,按照《中华人民共和国自然保护区条例》的有关规定,该梯级不具备开发条件,下一步就自然保护区调整情况,再进一步研究该梯级开发可行性。

茨哈峡梯级位置原规划位于青海省同德县茨哈沟入口上游约1 km处,因被划为青海三江源自然保护区的中铁—军功核心区,不具备开发条件。西北院在《黄河上游茨哈至班多河段开发方案调整报告》中,将茨哈峡坝址下移约50 km,移至实验区,初步选择在峡谷出口以上约6.5 km处。西北院初步规划茨哈峡水库正常蓄水位2 980 m,利用水头228 m,装机容量2 000 MW,多年平均年发电量81.63亿kW·h。水库正常蓄水位以下库容39.4亿m^3,调节库容9.2亿m^3,可进行季调节运用。

班多梯级位于青海省兴海县和同德县交界的黄河干流班多峡谷出口处,距上游茨哈峡梯级6.5 km,坝址区河段较顺直,河谷深切。西北院规划班多水库正常蓄水位2 758 m,利用水头40 m,装机容量340 MW,多年平均发电量14.12亿kW·h。水库正常蓄水位以下库容0.13亿m^3,水库无调节能力,为径流式电站。

羊曲水电站位于青海省海南州兴海与贵南县交界处的野狐峡谷内,距下游龙羊峡水电站约70 km,为黄河龙羊峡上游河段规划开发的最后一级,与龙羊峡水库的库尾相接。羊曲库区邻近坝址段为峡谷河段,出野狐峡后为宽谷河段。西北院规划羊曲水电站的正常蓄水位为2 715 m,水面面积约57 km^2,正常蓄水位以下库容为21.24亿m^3,调节库容5.06亿m^3,电站装机容量为1 200 MW,多年平均年发电量49.1亿kW·h。

玛曲—羊曲河段梯级初步规划情况见表6-7。

表6-7　玛曲—羊曲河段梯级初步规划情况

序号	梯级名称	正常蓄水位(m)	装机容量(MW)	年发电量(亿kW·h)	水面面积(km^2)	蒸发损失(万m^3)	淹没草(林)地面积(万亩)
1	宁木特	3 410	1 060	42.91	156	5 206	12.63
2	玛尔挡	3 270	1 360	59.5	21.75	859	2.05
3	尔　多	3 070	600	26.04	3.64	111	0.20
4	茨哈峡	2 980	2 000	81.63	53.60	3 050	2.26
5	班　多	2 758	340	14.12	0.26	1.1	0.02
6	羊　曲	2 715	1 200	49.1	56.63	3 537	5.32
合　计			6 560	273.3	291.88	12 764.1	22.48

注:规划梯级为西北院成果。

2)本次调整意见

西北院在该河段规划的6座梯级总装机容量656万kW,年发电量273.3亿kW·h。水库修建后形成的总水面面积为291.88 km^2,由于水面面积增大将增加水库蒸发损失约1.28亿m^3。

规划梯级中宁木特、玛尔挡、茨哈峡和班多四个坝址位于三江源自然保护区的中铁—军功实验区内,尔多坝址位于中铁—军功核心区内,宁木特水库回水至甘肃黄河首曲湿地自然保护区的缓冲区。中铁—军功保护区以保护青海云杉、紫果云杉、祁连圆柏为建群种的原始林,首曲湿地自然保护区以保护高原湿地和野生动植物为主。黄河上游土著鱼类如花斑裸鲤、极边扁咽齿鱼、骨唇黄河鱼、似鲶高原鳅、厚唇裸重唇鱼、黄河裸裂尻鱼等在该河段的贵南、同德和河南县境内均有分布。玛曲—军功河段为特有鱼类种质资源保护区的范围。

该河段高程在3 500 m以下,海拔相对较低,拉加峡河段基本为高山峡谷,河段比降陡、河谷狭窄,梯级开发条件优越。该河段技术可开发装机容量656万kW,占黄河源区技术可开发装机容量的82.2%;年发电量273.3亿kW·h,占全河段年发电量的81.8%。从可能产生的环境影响分析,除宁木特梯级淹没的林草面积较大外,其他梯级淹没集中在峡谷河段,淹没损失相对较小。梯级的修建对黄河上游土著鱼类的洄游和生长可能造成较大影响。综合考虑梯级可能造成的影响和水电开发的效益,认为该河段水电开发条件较好,在尽可能减少对生态环境影响的基础上,可进行水电资源开发,对于该河段的梯级开发有以下调整意见。

(1)宁木特(夏日红)梯级。

西北院初步规划的宁木特梯级位于中铁—军功保护区实验区的末端,水库正常高水位3 410 m时回水至玛曲县附近,回水区涉及甘肃黄河首曲湿地保护区和特有鱼类种质资源保护区,水库修建可能对自然保护区的野生动植物和鱼类的生活环境造成一定的影响。但由于宁木特梯级所在位置优越,具有一定的调蓄库容,对提高下游河段梯级的保证出力、增加发电量都具有显著的效果,并且可承担今后西线调水后的调蓄任务,因此认为开发此梯级是必要的。

西北院初步规划的宁木特水库正常蓄水位3 410 m,正常蓄水位以下库容44.57亿m^3,水面面积156 km^2,电站装机容量1 000 MW,年发电量40.38亿kW·h。将淹没甘肃省的柯多乡、欧拉乡(高程3 390 m)及青海省河南县境内的上藏寺(高程3 380 m),淹没林草地12.63万亩,迁移人口1 079人。宁木特坝址在青海境内,淹没主要在甘肃境内。据调查,在青甘交界地带,青海河南县宁木特乡与玛曲县欧拉秀玛乡在草场边界上曾发生纠纷,至今存在遗留问题。

为此甘肃省提出宁木特水位降低至 3 350 m 以下，并在玛曲县城以下峡谷出口处布置 100 MW 左右的首曲电站。

本次规划在征求青海、甘肃两省意见的基础上，组织有关专业人员对宁木特以下河段进行查勘，研究宁木特坝址下移的可能性。宁木特下移的基本条件为库容基本满足年调节水库和西线调蓄水库的要求（调节库容最少需要 12 亿 m^3）；地形、地质条件满足建坝要求；坝址附近有较开阔地，地形便于施工场地布置；建筑材料满足建坝要求；库区淹没无重大制约因素等。若以正常蓄水位 3 350 m和不淹甘肃两乡及上藏寺寺院 3 380 m 为控制条件，选择夏日红（上）、夏日红（下）作为宁木特下移坝址的比较坝址。

夏日红（上）坝址位于青海省玛沁县拉加镇和河南县交界界河上，塔玛河入黄河口下游约 5 km，上距宁木特坝址 32 km，下距玛尔挡坝址 42 km，坝址控制流域面积 96 547 km^2，多年平均径流量 163.5 亿 m^3。夏日红（下）坝址位于同德县河北乡境内果寿沟上游约 3 km 与玛沁县交界处，位于玛尔挡坝址以上 28 km，与夏日红（上）坝址相距 14 km，距宁木特坝址 46 km，多年平均径流量 164.9 亿 m^3，此坝址可认为是宁木特坝址下移的极限位置。由于宁木特下移后将对其下一级梯级玛尔挡产生影响，因此分析宁木特、夏日红（上）、夏日红（下）梯级与玛尔挡梯级的不同组合方案，其中宁木特 3 380 m 方案与玛尔挡组合简称方案一、夏日红（上）与玛尔挡组合方案简称方案二、夏日红（下）与玛尔挡组合方案简称方案三，各方案比选主要指标见表 6-8。

经计算分析，如选择正常蓄水位 3 350 m，宁木特、夏日红（上）、夏日红（下）三梯级均不满足西线调水后作为玛曲以下梯级龙头水库和西线调蓄要求的调节库容条件，而夏日红（下）是宁木特坝址下移最下界位置，所以必须上调正常蓄水位。

如选择正常蓄水位 3 380 m，需要对夏日红（上）、夏日红（下）、宁木特进行比较，由于三坝址相距不太远，地质条件等相似，适合建当地材料坝，在淹没方面避开了甘肃较敏感的寺院和乡镇，仅淹没河道附近草场。在自然保护区影响方面，涉及的自然保护区主要是中铁—军功实验区和水产种质资源保护区核心区，不涉及甘肃黄河首曲湿地保护区和土著鱼类保护区。

但总体而言，夏日红（上）和夏日红（下）要比宁木特有很大的优越性。一是水量及库容方面，由于夏日红（上）和夏日红（下）增加了泽曲水量使其年径流量较宁木特分别增大 8.7%、9.6%，调节库容分别增加 83%、141%，若考虑南水北调西线调水补充水量后，宁木特 3 380 m 方案的库容系数仅为 6.2%，达不到年调节水库对库容的要求，而夏日红水库调节系数可达到年调节要求，尤其是夏日

表 6-8　宁木特下移梯级有关指标比较

梯级名称		原方案	方案一		方案二		方案三	
		宁木特（3 410 m）	宁木特（3 380 m）	玛尔挡	夏日红(上)	玛尔挡	夏日红(下)	玛尔挡
流域面积	km^2	90 687	98 346	98 346	96 547	98 346	97 206	98 346
年径流量	亿 m^3	150.4	150.4	167	163.5	167	164.9	167
坝址高程	m	3 268	3 085	3 085	3 210	3 085	3 157	3 085
死水位	m	3 380	3 320	3 266	3 280	3 155	3 300	3 155
正常蓄水位	m	3 410	3 380	3 270	3 380	3 217	3 380	3 160
正常蓄水位以下库容	亿 m^3	44.57	15	12.6	27.09	4.68	41.01	0.92
正常蓄水位以下面积	km^2	156	61.2	21.75	87.11	10.01	106.26	3.6
调节库容	亿 m^3	29.9	14.2	0.75	26.01	3.93	34.26	0.17
库容系数	%	19.9	9	0.5	15.91	2.35	20.8	0.1
库容系数（西线 80 亿 m^3）	%	13.0	6.2	0.3	10.7	1.6	14.0	0.1
库容系数（西线 170 亿 m^3）	%	9.3	4.4	0.2	7.8	1.2	10.2	0.1
装机容量	MW	1 000	600	1 360	1 100	1 000	1 700	580
年发电量	亿 kW · h	40.38	25.1	59.98	44.71	43.2	68.6	23.69
保证出力	MW	317	167	179	356	142	546	78
最大坝高	m	159	127	215	185	152	243	95
迁移人口	人	1 079	36	60	46	42	49	14
淹没草(林)地	亩	126 348	63 078.75	20 482	91 678.5	8 820	115 981	2 100
单位千瓦投资	元/kW	7 029	8 455	6 013	7 715	6 404	7 566.5	7 322
单位电度投资	元/(kW · h)	1.74	2.02	1.36	1.90	1.48	1.88	1.79

红(下)电站不仅能满足西线一期调水,而且能满足西线二期调水后作为年调节水库运用,从库容而言夏日红(下)更适合作为龙头电站的调节水库。二是发电指标方面,无论是单个电站还是与玛尔挡电站组合,夏日红都表现出较大的优越性。若以单独调节计算,夏日红(上)装机容量、年发电量和保证出力分别比宁木特 3 380 m 方案增加 83%、78% 和 113%,夏日红(下)更大;组合中方案二组合梯级装机容量、年发电量和保证出力分别比方案一组合梯级大 7%(140 MW)、3%(2.83 亿 kW·h)及 44%(152 MW),方案三组合梯级装机容量、年发电量和保证出力分别比方案二组合梯级大 8.6%(180 MW)、5%(4.38 亿 kW·h)及 25%(126 MW),所以从发电指标而论,夏日红(下)梯级最优。三是施工技术方面,由于方案一梯级组合中玛尔挡坝高 215 m,方案三中夏日红(下)坝高 243 m,技术难度较大,而方案二梯级组合中两坝高均在常规坝高范围内,技术难度相对较小,但夏日红(下)的交通条件优于宁木特和夏日红(上)。四是投资方面,与单个电站相比,由于宁木特 3 380 m 方案利用水头小,其单位千瓦投资和单位电度投资均大于夏日红(上)、夏日红(下)电站,其中夏日红(下)单位千瓦投资最小,为 7 566 元;与玛尔挡电站联合相比,由于此河段利用水头相同,联合方案单位千瓦投资和单位电度投资相差不大,方案一的单位千瓦投资和单位电度投资最小,方案三的单位千瓦投资及单位电度投资最大,方案二居中。综合比选,方案二、方案三组合方案优于方案一组合方案。结合青海省有关意见,本规划暂以库容最大的夏日红(下)即方案三作为此河段龙头梯级水库。但是,由于夏日红(下)位于泽曲以下,将对泽曲在建尕孔电站产生一定的影响,另外此河段属于特有鱼类种质资源保护区的范围,因此下阶段工作中,应加强建坝对黄河土著鱼类影响的分析,采取必要保护措施,尽量减少对鱼类繁育生长的影响。

(2)玛尔挡梯级。

该梯级坝址位于中铁—军功保护区的实验区,库区范围内基本为峡谷河道,库区淹没范围较小,本次分析认为没有制约梯级开发的突出问题。由于宁木特调为夏日红(下)梯级,其正常蓄水位由 3 270 m 调至 3 160 m,回水至夏日红(下)梯级坝下。其相应的发电等规划指标发生变化,主要指标见表 6-8。

(3)茨哈峡梯级。

茨哈峡坝址位于青海省兴海县与同德县交界处的茨哈峡谷内,距峡谷出口约 6.5 km。水电规划正常蓄水位 2 980 m,库容 39.4 亿 m^3,装机容量 200 万 kW,年发电量约 81.6 亿 kW·h,在所有规划梯级中是最大的。茨哈峡梯级坝址位于中铁—军功保护区的实验区,坝址位置距缓冲区边界约 2 km,距核心区边界约 10.5 km,水库蓄水后回水范围基本上位于缓冲区和核心区。按照《中华人民共和国自然保护区条例》的有关规定,水库回水应避免进入自然保护区核心区。以回水不进入核心区为控制条件,拟定其正常蓄水位2 778 m,可利用平均发电水头由原来的214 m下降为21.4 m,电站装机容量为200 MW,年发电量为8.29亿kW·h,见表6-9。

表6-9　茨哈峡梯级调整前后主要指标

项目	单位	调整前	调整后
正常蓄水位	m	2 980	2 778
正常蓄水位以下库容	亿 m^3	39.4	0.15
死水位	m	2 960	
调节库容	亿 m^3	9.2	
调节性能		季调节	径流式
平均水头	m	214	21.4
装机容量	MW	2 000	200
年发电量	亿kW·h	81.63	8.29

(4)班多梯级。

班多梯级位于中铁—军功保护区的实验区,距茨哈峡梯级6.5 km,西北院规划正常蓄水位2 758 m,回水距中铁—军功缓冲区约2 km。班多库区为峡谷河段,利用水头较小,淹没范围很小,分析认为维持西北院规划方案。

(5)羊曲梯级。

羊曲梯级位于青海省海南州兴海与贵德县交界处的野狐峡谷河段,距下游龙羊峡水电站约70 km,为黄河源区河段规划开发的最后一个梯级,与龙羊峡水库的库尾相接。羊曲库区邻近坝址段为峡谷河段,库区段宽谷与峡谷河段相间。《全国水力资源复查报告》拟定的羊曲梯级正常蓄水位为2 680 m,死水位2 670 m,总库容3.80亿 m^3,调节库容1.31亿 m^3,规划装机容量650 MW。西北院在2006年完成的《羊曲电站预可行性研究报告》中,坝址位置下移约7.2 km,选择电站的正常蓄水位为2 715 m,装机容量为1 200 MW。

本次分析对羊曲梯级2 680 m、2 700 m和2 715 m三种水位情况下的水能利用情况及水库淹没情况进行了对比分析,详见表6-10。

表6-10　羊曲梯级不同正常蓄水位有关指标比较

序号	项 目	单位	指标		
1	正常蓄水位	m	2 680	2 700	2 715
2	死水位	m	2 670	2 690	2 705
3	正常蓄水位以下库容	亿 m^3	63.30	44.57	21.24
4	正常蓄水位水库水面面积	km^2	23	39	57
5	调节库容	亿 m^3	2.00	3.44	5.06
6	调节系数	%	1.0	1.75	2.58
7	装机容量	MW	850	1 050	1 200
8	保证出力	MW	125	167	229
9	年发电量	亿 kW·h	34.55	42.87	50.44
10	水库淹没面积	km^2	18.2	29.97	46.61
11	淹没林草地	亩	22 674	36 845	53 229
12	淹没人口	人	1 295	2 348	6 474

可以看出，当羊曲梯级正常蓄水位由2 680 m增加至2 715 m时，装机容量和年发电量都有较显著的增加，2 715 m水位较2 680 m水位装机容量增加41%，年发电量增加46%。但同时水库面积与淹没损失也增加较为明显。从羊曲坝址水位面积曲线上可以看出，水库水位在2 680 m以上，水库面积随水位增加较快。正常蓄水位由2 680 m增加至2 715 m时，水库水面面积由23 km^2增加至57 km^2，增加约1.5倍；淹没林草地面积也迅速增长，淹没林草地面积由2.27万亩增加至5.32万亩，增加约1.3倍。淹没人口由1 295人增加至6 474人，增加约4.0倍。

从地形图上分析，当羊曲水位超过2 700 m时，将淹没唐乃亥水文站和唐乃亥镇。唐乃亥水文站始建于1955年8月，控制集水面积121 972 km^2，是黄河干流上的重要控制站、国家重点水文站、重点报汛站。羊曲水电站水库正常蓄水位(2 715 m)要高于唐乃亥水文站实测最高水位(2 677.56 m)37.44 m，高出现水文站院地面13 m。电站建成运行后，该站的站房及所有测验设施将全部被淹没。

受黄河上游水电开发有限责任公司的委托，黄河上游水文水资源局对唐乃亥站整体迁建的可行性进行了论证。在唐乃亥水文站现断面上游27～37 km河段内，初选了大米滩桥下、大米滩村、班多水电站坝下等三个断面，推荐大米滩村断面作为迁建的首选断面。唐乃亥水文站测验断面上迁后，控制的流域面积将由 121 972 km^2 减至 111 374 km^2，减少 10 598 km^2，并且区间两条较大的支流曲什安河和大河坝河均不在控制区内，该站测验断面上迁后，水文资料的连续性将遭到破坏。建议将唐乃亥水文站的迁站方案与羊曲电站坝址方案相结合考虑，进一步研究确定站址方案及相应的测验方式。

本研究认为羊曲水库正常蓄水位抬高后，电站发电指标较为优越，而淹没补偿费用指标也增加，水文站迁建涉及问题较为复杂，对水文站迁建的可能性和影响应进行充分的论证，并应得到水文主管部门的同意。本次研究暂维持西北院提出的正常蓄水位 2 715 m 方案，在唐乃亥水文站迁建方案确定后，再对该梯级的位置及规模进一步分析论证。

6.3.3　梯级布局小结

根据前述分析，吉迈以上河段以生态保护为主，不宜安排梯级开发；吉迈—沙曲河口有一定的开发条件，布置了塔格尔、官仓、赛纳、门堂、塔吉柯 1、塔吉柯 2 等 6 座梯级，但由于此河段开发淹没范围相对大，发电指标有限，下一步应进一步研究梯级开发方案及开发时机；沙曲河口—玛曲河段以湿地保护和土著鱼类保护为主，不宜安排梯级开发。玛曲以下河段，河道比降较陡，水量较大，开发条件优越，但部分河段被划定为自然保护区，在生态保护的基础上可适当进行水电开发，规划布置夏日红、玛尔挡、茨哈峡、班多、羊曲等 5 座梯级，选择夏日红作为该河段的龙头水库，设置较大的库容，进行年调节运用，承担上游来水的调蓄任务。初步拟定各梯级指标见表 6-21。

6.4　梯级工程规划

6.4.1　水文泥沙

6.4.1.1　水文基本资料

黄河源区水文气象分析计算中，主要应用了黄委水文局、青海省水文水资源勘测局所属的黄河沿、吉迈、玛曲、唐克、唐乃亥等 17 个干支流水文站实测水文资料，其中干流测站大部分为 20 世纪 50 年代中、后期设立，至今观测时间已近 50 年。其中少数站点缺测年份采用流量相关法，由上下游邻近站插补。各测站实测资料情况详见表 6-11。

表 6-11　黄河源区干、支流水文站一览表

河流	站名	建站年份	断面地点	集水面积（km^2）	坐标		距河口（km）	采用实测流量资料起止时间（年·月）	说明
					东经	北纬			
黄河	鄂陵湖	1960	玛多县鄂陵湖	18 428	97°45′	35°05′	5 258	1986.8～1986.12；1988.1～1988.12；1991～1999；2004～2005	
	黄河沿	1955	玛多县黄河沿公路大桥上游	20 930	98°10′	34°53′	5 194	1955.7～1968.7；1976.7～2005	1968～1975 年停测
	吉迈	1958	达日县吉迈黄河大桥下游	45 019	99°39′	33°46′	4 869	1958.6～1989；1991～2005	
	门堂	1987	久治县门堂乡	59 655	101°03′	33°46′	4 618	1988～2000；2002～2005	1991～2005 年 11 月至翌年 4 月按规定停测
	玛曲	1959	玛曲县黄河大桥	86 048	102°05′	33°58′	4 284	1959.4～2005	1959 年 1～3 月由唐乃亥插补
	军功	1979	玛沁县军功乡	98 414	100°39′	34°42′	4 057	1980～2005	
	唐乃亥	1955	兴海县唐乃亥乡下村	121 972	100°09′	35°30′	3 911	1956～2005	
热曲	黄河	1978	玛多县黄河乡	6 446	98°16′	34°36′	7	1991～2005	1989 年因资料质量差不刊印
沙曲	久治	1978	久治县沙曲公路桥	1 248	101°30′	33°26′	34	1980～1981；1988～2005	
白河	唐克	1978	若尔盖县唐克乡	5 374	102°28′	33°25′	6.3	1981～1984；1985.6～2005	1985 年 1～5 月停测
黑河	大水	1984	玛曲县大水军牧场	7 421	102°16′	33°59′	31	1984.7～2005	
巴沟	巴滩	1958	同德县巴滩乡松多村	3 554	100°33′	35°15′	34	1959～1990	
曲什安河	曲什安	1956	兴海县曲什安乡莫多村	5 721	100°06′	35°20′	14	1956.4～1958.5；1959.4～1979.9	1965 年 1 月缺测
	大米滩	1978	兴海县曲什安乡大米滩村	5 786	100°14′	35°19′	1.3	1978.10～1990	
大河坝河	大河坝	1958	兴海县大河坝乡俄合干村					1960～1962.7	
	黄清	1963	兴海县黄清乡	3 152	99°52′	35°35′	30	1963～1980.9	
	上村	1979	兴海县唐乃亥乡上村	3 977	100°08′	35°30′	1.8	1980～1990	

除采用实测资料外，本次研究同时采用了黄委编印的《1919～1951年及1991～1998年黄河流域主要水文站实测水沙特征值统计》中吉迈站和唐乃亥站插补径流系列资料，插补情况详见表6-12。

表6-12　吉迈站、唐乃亥站月平均流量插补情况

站　名	插补时段(年·月)	插补方法
吉　迈	1919.1～1957.12	用兰州—贵德—唐乃亥—吉迈月平均流量复式相关图，由唐乃亥站月平均流量推求
唐乃亥	1919.1～1955.12	用兰州—贵德—唐乃亥—吉迈月平均流量复式相关图，由贵德站月平均流量推求

注：兰州站1919.1～1934.7径流系列采用陕县站系列资料插补。

6.4.1.2　径流

1)径流系列及其代表性

(1)径流系列的插补延长。

唐乃亥站实测径流资料系列为1956～2005年，另有唐乃亥站1919～1957年插补径流系列，以及吉迈站1919～1955年插补径流系列。本次梯级研究采用1919～2005年径流系列，因此需要将黄河干流与坝址相关的其他水文站径流系列插补延长到1919～2005年系列。

军功站实测径流资料系列为1980～2005年，将军功、玛曲1980～2005年同步实测年径流值建立相关关系，见图6-4。根据相关关系，将玛曲站1959～1979年实测年径流推算到军功水文站。将军功、唐乃亥1980～2005年同步实测年径流值建立相关关系，见图6-5。根据相关关系，将唐乃亥站1919～1957年插补年径流和1956～1958年实测年径流推算到军功水文站。由此组成军功1919～2005年系列。插补年份月径流系列分别根据玛曲、唐乃亥站径流月分配系列推算得出。

玛曲站实测径流资料系列为1959～2005年，根据玛曲、军功1980～2005年同步实测年径流相关关系，将军功站1919～1958年插补年径流系列推算到玛曲站，组成玛曲1919～2005年径流系列。插补年份月径流系列根据唐乃亥站径流月分配系列推算得出。

门堂站实测径流资料系列为1988～2005年，但1991～2005年的1～4月、11～12月无流量资料。建立吉迈、门堂1988～2005年5～10月的同步月径流相关关系，见图6-6，根据吉迈站1919～1987年月径流系列，推求门堂站1919～1987年5～10月各月径流量，与门堂实测资料构成1919～2005年5～10月径流

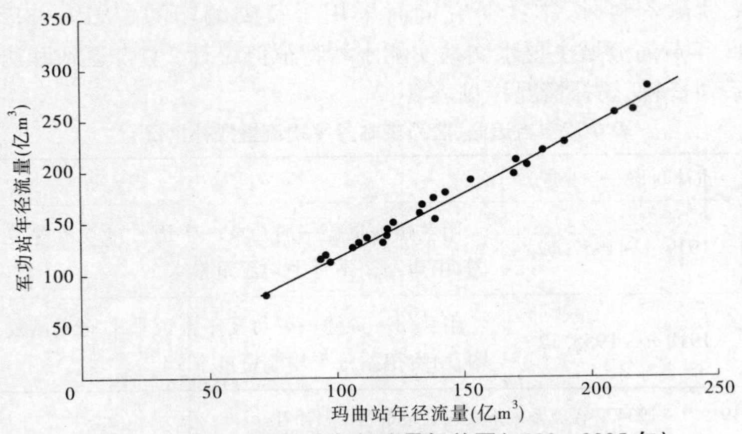

图6-4　军功—玛曲站年径流量相关图(1980～2005年)

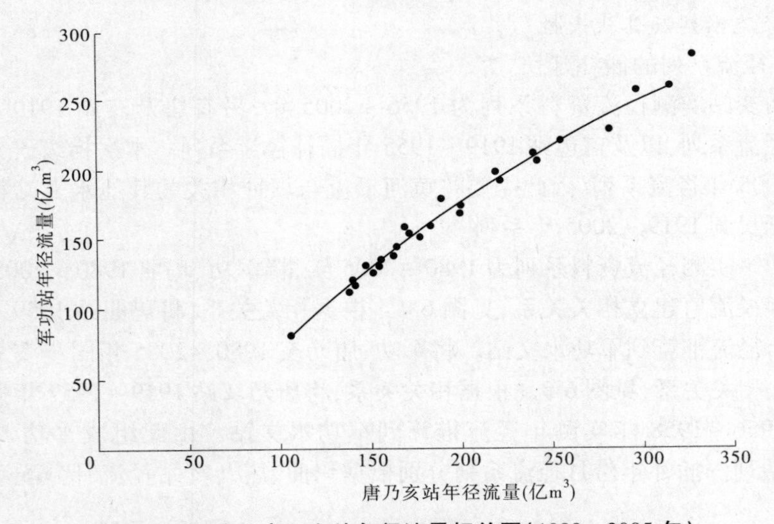

图6-5　军功—唐乃亥站年径流量相关图(1980～2005年)

量。再根据吉迈站5～10月占全年径流百分率,推算出门堂站1919～2005年年径流系列。各年11月至翌年4月径流系列根据吉迈站径流月分配系列推算得出。

(2)径流系列代表性分析。

由黄河源区河段吉迈站、玛曲站、唐乃亥站年径流量时序过程线可以看出,三个水文站来水的丰水段、平水段、枯水段年份基本一致。

以唐乃亥站为例,从年径流量时序过程线和年径流量差积曲线看出,枯水段

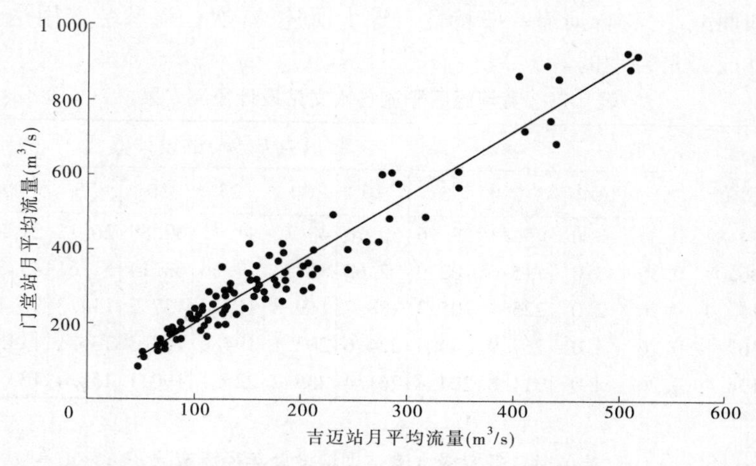

图 6-6　吉迈—门堂站(5～10 月)月径流关系(1988～2005 年)

主要为 1922～1932 年、1994～2005 年,丰水段主要为 1960～1984 年,平水段主要是 1933～1959 年、1985～1993 年,系列当中丰、平、枯交替出现。说明唐乃亥站 1919～2005 年径流资料系列具有一定的代表性。

2)径流计算

(1)设计年径流。

采用吉迈站、门堂站、玛曲站、军功站、唐乃亥站 1919 年 7 月至 2005 年 6 月共 86 年径流系列,进行年平均流量(7 月至翌年 6 月)的频率分析计算,各站年径流设计成果见表 6-13。

(2)坝址设计年径流计算。

根据实测资料,在玛曲站以上河段,径流随面积增长变化较大,因此在本次研究中,玛曲站以上河段坝址径流根据参证站采用面积指数法推求,取面积指数 $n=2.269$,其中门堂站以上利用吉迈站资料,门堂—玛曲区间坝址用门堂站资料;玛曲—唐乃亥河段径流随面积呈线性增长,因此河段坝址采用上下游测站(玛曲站、军功站、唐乃亥站)线性内插;对于唐乃亥站下游的羊曲,由于距唐乃亥站较近(面积相差 1%),直接采用面积比 1 次方求得。

各坝址 C_v、C_s/C_v 值与其参证站相同。经计算得到各梯级水电站坝址设计年径流成果,见表 6-14。

(3)径流成果合理性分析。

由表 6-13 可以看出,在黄河源区,从上游向下游年平均径流量随流域面积的增加而增加;年径流的变差系数 C_v 值、C_s 与 C_v 的倍比系数 K 值,均随流域面积的增加而减小,符合河流一般特性。综上所述,本次径流参数选用是合适的,径流设计成果是合理的。

表 6-13 黄河源区干流各水文站设计径流成果 (单位:亿 m^3)

站名	参数			频率为 P(%)的设计值								
	均值	C_v	C_s/C_v	2	5	10	20	25	50	75	90	95
吉迈	34.87	0.34	3.0	65.11	57.16	50.76	43.82	41.41	32.89	26.18	21.55	19.34
门堂	66.08	0.30	3.0	115.6	102.9	92.62	81.33	77.36	63.14	51.61	43.34	39.26
玛曲	140.4	0.26	2.0	225.1	205.3	188.7	169.8	163.0	137.2	114.3	96.10	86.20
军功	167.1	0.26	2.0	267.9	244.4	224.6	202.1	194.0	163.3	136.1	114.4	102.6
唐乃亥	194.4	0.26	2.0	311.8	284.4	261.4	235.2	225.7	190.1	158.4	133.1	119.4

表 6-14 各梯级水电站坝址设计年径流成果 (单位:亿 m^3)

坝址	集水面积(km^2)	参数			频率为 P(%)的设计值						
		均值	C_v	C_s/C_v	5	10	25	50	75	90	95
塔格尔	49 268	42.79	0.34	3	70.14	62.29	50.81	40.36	32.13	26.44	23.73
官仓	52 494	49.41	0.34	3	81.00	71.93	58.68	46.61	37.10	30.54	27.41
赛纳	53 522	51.63	0.34	3	84.64	75.16	61.32	48.70	38.77	31.91	28.64
门堂	59 655	66.08	0.30	3	102.9	92.62	77.36	63.14	51.61	43.34	39.26
塔吉柯1	61 367	70.46	0.30	3	109.7	98.76	82.49	67.33	55.03	46.21	41.86
塔吉柯2	62 424	73.25	0.30	3	114.1	102.7	85.75	69.99	57.21	48.04	43.52
夏日红	97 206	164.6	0.26	2	240.7	221.3	191.1	160.9	134.1	112.7	101.1
玛尔挡	98 346	166.9	0.26	2	244.2	224.4	193.8	163.2	136.0	114.3	102.5
茨哈峡	107 420	177.5	0.26	2	259.7	238.7	206.1	173.6	144.6	121.5	109.0
班多	107 520	177.7	0.26	2	259.8	238.8	206.3	173.7	144.7	121.6	109.1
羊曲	123 264	196.5	0.26	2	287.4	264.2	228.1	192.1	160.1	134.5	120.7

(4)坝址径流系列及设计代表年。

根据上述面积指数法,由吉迈等各个水文站计算各坝址 1919~2005 年的年径流系列,再根据上下游站的月径流分配比例,算得各坝址长系列月径流资料。

官仓、赛纳、门堂、塔吉柯1、塔吉柯2、玛尔挡、班多电站为日调节或径流式,径流调节计算采用设计代表年法。为满足计算需要,需从水文站实测资料中选取典型年日流量过程。选取的原则为:典型年径流量接近于设计频率的径流量,且年径流过程比例对径流调节较为不利。由此选取频率接近10%、25%、50%、75%、90%的五个典型年,将同年各坝址径流量根据其邻近水文站日流量过程,按同倍比法缩放成设计径流量年内分配,最后得到各梯级电站坝址的丰、偏丰、平、偏枯、枯五个设计代表年逐日流量成果。

主要水文站典型年月径流量过程见表6-15。

6.4.1.3 洪水

1)暴雨洪水特性

黄河上游洪水主要由降水形成,洪水的季节变化基本上与降水的季节变化相一致。一般自5月下旬至6月,青藏高原的西南季风稳定建立,黄河上游青藏高原区进入雨季,上游干流开始涨水,出现全年第一个小高峰。7月中旬至8月中旬,太平洋副热带高压北跳到北纬25°~30°,西风带的主要势力北退到北纬40°附近,这时降水量比6月大大增加,黄河的洪水量也突增。但由于这一时期主要受西风槽和高原低涡切变影响,除个别年份如1904年、1964年有较长的持续性的大范围降水外,一般降水持续天数较短,所以发生中、小等级的洪水次数多。8月下旬至9月上旬,太平洋副热带高压沿北纬25°~30°西伸至东经105°以西,西风带也南压到黄河上游北纬35°附近,冷、暖空气在本流域上空停滞一段时间,可产生持续时间较长的连阴雨,往往造成全年最大洪水,如1946年、1967年、1968年、1981年洪水。

2)洪水资料插补与延长

(1)历史洪水与重现期。

1955~1967年期间,由兰州水电勘测设计处、中水顾问集团北京勘测设计研究院(简称北京院)、西北院、黄委等多家单位,先后多次调查了黄河上游河段的历史洪水,并查阅了大量的档案资料,一致认为黄河上游贵德以下1904年均发生了大洪水,是近百年来发生的最大洪水。

根据青铜峡志桩资料,认为1904年洪水是自1850年以来的最大洪水,至2005年,其重现期定为155年。

1981年9月黄河上游吉迈以下各站均发生了有实测资料以来的最大洪水,其特点是洪水过程两端缓涨缓落,中间陡涨陡落,洪峰、洪量均较大。唐乃亥站洪峰流量5 450 m^3/s,最大15 d洪量、45 d洪量分别为58.63亿m^3、119.7亿m^3。1981年洪水接近1904年洪水,较其他实测年份大很多,因此在吉迈—唐乃亥各站的频率计算中,作为特大值处理,至2005年,重现期定为78年。

(2)吉迈站历史洪水的插补。

表6-15 主要水文站典型年月径流量过程

（单位：亿 m^3）

站名	典型年	频率(%)	7月	8月	9月	10月	11月	12月	1月	2月	3月	4月	5月	6月	全年
吉迈	1963~1964	10	10.25	6.618	13.73	7.863	2.302	1.100	0.752 6	0.587 0	0.936 1	2.717	1.880	1.692	50.43
	1980~1981	25	6.080	6.418	7.468	5.275	1.880	0.816 7	0.549 8	0.502 5	0.741 8	1.851	2.713	5.812	40.11
	1962~1963	50	9.514	6.759	3.851	2.648	1.310	0.546 2	0.545 1	0.439 3	0.570 2	1.342	1.844	3.893	33.26
	1969~1970	75	5.467	3.062	3.796	3.602	1.381	0.659 0	0.596 9	0.509 8	0.597 3	1.513	2.052	2.296	25.53
	1997~1998	90	5.642	2.947	2.226	1.964	0.918 1	0.471 8	0.368 4	0.336 7	0.461 5	2.752	2.821	1.629	22.54
门堂	1993~1994	10	19.38	24.73	12.75	7.983	4.586	2.110	1.278	1.551	1.447	4.497	6.420	9.310	96.04
	1999~2000	25	23.97	10.72	7.449	8.561	4.724	1.955	0.927 1	1.269	0.992 8	4.843	4.523	11.00	80.94
	2004~2005	50	7.346	9.445	10.88	7.344	2.409	1.139	1.012	0.9514	1.456	4.133	6.125	8.217	60.46
	2000~2001	75	7.201	7.188	7.508	5.336	2.164	1.214	1.328	1.251	1.238	3.367	5.092	9.178	52.06
	2002~2003	90	7.598	4.264	4.118	3.630	2.112	1.481	1.879	1.875	2.284	4.053	3.100	5.618	42.01
玛曲	1963~1964	10	30.84	20.85	49.31	33.12	10.28	4.626	3.636	3.211	4.840	7.525	9.086	7.829	185.15
	1988~1989	25	16.11	9.666	16.40	26.23	11.24	3.751	2.511	2.237	4.766	6.566	17.33	40.69	157.50
	1960~1961	50	20.03	22.54	20.07	15.14	8.547	3.295	2.920	2.620	4.423	9.437	13.37	14.97	137.36
	1991~1992	75	13.76	20.86	15.41	14.12	7.543	2.629	2.027	1.656	3.495	8.225	9.570	15.42	114.72
	1977~1978	90	15.07	11.14	10.12	9.991	5.382	3.059	2.232	2.152	3.739	9.602	11.16	14.73	98.38
唐乃亥	1976~1977	10	40.18	52.07	48.74	26.66	13.26	7.054	5.330	4.507	7.467	16.66	22.88	25.05	269.86
	1993~1994	25	37.62	43.51	28.38	20.01	11.48	5.424	4.342	3.851	5.192	12.88	17.00	29.88	219.57
	1960~1961	50	28.80	32.49	26.18	21.09	11.90	5.365	4.504	3.850	6.175	12.19	17.02	20.35	189.91
	1995~1996	75	14.25	26.39	25.90	18.02	10.78	5.697	3.682	3.534	5.571	8.580	14.91	20.43	157.74
	1970~1971	90	19.00	29.34	13.86	15.64	8.567	4.293	3.403	3.001	5.054	8.700	11.92	16.01	138.79

对于玛曲站、军功站、唐乃亥站1904年的历史洪水，西北院已在《黄河上游干流多松至尔多河段水电规划报告》中，对其进行了插补，本次计算采用西北院有关成果。

因1981年9月实测洪水与1904年7月洪水较为相近，采用同比例法，根据1981年吉迈站和玛曲站最大洪峰流量、洪量的比例，由玛曲站1904年最大洪峰流量及最大15 d、45 d洪量，插补得吉迈站1904年最大洪峰流量及最大15 d、45 d洪量。

(3)门堂站洪水资料插补。

建立吉迈站和门堂站1988～2005年最大洪峰流量及最大15 d、45 d洪量的相关关系(见图6-7～图6-9)，由吉迈站1958～1987年以及1904年最大15 d、45 d洪量，推求门堂站1958～1987年及1904年最大15 d、45 d洪量值。

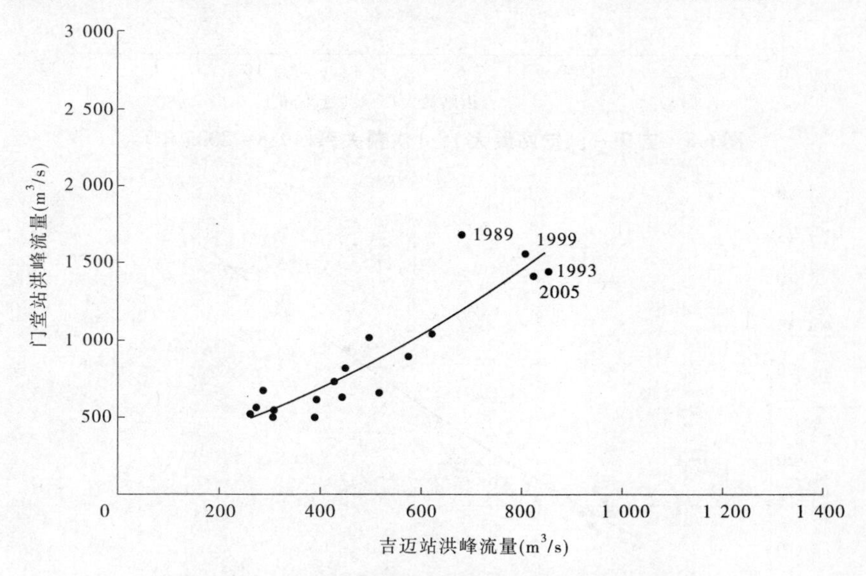

图6-7　吉迈—门堂站洪峰流量关系(1988～2005年)

由于吉迈站、门堂站同步实测资料较短，年最大洪峰相关关系较差且插补外延较远，因此插补门堂站1958～1987年年最大洪峰分为多种情况来考虑：

在中小洪水的情况下(吉迈站洪峰流量小于600 m^3/s)，利用1988～2005年相关关系线插补。

对于吉迈站洪峰流量大于600 m^3/s的大中型洪水，根据其洪水来源不同，选择不同的典型年进行插补。经过对吉迈站、门堂站逐年洪峰流量关系的分析，1993年、1999年、2005年的洪水主要来源于吉迈站以上，1989年洪水主要来源

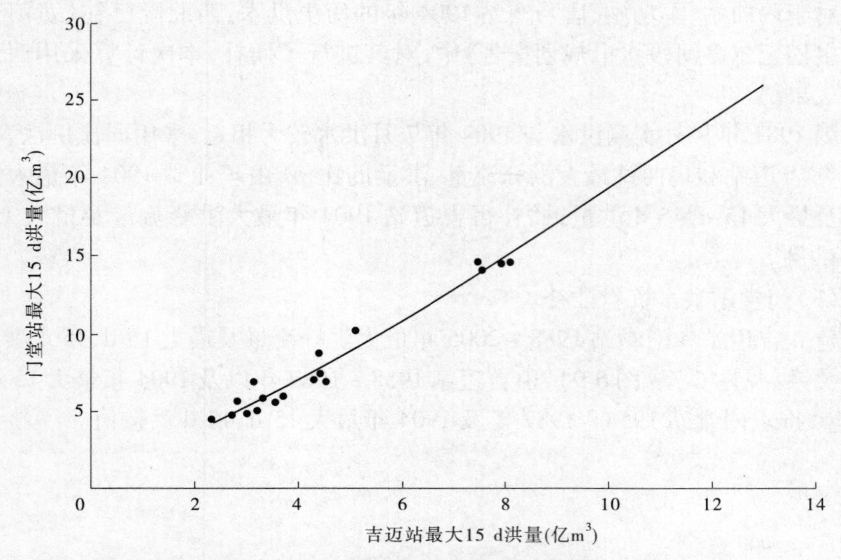

图 6-8　吉迈—门堂站最大 15 d 洪量关系(1988 ~ 2005 年)

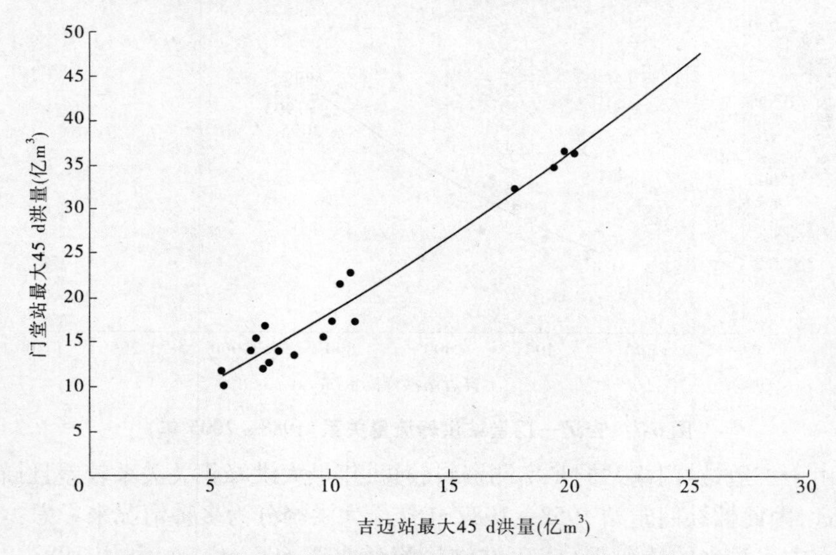

图 6-9　吉迈—门堂站最大 45 d 洪量关系(1988 ~ 2005 年)

于吉迈站以下。根据吉迈站与玛曲站各年最大洪峰流量的比值,将各年洪水来源分为吉迈站以上和吉迈站—玛曲站区间两种情况,对于洪水主要来自吉迈站以上的年份,门堂站的洪峰采用 1993 年、1999 年、2005 年三个典型年吉迈站、门堂站洪峰比例的均值,根据吉迈站年最大洪峰推求;对于主要来自吉迈—玛曲区间的洪水,门堂站的洪峰采用1989年吉迈站、门堂站洪峰比例,根据吉迈站年最大洪峰推求。

对于1904年、1981年特大洪水,由于洪峰外延较远,如根据吉迈站、门堂站洪峰相关关系线直接插补,误差相对较大,而两站15 d洪量相关关系相对较好。因此,由算得的门堂站1904年、1981年最大15 d洪量,根据门堂站的年最大洪峰与最大15 d洪量关系(见图6-10),算得门堂站1904年、1981年的洪峰流量。

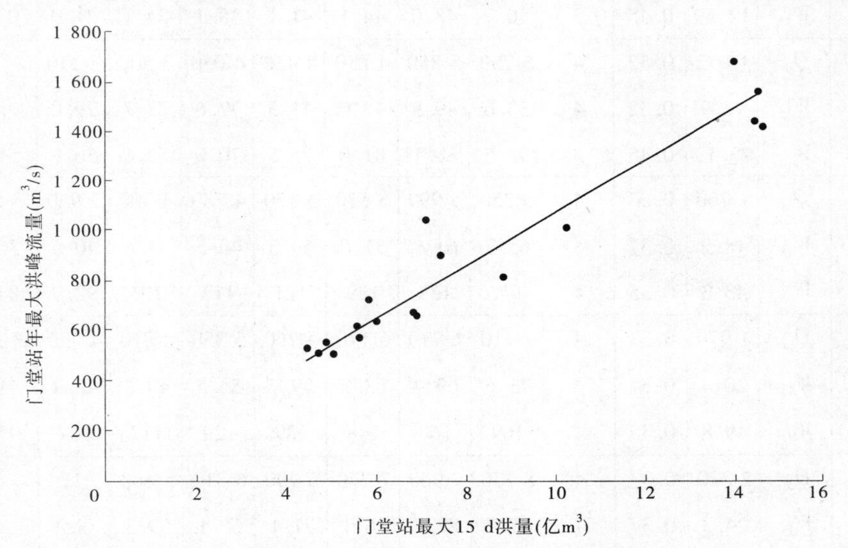

图6-10 门堂站年最大洪峰流量—最大15 d洪量关系(1988~2005年)

3)设计洪水成果及合理性分析

根据吉迈站、门堂站的年最大洪峰流量及最大15 d和45 d洪量系列,加上相应的历史洪水,进行设计洪水计算,采用P-Ⅲ型曲线适线,求得黄河吉迈站、门堂站设计洪水成果。玛曲站、军功站、唐乃亥站设计洪水,采用西北院《黄河上游干流多松至尔多河段水电规划报告》设计洪水成果(见表6-16)。

由表6-16可以看出,吉迈、门堂、玛曲、军功、唐乃亥5站的年最大洪峰流量及最大15 d、45 d洪量的均值随流域面积的增大而增加,C_v值在门堂以上随流域面积的增大而增大,玛曲以下趋于稳定。由于干流处于峡谷地带,河道的调蓄、滞峰作用不明显,所以洪峰、洪量的C_v值变化不大,符合本地区规律,成果是合理的。

表 6-16　黄河源区干流各水文站设计洪水成果

（单位：Q_m，m^3/s；W_{15}、W_{45}，亿 m^3）

站名	项目	统计参数			频率为 P(%) 的设计值							
		均值	C_v	C_s/C_v	0.01	0.02	0.05	0.1	0.2	0.5	1	2
吉迈	Q_m	588	0.42	3.5	2 330	2 190	2 010	1 870	1 730	1 550	1 410	1 260
	W_{15}	5.46	0.47	3.5	24.5	23.0	20.9	19.4	17.9	15.8	14.2	12.6
	W_{45}	12.59	0.45	3	50.9	48.0	44.1	41.1	38.1	34.1	31.0	27.8
门堂	Q_m	1 072	0.52	4	5 750	5 350	4 830	4 430	4 030	3 500	3 110	2 710
	W_{15}	9.99	0.52	4	53.6	49.9	45.0	41.3	37.6	32.7	29.0	25.3
	W_{45}	23.13	0.45	3	93.5	88.1	81.0	75.5	70.0	62.6	56.9	51.1
玛曲	Q_m	1 760	0.37	4	6 350	5 990	5 510	5 150	4 780	4 300	3 920	3 540
	W_{15}	18.2	0.37	4	65.7	61.9	57.0	53.3	49.5	44.4	40.5	36.6
	W_{45}	43.3	0.35	4	147	139	129	121	112	101	92.9	84.3
军功	Q_m	1 970	0.37	4	7 110	6 710	6 170	5 760	5 350	4 810	4 390	3 960
	W_{15}	20.4	0.37	4	73.6	69.4	63.9	59.7	55.5	49.8	45.4	41.0
	W_{45}	49.8	0.35	4	169	160	148	139	129	117	107	97.0
唐乃亥	Q_m	2 320	0.37	4	8 370	7 900	7 270	6 790	6 310	5 660	5 170	4 670
	W_{15}	24.3	0.37	4	87.7	82.7	76.1	71.1	66.1	59.3	54.1	48.9
	W_{45}	58.4	0.35	4	199	188	174	163	151	137	125	114

6.4.1.4　河流泥沙

黄河源区河段地处青藏高原，总的来说，该河段产沙区植被较好，水流含沙量不大，泥沙问题不突出。干流三个主要水文站输沙量见表 6-17。

表 6-17　黄河源区河段主要水文站输沙量　（单位：万 t）

站名	多年平均输沙量		最大年输沙量		最小年输沙量	
	年	汛期(7～10月)	年份	输沙量	年份	输沙量
吉迈	96.8	60.9	1975	361.9	2004	14.8
玛曲	447.3	331.1	1989	1 175.1	2002	56.5
唐乃亥	1 305.6	958.8	1989	4 095.5	1969	426.7

注：统计年份为 1960～2005 年。

河源—吉迈水文站，属高原盆地草原区，植被稀疏低矮，以高寒草原、高寒草甸草原及沼泽类草原为主，间有少量的灌木林地和疏林地，植被良好，河谷较宽，地势平缓，草滩广阔，滩丘相间，相对高差小，湖泊沼泽星罗棋布，具有良好的天然调蓄作用，特别是经扎陵湖、鄂陵湖两湖调蓄，径流相对稳定，来沙量很小。根据1960～2005年实测资料统计（下同），吉迈站年平均来沙量为96.8万t，其中7～10月平均来沙量为60.9万t。来沙量最大的年份为1975年，来沙量为361.9万t，来沙量最小的年份为2004年，来沙量为14.8万t，吉迈站以上来沙量仅占唐乃亥站来沙量的7.4%，说明吉迈站以上来沙量很小。

吉迈站—玛曲站，属高山峡谷区，黄河穿行于巴颜喀拉山与阿尼玛卿山相夹的峡谷地带，山高谷深，植被以禾草为主，林木生长也比较茂盛，植被较好。其中沙曲口到玛曲属青、川、甘高原丘陵山地区，该区草地沼泽发育，大小海子星罗棋布，沼泽面积约占黄河源区沼泽总面积的56%。区间河段来沙量也不大，根据玛曲站和吉迈站实测资料，河段多年平均来沙量350.5万t，其中7～10月平均来沙量为270.2万t。玛曲站来沙量最大的年份为1989年，来沙量为1 175.1万t，来沙量最小的年份为2002年，来沙量为56.5万t。

玛曲站—唐乃亥站，属高山峡谷区，两岸山势陡峻，岩石裸露，河道狭窄，水流湍急，植被相对较差，河床多为基岩和卵石。该区高寒荒漠较多，占黄河源区高寒荒漠总面积的58%。区间河段与上游相比，来沙量略大，根据唐乃亥站和玛曲站实测资料，河段多年平均来沙量858.3万t，其中7～10月平均来沙量为627.7万t。唐乃亥站来沙量最大的年份为1989年，来沙量为4 095.5万t，来沙量最小的年份为1969年，来沙量为426.7万t。

6.4.2　水能计算

6.4.2.1　计算条件

（1）径流资料。采用推算的各坝址1919年5月至2005年4月共86年逐月径流系列。

（2）库容曲线。玛曲以下梯级采用西北院有关成果，以上梯级由1∶5万地形图量算。

（3）水位流量曲线。玛曲以下梯级采用西北院有关成果，以上梯级根据坝址剖面及有关水文站资料推算。

（4）设计保证率。根据《水利水电工程动能设计规范》（DL/T 5015—1996）及规划河段特点，各梯级电站的设计保证率均取90%。

（5）出力系数。电站综合出力系数均取8.3。

(6)水库库损。根据不同时段水库水面面积计算水库蒸发渗漏损失水量,各水库多年平均库损介于 1 ~3 m^3/s。

6.4.2.2 计算原则、方法及方案

(1)计算原则。根据坝址地形条件及水库淹没指标拟定水库正常蓄水位,考虑适当的消落深度选择水库死水位,按照梯级保证出力最大和相应年发电量相对较大的原则进行梯级水能计算。

(2)计算方法。年调节电站按设计枯水年 11 月至翌年 4 月的平均出力作为电站保证出力,日调节和径流式电站按设计保证率的出力作为保证出力。

(3)计算方案。本次规划设置各梯级单独运行、联合运行与考虑南水北调西线一期工程生效等三个方案。

6.4.2.3 梯级水位初选

根据梯级总体布局分析,黄河源区河段共布置 11 座梯级(不包括已建的黄河源电站),按照尽可能减少水库淹没损失和尽量利用水力资源的原则确定水库特征水位,见表 6-18。与西北院的规划成果对比,本次规划适当降低了塔格尔、门堂两梯级电站的正常蓄水位,门堂梯级采用上坝址,并适当降低正常蓄水位,取消了特合土、建设、扣哈、尔多等 4 座梯级。塔格尔、夏日红为年调节电站,分别承担吉迈—沙曲河口和玛曲—羊曲电站之间梯级电站的调节任务,羊曲电站为季调节电站,茨哈峡、班多电站为径流式电站,其他为日调节电站。

表 6-18 各梯级水库特征水位

序号	梯级名称	坝址控制流域面积(km^2)	正常蓄水位(m)	死水位(m)	正常蓄水位以下库容(亿 m^3)	调节库容(亿 m^3)	调节性能
1	塔格尔	49 268	3 920	3 910	16.08	4.15	年调节
2	官 仓	52 494	3 845	3 844	3.72	0.28	日调节
3	赛 纳	53 522	3 795	3 794	7.41	0.23	日调节
4	门 堂	59 655	3 700	3 695	8.75	1.21	日调节
5	塔吉柯 1	61 367	3 608	3 607	6.98	0.28	日调节
6	塔吉柯 2	62 424	3 539	3 537	0.43	0.09	日调节
7	夏日红	97 206	3 380	3 300	41.01	34.26	年调节
8	玛尔挡	98 346	3 160	3 155	0.92	0.17	日调节
9	茨哈峡	107 420	2 778		0.15		径流式
10	班 多	107 520	2 758		0.13		径流式
11	羊 曲	123 264	2 715	2 705	21.24	5.06	季调节

6.4.2.4　水能计算成果

按照以上确定的原则和拟定的参数,采用1919～2005年长系列逐月径流资料,分别按单独调节、联合调节及考虑南水北调西线一期工程调水(规划年调水量80亿m^3)三个方案计算各梯级的水能指标。由于黄河源区用电负荷很小,而且电力系统规划也尚未涉及该地区,缺乏有关的电力负荷资料,暂按装机年利用小时拟定电站的装机容量,各梯级装机年利用小时控制在4 000 h左右。各方案水能计算成果见表6-19。

各梯级单独运行方案,11座梯级电站总装机容量为4 875 MW,梯级多年平均发电量为200.47亿kW·h,梯级保证出力为1 048 MW。梯级联合调节方案,由于塔格尔、夏日红等水库的调节运用,电能指标明显提高,11座梯级多年平均发电量达到208.51亿kW·h,保证出力达到1 546 MW,年发电量和保证出力分别增加8.04亿kW·h和498 MW,增加幅度为4.0%和47.5%。考虑南水北调西线一期工程调水80亿m^3后,11座梯级总装机容量达6 455 MW。届时梯级多年平均发电量为286.81亿kW·h,保证出力为2 448 MW,比调水前(联合调节方案)分别增加78.3亿kW·h和902 MW,增加幅度分别为37.6%和58.3%。

6.4.3　梯级工程布置及主要建筑物

6.4.3.1　塔格尔水电站

1)工程概况

塔格尔水电站位于青海达日县(右岸)与甘德县(左岸)界河处的黄河干流上,坝址距甘德县城约70 km。坝址控制流域面积49 268 km^2,多年平均径流量42.79亿m^3。坝址高程3 850 m,初拟水库正常蓄水位3 920 m,正常蓄水位以下库容16.08亿m^3,水电站装机容量145 MW,年发电量5.86亿kW·h。

坝址处河谷较窄,两岸不对称,两岸坡度多在25°以下,相对较缓。左岸岸坡基岩裸露,岩性为三叠系下统长石石英砂岩夹板岩。右岸岸坡覆盖第四系松散堆积物。库区属高原峡谷型水库,库区河谷曲折,岸坡较缓,在河谷凸岸往往残存有一、二级阶地,沟谷发育,库区两岸岸坡局部基岩出露,岩性为三叠系下统长石石英砂岩夹板岩,岩体较为完整,第四系松散堆积物广泛分布在库区内和两岸岸坡低缓处。坝址地震基本烈度为Ⅶ度。坝址附近天然建筑材料较为齐全,储量丰富,开采运输方便。

2)工程等别及洪水标准

根据《防洪标准》(GB 50201—94)、《水电枢纽工程等别划分及设计安全标准》(DL 5180—2003)的规定,结合电站工程指标,塔格尔为Ⅰ等大(1)型工程,

表6-19 黄河源区河段梯级工程水能计算成果

序号	梯级名称	梯级单独运行				梯级联合运行				考虑西线调水(联合运行)			
		装机容量(MW)	年发电量(亿kW·h)	保证出力(MW)	年经济利用小时数(h)	装机容量(MW)	年发电量(亿kW·h)	保证出力(MW)	年经济利用小时数(h)	装机容量(MW)	年发电量(亿kW·h)	保证出力(MW)	年经济利用小时数(h)
1	塔格尔	145	5.86	32	4 042	145	5.86	32	4 042	145	5.86	32	4 042
2	官　仓	90	3.66	9	4 064	90	4.24	23	4 710	90	4.24	23	4 710
3	赛　纳	150	6.20	16	4 131	150	7.22	39	4 815	150	7.22	39	4 815
4	门堂(上坝址)	200	8.23	22	4 116	200	8.81	42	4 404	200	8.81	42	4 404
5	塔吉柯1	210	8.64	23	4 113	210	9.23	43	4 393	210	9.23	43	4 393
6	塔吉柯2	60	2.58	7	4 297	60	2.76	13	4 600	60	2.76	13	4 600
7	夏日红	1 700	68.90	555	4 053	1 700	68.69	541	4 040	2 400	103.65	965	4 319
8	玛尔挡	580	23.69	78	4 084	580	25.20	200	4 344	800	37.00	335	4 625
9	茨哈峡	200	8.29	29	4 144	200	8.81	71	4 406	280	12.49	113	4 461
10	班　多	340	13.98	48	4 113	340	14.85	119	4 376	470	21.26	190	4 523
11	羊　曲	1 200	50.44	229	4 204	1 200	52.84	423	4 404	1 650	74.29	653	4 502
合　计		4 875	200.47	1 048		4 875	208.51	1 546		6 455	286.81	2 448	

主要建筑物级别为 1 级，次要建筑物级别为 3 级，大坝及泄水建筑物防洪标准为 1 000年一遇设计，10 000 年一遇校核。

3）枢纽初步布置

塔格尔电站以发电为主，枢纽建筑物由混凝土面板堆石坝、溢洪道、泄洪洞、引水发电建筑物等部分组成。

塔格尔电站正常蓄水位 3 920 m，校核洪水位 3 923.6 m，死水位 3 910 m。坝顶高程 3 925 m，坝顶长度 540 m，宽度 10 m，最大坝高 84 m。坝体从外到里依次为钢筋混凝土面板、垫层区、过渡区、主堆石区，坝轴线以上部分的覆盖层全部挖除，坝轴线以下部分按清基 10 m 计算。混凝土面板为主要防渗结构，面板厚 0.3～1.0 m，面板底座坐落在新鲜基岩上，并用锚筋与基岩连接，底座下部基础进行固结灌浆和帷幕灌浆。

泄水建筑物由溢洪道及泄洪洞组成。溢洪道位于右岸坝头，为开敞式，包括引渠段、首部控制段、陡槽段及消能段。溢流堰采用驼峰堰，堰顶高程 3 910 m，设 1 孔，孔宽 12 m，进口设平面检修闸门及弧形工作闸门，出口采用挑流消能。泄洪洞布置在右岸，由无压洞、泄槽组成，进口底坎高程 3 860 m，采用塔式进水口。设平面检修闸门及弧形工作闸门，进口断面尺寸 6 m×7 m，无压洞为城门洞型，出口采用挑流消能。

引水建筑物布置在右岸，由电站进水口和有压引水洞组成，电站进水口采用岸塔式进口，进水口设有拦污栅、检修闸门和事故工作闸门。电站采用单机单管引水，引水隧洞为圆形压力洞，直径为 4 m，引水洞长 640 m。水电站厂房位于河床右岸，为岸边引水式地面厂房，厂内安装单机容量为 36.3 MW 的 4 台水轮发电机组。

4）主要工程量

塔格尔电站工程量为明挖土石方 151.69 万 m^3，坝体土石方填筑 388.63 万 m^3，洞挖石方 18.16 万 m^3，混凝土 20.25 万 m^3，钢筋及钢材 1.38 万 t。

6.4.3.2　官仓水电站

1）工程概况

官仓电站位于青海省甘德县（左岸）和达日县（右岸）界河处黄河干流上，上距柯曲河口约 27 km，距甘德县城约 70 km。坝址控制流域面积 52 494 km^2，多年平均径流量 49.41 亿 m^3，坝址高程 3 800 m，初拟水库正常蓄水位 3 845 m，正常蓄水位以下库容 3.72 亿 m^3，电站装机容量 90 MW，年发电量 3.66 亿 kW·h。

坝址处河谷呈不对称的“U”形，河谷宽约 150 m，河道顺直，右岸发育有一级阶地。左岸基岩裸露，裂隙发育，岩层近于直立，走向与河流流向呈45°夹角，右岸植被发育，岸坡相对较缓。两岸基岩岩性为三叠系下统砂岩及板岩。第四系地层主要分布在河床、阶地以及低缓的岸坡表部。库区属峡谷水库，库段河流曲折，冲沟发育，两岸不甚对称，左岸相对陡峻，库段基岩岩性为三叠系下统砂岩及板岩，第四系松散堆积物分布在岸坡缓坡处及河床上，库区基岩中存在基岩裂隙水。坝址地震基本烈度为Ⅶ度。坝址附近块石料、砂砾石料储量丰富，缺少土料。

2）工程等别及防洪标准

根据标准规定及水库电站指标，官仓为Ⅱ等大（2）型工程，主要建筑物级别为2级，次要建筑物为3级，大坝及泄水建筑物防洪标准为500年一遇设计，5 000年一遇校核。

3）枢纽初步布置

官仓电站以发电为主，枢纽建筑物由混凝土面板堆石坝、溢洪道、泄洪洞、引水发电建筑物等部分组成。

官仓电站正常蓄水位3 845 m，校核洪水位3 848. 3 m，死水位3 844 m。坝顶高程3 850 m，坝顶长度440 m，宽度10 m，最大坝高59 m。混凝土面板堆石坝从外到里依次为钢筋混凝土面板、垫层区、过渡区、主堆石区，坝轴线以上部分的覆盖层全部挖除，坝轴线以下部分按清基10 m计算。

泄水建筑物由溢洪道及泄洪洞组成。溢洪道位于左岸坝头，为开敞式，包括引渠段、首部控制段、陡槽段及消能段。溢流堰采用驼峰堰，堰顶高程3 830 m，孔口宽度为13 m，设1孔，控制段设平面检修闸门及弧形工作闸门，出口采用挑流消能。泄洪洞布置在左岸，由无压洞、泄槽组成，进口底坎高程3 810 m，采用塔式进水口，设平面检修闸门及弧形工作闸门，进口断面尺寸7 m×8 m，无压洞为城门洞型，出口采用挑流消能。

电站引水建筑物布置在右岸，由电站进水口和有压引水洞、压力钢管等组成，电站进水口采用岸塔式进口。进水口设有拦污栅、检修闸门和事故工作闸门。电站采用单机单管引水，引水隧洞为圆形压力洞，引水隧洞直径为6 m，引水洞长650 m。水电站厂房位于河床右岸，为岸边引水式地面厂房，厂内安装单机容量为45 MW的2台水轮发电机组。

4）主要工程量

官仓电站工程量主要包括明挖土石方98. 94万 m^3，坝体土石方填筑139. 23万 m^3，洞挖石方16. 23万 m^3，混凝土16. 13万 m^3，钢筋及钢材1. 02万t。

6.4.3.3　赛纳水电站

1) 工程概况

赛纳电站位于青海省甘德县(左岸)和久治县(右岸)界河处黄河干流上,下游距甘德县下藏科乡约 33 km,距甘德县城约 108 km。坝址控制流域面积 53 522 km^2,多年平均径流量 51.63 亿 m^3。坝址高程 3 720 m,初拟水库正常蓄水位 3 795 m,正常蓄水位以下库容 7.41 亿 m^3,电站装机容量 150 MW,年发电量 6.2 亿 kW·h。

坝址河谷宽阔,河道顺直,流向 SE107°,坝址处河谷呈"U"形,两岸不对称,岸坡较缓,坡度在 25°~28°。坝址区基岩岩性主要为灰绿色长石石英砂岩夹钙质板岩,存在基岩裂隙水。库区属高原盆地型水库,库段内河道弯曲,河谷宽阔,两岸不对称,左岸支沟较右岸发育。黄河靠右岸下行,左岸漫滩和一、二级阶地发育。库岸基岩岩性同坝址基岩相同,库盆表部广泛覆盖有第四系冲洪积物。坝址地震基本烈度为Ⅶ度。坝址附近天然建筑材料较为齐全,块石料储量丰富,质量较好,土料、砂砾石运距稍远。

2) 工程等别及洪水标准

根据标准规定及水库电站指标,赛纳为Ⅱ等大(2)型工程,主要建筑物级别为 2 级,次要建筑物为 3 级,大坝及泄水建筑物防洪标准为 500 年一遇设计,5 000年一遇校核。

3) 枢纽初步布置

赛纳电站以发电为主,枢纽建筑物由混凝土面板堆石坝、溢洪道、泄洪洞、引水发电建筑物等部分组成。

赛纳电站正常蓄水位 3 795 m,校核洪水位 3 798.1 m,死水位 3 794 m。坝顶高程 3 800 m,坝顶长度 640 m,宽度 10 m,最大坝高 86 m。坝体从外到里依次为钢筋混凝土面板、垫层区、过渡区、主堆石区,坝轴线以上部分的覆盖层全部挖除,坝轴线以下部分按清基 10 m 计算。

泄水建筑物由溢洪道及泄洪洞组成。溢洪道位于左岸坝头,为开敞式,包括引渠段、首部控制段、陡槽段及消能段。溢流堰采用驼峰堰,堰顶高程 3 780 m,孔口宽度为 12 m,设 1 孔,控制段设平面检修闸门及弧形工作闸门,出口采用挑流消能。泄洪洞布置在右岸,设两条,由压力短管、无压洞组成,进口底坎高程 3 740 m,采用塔式进水口,设平面检修闸门及弧形工作闸门,进口断面尺寸 5 m×5 m,无压洞为城门洞型,出口采用挑流消能。

引水建筑物布置在右岸,由电站进水口和有压引水洞组成,电站进水口采用岸塔式进口，进水口设有拦污栅、检修闸门和事故工作闸门。电站采用单机单管引水，引水隧洞为圆形压力洞，引水隧洞直径为5 m，引水洞长1 100 m。水电站厂房位于河床右岸，为岸边引水式地面厂房，厂内安装单机容量为50 MW的3台水轮发电机组。

4）主要工程量

赛纳电站工程量主要包括明挖土石方175.52万m^3，坝体土石方填筑487.40万m^3，洞挖石方36.70万m^3，混凝土22.72万m^3，钢筋及钢材2.21万t。

6.4.3.4 门堂水电站

1）工程概况

门堂电站位于青海省久治县门堂乡上游1 km黄河干流上，上游距久治县城约86 km。坝址控制流域面积59 655 km^2，多年平均径流量66.08亿m^3。坝址高程3 630 m，初拟水库正常蓄水位3 700 m，正常蓄水位以下库容8.75亿m^3，电站装机容量200 MW，年发电量8.23亿kW·h。

坝址河谷呈不对称的"U"形，河道顺直，岸坡较平缓，左岸平均坡度23°，右岸平均坡度22°，河床覆盖层厚度20～30 m。坝址区基岩裸露，岩性主要为灰绿色长石砂岩夹灰色粉砂质板岩，岩体完整性较差。库区分为峡谷水库段和盆地水库段，峡谷段河流蜿蜒曲折，两岸岸坡陡峻，坡角35°～50°，冲沟发育，峡谷岩体中地下水以基岩裂隙潜水为主；盆地段河流弯曲，漫滩、心滩和一、二级阶地发育，左岸有一条较大支流汇入库区。盆地表部广泛覆盖有第四系冲洪积物，漫滩及一、二级阶地中孔隙潜水丰富。坝址地震基本烈度为Ⅶ度。坝址附近块石料、砂砾石料储量较为丰富，土料相对缺乏。

2）工程等别及洪水标准

根据标准规定及水库电站指标，门堂为Ⅱ等大(2)型工程，主要建筑物级别为2级，次要建筑物级别为3级，大坝及泄水建筑物防洪标准为500年一遇设计，5 000年一遇校核。

3）枢纽初步布置

门堂电站以发电为主，枢纽建筑物由混凝土面板堆石坝、溢洪道、泄洪洞、引水发电建筑物等部分组成。

门堂电站正常蓄水位3 700 m，校核洪水位3 702.3 m，死水位3 695 m。坝顶高程3 705 m，坝顶长度640 m，宽度10 m，最大坝高79 m。混凝土面板堆石坝从外到里依次为钢筋混凝土面板、垫层区、过渡区、主堆石区，坝轴线以上部分的覆盖层全部挖除，坝轴线以下部分按清基10 m计算。

泄水建筑物由溢洪洞及泄洪洞组成。溢洪洞位于左岸坝头，为开敞式，包括引渠段、首部控制段、无压隧洞段、陡槽段及消能段。溢流堰采用驼峰堰，堰顶高程 3 685 m，孔口宽为 14 m，设 2 孔，控制段设平面检修闸门及弧形工作闸门，出口采用挑流消能。泄洪洞布置右岸，设两条，由压力短管、无压洞组成，进口底坎高程 3 655 m，采用塔式进水口，设平面检修闸门及弧形工作闸门，孔口尺寸 5 m×5 m，无压洞为城门洞型，出口采用挑流消能。

电站引水建筑物布置在右岸，由电站进水口和有压引水洞、压力钢管等组成，电站进水口采用岸塔式进口，进水口设有拦污栅、检修闸门和事故工作闸门。电站采用单机单管引水，引水隧洞为圆形压力洞，引水隧洞直径为 5 m，引水洞长 680 m。水电站厂房位于河床右岸，为岸边引水式地面厂房，厂内安装单机容量为 50 MW 的 4 台水轮发电机组。

4）主要工程量

门堂电站工程量主要包括明挖土石方 191.71 万 m^3，坝体土石方填筑 421.51 万 m^3，洞挖石方 28.96 万 m^3，混凝土 28.23 万 m^3，钢筋及钢材 1.45 万 t。

6.4.3.5　塔吉柯 1 水电站

1）工程概况

塔吉柯 1 电站位于甘肃省玛曲县境内黄河干流上，水库下游距玛曲县阿万仓乡约 37 km，距玛曲县城约 92 km。坝址控制流域面积 61 367 km^2，多年平均径流量 70.46 亿 m^3。坝址高程 3 540 m，初拟水库正常蓄水位 3 608 m，正常蓄水位以下库容 6.98 亿 m^3，装机容量 210 MW，年发电量 8.64 亿 kW·h。

坝址河谷呈“U”形，两岸较对称，河道顺直，峡谷较平缓，岸坡坡度约 30°，河床覆盖层厚 20 m 左右。坝址岩性为灰绿色长石石英砂岩夹灰色粉砂质板岩，岩体较完整，坝址工程地质条件较好。库区为高原峡谷型库段，岸坡陡峻，基岩裸露，两岸基本对称。库岸基岩岩性为灰绿色长石石英砂岩夹灰色粉砂质板岩，第四系松散堆积物分布在岸坡缓坡处及河床，库区基岩中存在基岩裂隙水，孔隙潜水主要赋存于各类第四系松散堆积层中。坝址地震基本烈度为Ⅶ度。坝址附近天然建筑材料齐全，储量丰富，质量较好。

2）工程等别及洪水标准

根据标准规定及水库电站指标，塔吉柯 1 为Ⅱ等大（2）型工程，主要建筑物级别为 2 级，次要建筑物级别为 3 级，大坝及泄水建筑物防洪标准为 500 年一遇设计，5 000 年一遇校核。

3) 枢纽初步布置

塔吉柯 1 电站主要任务为发电。枢纽建筑物由混凝土面板堆石坝、溢洪道、泄洪洞、引水发电建筑物等部分组成。

塔吉柯 1 电站正常蓄水位 3 608 m，校核洪水位 3 609.2 m，死水位 3 607 m。坝顶高程 3 613 m，坝顶长度 420 m，宽度 10 m，最大坝高 79 m。坝体从上到下依次为钢筋混凝土面板、垫层区、过渡区、主堆石区，坝轴线以上部分的覆盖层全部挖除，坝轴线以下部分按清基 10 m 计算。

泄水建筑物由溢洪道及泄洪洞组成。溢洪道位于左岸坝头，为涵洞泄流，包括引渠段、首部控制段、泄流洞段、陡槽段及消能段。溢流堰采用宽顶堰，堰顶高程 3 595 m，孔口宽为 13 m，设 3 孔，控制段设平面检修闸门及弧形工作闸门，出口采用挑流消能。泄洪洞布置右岸，设一条，由压力短管、无压洞组成，进口底坎高程 3 560 m，采用塔式进水口，设平面检修闸门及弧形工作闸门，进口断面尺寸 7 m×7 m，无压洞为城门洞型，出口采用挑流消能。

引水建筑物布置在右岸，由电站进水口和有压引水洞组成，电站进水口采用岸塔式进口，进水口设有拦污栅、检修闸门和事故工作闸门。电站采用单机单管引水，引水隧洞为圆形压力洞，引水隧洞直径为 5.5 m，引水洞长 1 302 m。水电站厂房位于河床右岸，为岸边引水式地面厂房，厂内安装单机容量为 70 MW 的水轮发电机 3 组。

4) 主要工程量

塔吉柯 1 电站工程量主要包括明挖土石方 213.24 万 m^3，坝体土石方填筑 564.89 万 m^3，洞挖石方 46.51 万 m^3，混凝土 15.37 万 m^3，钢筋及钢材 0.87 万 t。

6.4.3.6　塔吉柯 2 水电站

1) 工程概况

塔吉柯 2 水电站坝址位于甘肃省玛曲县（左岸）与青海省久治县（右岸）交界的黄河干流上，水库下游距玛曲县阿万仓乡约 22 km，距玛曲县城约 75 km。坝址控制流域面积 62 424 km^2，多年平均径流量 73.25 亿 m^3。坝址高程 3 518 m，初拟水库正常蓄水位 3 539 m，正常蓄水位以下库容 0.43 亿 m^3，电站装机容量 60 MW，年发电量 2.58 亿 kW · h。

坝址河谷宽阔，河道顺直，河水沿右岸下行，河谷左侧有较宽阔的漫滩，两岸岸坡低缓。坝址区基岩岩性主要为灰绿色长石石英砂岩夹灰色粉砂岩，局部夹钙泥质板岩，第四系地层分布在漫滩、河床及缓坡处，地表未发现泉水出露，左岸坝肩较为单薄，坝址工程地质条件总体较差。库区属高原盆地型水库，两岸岸坡相对较缓，冲沟发育，库岸基岩为灰绿色长石石英砂岩夹灰色粉砂岩，第四系松散堆积物广泛分布在库区内和两岸岸坡低缓处。坝址地震基本烈度为Ⅶ度。坝址附近砂砾石料、块石料丰富，土料相对缺乏。

2）工程等别及洪水标准

根据标准规定及水库电站指标，结合电站工程指标，塔吉柯2为Ⅲ等中型工程，主要建筑物级别为3级，次要建筑物级别为4级，大坝及泄水建筑物防洪标准为100年一遇设计，2 000年一遇校核。

3）枢纽布置

塔吉柯2电站任务为发电，枢纽建筑物由混凝土面板堆石坝、溢洪道、引水发电建筑物等部分组成。

塔吉柯2电站正常蓄水位3 539 m，校核洪水位3 542 m，死水位3 537 m。坝顶高程3 544 m，坝顶长度800 m，宽度10 m，最大坝高32 m。混凝土面板堆石坝从上到下依次为钢筋混凝土面板、垫层区、过渡区、主堆石区，坝轴线以上部分的覆盖层全部挖除，坝轴线以下部分按清基10 m计算。

泄水采用溢洪道，位于左岸坝头，为开敞式，包括进水段、控制段、陡槽段及消能段。溢流堰采用宽顶堰，堰顶高程3 526 m，孔口宽为15 m，设3孔，控制段设平面检修闸门及弧形工作闸门，出口采用挑流消能。

电站引水建筑物布置在左岸，由电站进水口和有压引水洞、压力钢管等组成，电站进水口采用岸塔式进口。进水口设有拦污栅、检修闸门和事故工作闸门。电站采用单机单管引水，有压引水洞直径为7.30 m，洞长21.2 m。水电站厂房位于河床左岸，为坝后式地面厂房，厂内安装单机容量为20 MW的水轮发电机3组。

4）主要工程量

塔吉柯2电站工程量主要包括明挖土石方89.32万m^3，坝体土石方填筑112.70万m^3，混凝土15.28万m^3，钢筋及钢材0.21万t。

6.4.3.7　夏日红水电站

1）工程概况

夏日红电站位于青海省河南县（右岸）和玛沁县（左岸）界河处，距玛尔挡坝址以上28 km。坝址控制流域面积97 206 km^2，多年平均径流量164.9亿m^3。坝址高程3 157 m，初拟水库正常蓄水位3 380 m，正常蓄水位以下库容41.01亿m^3，电站装机容量1 700 MW，年发电量68.90亿kW·h。

夏日红坝址大地构造位置位于松潘—甘孜印支褶皱系北部的青海南山冒地

槽带和西倾山中间地块，相应的地震基本烈度为Ⅶ度。据区域地质资料，区内二级构造单元新构造运动主要表现为大面积间歇性抬升，初步认为此坝段属区域构造基本稳定区。库区未发现规模较大的崩塌、滑坡体，泥石流活动较弱，库岸整体较稳定。库区周边无低临谷，近 E ~ W 向纵断层不会构成导向库外的集中渗漏通道。上坝段处河道顺直，河谷呈基本对称“U”形，坡度在40°左右。坝段无区域性断层通过，地质构造以次级小规模构造为主；区内岩性均为三叠系中上统($T_{2\sim3}$)砂岩夹板岩，以薄层为主，呈互层状横河向分布。物理地质现象主要为岩体风化卸荷和局部岸坡前缘的倾倒变形。表层岩体完整性较差，微风化—新鲜岩体整体较完整，具备建坝的地形地质条件。坝段附近存在储量较丰富的石料和土料，石料场初步选定在多尔根沟口上游约1.5 km右岸山体，微风化—新鲜砂岩初步分析认为可作为上坝堆石料和块石料，但作为混凝土骨料质量较差。土料场初选在左岸黄河二级阶地，储量丰富，质量相对较好；初估储量能满足修筑当地材料坝需求。初步认为夏日红坝段工程地质条件总体较好。

2)工程等别及洪水标准

根据《防洪标准》(GB 50201—94)、《水电枢纽工程等别划分及设计安全标准》(DL 5180—2003)的规定，结合电站工程指标，夏日红为Ⅰ等大(1)型工程，主要建筑物级别为1级，次要建筑物级别为3级，大坝及泄水建筑物防洪标准为1 000年一遇设计，10 000年一遇校核。

3)枢纽初步布置

夏日红电站以发电为主，枢纽建筑物由混凝土面板堆石坝、溢洪道、泄洪洞、排沙洞、引水发电建筑物等部分组成。

夏日红电站正常蓄水位3 380 m，校核洪水位3 382 m，死水位3 300 m。坝顶高程3 385 m，最大坝高243 m。混凝土面板堆石坝从外到里依次为钢筋混凝土面板、垫层区、过渡区、主堆石区，坝轴线以上部分的覆盖层全部挖除，坝轴线以下部分按清基10 m计算。

泄水建筑物由右岸表孔溢洪道、右岸泄洪洞及右岸泄洪排沙洞等组成。表孔溢洪道位于右岸坝头，为开敞式，共设3孔，堰顶高程3 366 m，孔口宽度为10 m，出口采用挑流消能，控制段设平板检修闸门及弧形工作闸门；右岸泄洪洞为有压短管接无压洞，进口底板高程3 320 m，出口采用底流消能；排沙洞位于右岸电站进水口下部，进口底板高程3 260 m，按有压洞设计，断面为圆形，洞径7 m，进口设平板检修闸门，出口设弧形工作闸门，底流消能。

引水建筑物布置在右岸，由电站进水口和有压引水洞组成，电站进水口为岸塔式进口。进水口设有拦污栅、检修闸门和事故工作闸门。电站采用单机单管引水，引水隧洞直径为8.0 m，总长4 408 m。水电站厂房位于河床右岸，为岸边引水式地面厂房，厂内安装单机容量为425 MW的4台水轮发电机组。

4）主要工程量

夏日红电站枢纽的主要工程量为明挖土石方670.92万m^3，洞挖石方49.90万m^3，坝体土石方填筑2 445.07万m^3，混凝土78.38万m^3，钢筋及钢材6.16万t。

6.4.3.8　玛尔挡水电站

1）工程概况

玛尔挡水电站坝址位于青海省同德县拉家乡（右岸）和玛沁县军功乡（左岸）界河处，下距军功乡约5 km。坝址控制流域面积98 346 km^2，多年平均径流量166.9亿m^3。坝址河床高程3 085 m，初拟水库正常蓄水位3 160 m，正常蓄水位以下库容0.92亿m^3，电站装机容量580 MW，年发电量23.69亿kW·h。

坝段河道流向呈“S”形，两岸顶部为平台，坝址处两岸边坡高陡，最大基岩坡高220 m，河谷呈不对称的“V”形。坝区出露地层简单，左、右岸出露基岩岩性不同，右岸为中生代侵入岩，岩性为灰白色似斑状中粒黑云母花岗岩，左岸为沉积岩，岩性主要为三叠系中上统青灰色砂岩偶夹板岩。坝址附近第四系冲洪积物主要分布在两岸顶部平台。坝区位于西倾山中间地块西缘，距军功断裂较近，坝区断裂构造相对发育，但规模不大，以裂隙为主。库区为高原峡谷型库段，两岸冲沟支流发育，切割较深，库区出露地层较单一，构成库盆的主要基岩为长石石英砂岩、砂质板岩、薄层灰岩等。库区褶皱、断裂等地质构造不发育。坝址地震基本烈度为Ⅶ度。坝址附近天然建筑材料储量丰富，质量较好，开采运输方便。

2）工程等别及洪水标准

根据标准规定及水库电站指标，玛尔挡为Ⅱ等大（2）型工程，主要建筑物级别为2级，次要建筑物级别为3级，大坝及泄水建筑物防洪标准为500年一遇设计，2 000年一遇校核。

3）枢纽初步布置

玛尔挡电站以发电为主，枢纽由拦河坝、泄水、发电引水系统等建筑物组成。

拦河大坝为混凝土双曲拱坝，建基在弱风化下部及微风化基岩上。正常蓄水位3 160 m，死水位3 155 m。坝顶高程3 163 m，拱坝建基高程3 068 m，最大坝高95 m。坝基设置2排防渗帷幕及排水孔，并进行全断面固结灌浆。

泄水建筑物由坝身表孔和中孔组成。表孔为3孔，堰顶高程3 149 m，孔口宽度 12 m,深孔为 2 孔,进口底板高程 3 103 m,为有压坝身泄水孔,孔口尺寸为 6 m×6 m,泄水建筑物均设有平板检修闸门和弧形工作闸门各 1 扇,消能方式采用挑流消能。

玛尔挡水电站采用右岸全地下厂房布置方式。引水建筑物布置在右岸,采用单机单管供水方式,进水口设有拦污栅、检修闸门和事故工作闸门,压力钢管直径 10.0 m。地下厂房内装 4 台 145 MW 机组。

4) 主要工程量

玛尔挡电站枢纽主要工程量为明挖土石方 144.94 万 m^3,洞挖石方 169.07 万 m^3,混凝土 93.43 万 m^3,钢筋及钢材 4.30 万 t。

6.4.3.9　茨哈峡水电站

1) 工程概况

茨哈峡水电站位于青海省兴海县与同德县交界处的茨哈峡谷内,距峡谷出口约 6.5 km。坝址控制流域面积 107 420 km^2,多年平均径流量 177.5 亿 m^3。坝址高程 2 760 m,初拟水库正常蓄水位 2 778 m,正常蓄水位以下库容 0.15 亿 m^3,电站装机容量 200 MW,年发电量 8.29 亿 kW·h。

茨哈峡梯级河谷狭窄,地形完整较对称,河谷为较对称的"V"形,岸坡陡峻,坡角 40°~50°,局部陡立。左岸相对高差达 800 m,右岸相对高差约 500 m,左岸阶地不发育,局部残留有高阶地,右岸残留有二级阶地,岸坡顶部阶地发育,基座高出河水面 460 m,岩性单一,为横向谷,河床覆盖层薄。坝址出露基岩为中三叠统的灰色板岩与砂岩互层,断裂构造发育,局部还发育少量张裂隙及顺河断层。库区为峡谷型带状水库,河谷狭窄,两岸陡峻,相对高差达 800~1 000 m,两岸冲沟发育,局部残留多级侵蚀阶地。库首至库中段,库岸基岩主要由三叠系的砂岩、板岩、长石硬砂岩及粉砂岩等组成,在库尾基岩则为灰、灰白色砂岩,含白云质灰岩、生物灰岩等。坝址地震基本烈度为Ⅶ度。工程附近土料、块石料储量丰富,缺少砂砾石料。该梯级工程地质条件相对较复杂。

2) 工程等别及洪水标准

根据标准规定及水库电站指标,茨哈峡为Ⅲ等中型工程,主要建筑物级别为 3 级,次要建筑物级别为 4 级,混凝土大坝防洪标准为 50 年一遇设计,500 年一遇校核。

3) 枢纽初步布置

茨哈峡水电站以发电为主,枢纽建筑物由左副坝、左岸泄洪闸、河床发电厂房、右副坝等部分组成。

茨哈峡水电站为径流式水电站，正常蓄水位2 778 m，校核洪水位2 778 m，坝顶高程2 780 m，坝顶长度230 m，最大坝高40 m。左副坝为重力式挡水坝，坝段总长度40 m，最大坝高20 m。右副坝位于主厂房的右侧，为重力坝，坝顶高程2 780 m，右副坝下游布置安装间。

泄洪闸位于河道左侧，为岸边开挖渠槽而成的4孔平底泄洪闸，由引渠、闸室、消力池、消力坎组成，泄洪闸孔口宽度12 m，下游消能防冲采用底流式消能。

发电厂房位于主河道，为河床式厂房，厂内安装4台50 MW机组。

4）主要工程量

茨哈峡水电站枢纽的主要工程量为：明挖土石方458.0万m^3，洞挖石方0.6万m^3，混凝土45万m^3，钢筋及钢材1.4万t。

6.4.3.10 班多水电站

1）工程概况

班多水电站位于青海省海南州兴海与同德县交界处的班多峡谷出口处，距上游茨哈峡水电站约6.5 km，距下游羊曲水电站约75 km，邻近坝址有简易乡村公路通过，交通便利。坝址控制流域面积107 520 km^2，多年平均径流量177.7亿m^3。坝址高程2 718 m，初拟水库正常蓄水位2 758 m，正常蓄水位以下库容0.13亿m^3，电站装机容量340 MW，年发电量13.98亿kW·h。

坝址区河流基本顺直，河谷呈较对称的“V”形，岸坡陡峻，坡角一般50°~65°，局部陡立，坝址上、下游冲沟发育。坝址区岸坡完整，峡谷中局部残留二级阶地，右岸二级阶地呈带状连续发育。两岸出露地层为三叠系中统板岩夹砂岩、上第三系上新统粉砂质泥岩及第四系上更新统冲洪积层。坝址区岩层为单斜构造，岩体中断裂构造发育，无规模较大的缓倾断层。班多水库为峡谷型水库，河谷两岸岸坡陡峻，坡角45°~65°，两岸冲沟发育，有一、二级阶地局部残留。库盆及两岸山体均由砂板岩组成，局部夹砾岩和石灰岩透镜体，第四系地层分布在两岸高阶地上和山前坡麓及河床，岩层中主要为近东西向的层间挤压断裂构造，一般规模较小。在距坝址12 km处的亥公河口一带发育东西向区域断裂，破碎带宽30~50 m，可见延伸长度达28 km。基岩中地下水以裂隙水的形式赋存。坝址地震基本烈度为Ⅶ度。坝址附近缺乏土料和块石料，但砂砾石料储量丰富。

2）工程等别及洪水标准

根据标准规定及水库电站指标，班多为Ⅱ等大（2）型工程，主要建筑物级别为2级，次要建筑物级别为3级，混凝土大坝防洪标准为100年一遇设计，1 000年一遇校核。

3)枢纽初步布置

班多电站以发电为主,枢纽建筑物由左副坝、左岸泄洪闸、河床发电厂房、右副坝等部分组成。

班多电站为径流式电站,正常蓄水位 2 758 m,校核洪水位 2 758 m,坝顶高程 2 760 m,坝顶长度 287 m,最大坝高 68 m。左副坝为重力式挡水坝,坝段总长度 40 m,最大坝高 46 m。右副坝位于主厂房的右侧,为重力坝,坝顶高程 2 760 m,右副坝下游布置有安装间。

泄洪闸位于河道左侧,为岸边开挖渠槽而成的 4 孔平底泄洪闸,由引渠、闸室、消力池、消力坎组成,泄洪闸孔口宽度 12 m,下游消能防冲采用底流式消能。

发电厂房位于主河道,为河床式厂房,厂内安装 4 台 85 MW 机组。

4)主要工程量

班多电站枢纽的主要工程量为明挖土石方 654.59 万 m^3,洞挖石方 0.72 万 m^3,混凝土 50.16 万 m^3,钢筋及钢材 1.48 万 t。

6.4.3.11　羊曲水电站

1)工程概况

羊曲水电站位于青海省海南州兴海与贵德县交界处的羊曲峡谷内,距下游龙羊峡水电站约 70 km,为黄河龙羊峡上游河段规划开发的最后一级。坝址控制流域面积 123 264 km^2,多年平均径流量 196.5 亿 m^3。坝址高程 2 578 m,初拟水库正常蓄水位 2 715 m,正常蓄水位以下库容 21.24 亿 m^3,装机容量 1 200 MW,年发电量 50.44 亿 kW·h。

坝址处河水面宽 30 ~ 60 m,河谷基本呈对称的"V"形,岸坡陡峻,一般坡角 40° ~ 60°,局部陡立,两岸相对高差 300 ~ 400 m。峡谷中阶地不发育,仅在局部残留有一、二级阶地,坝址处两岸出露地层主要为二叠系下统灰—灰黑色变质长石砂岩、粉砂岩、千枚状板岩,第四系下更新统土黄—灰黄色河湖相粉砂质泥岩、砂砾岩层等主要分布于坝址两岸坡顶及其下游地带,厚约 50 m,上更新统冲洪积相黄土状粉砂及砂砾石层主要分布于高阶地表部,全新统崩坡积、冲洪积砂砾石层等则分布于坡麓和现代河床,厚 5 ~ 10 m 不等。坝址区岩体中断裂构造较发育,一般规模较小,宽度大多小于 1 m,其中坝址上游发育有一规模较大断裂,破碎带宽达 50 ~ 60 m,延伸长度大于 3 km。库区可分为峡谷水库段和盆地水库段,峡谷水库段两岸岸坡陡峻,冲沟发育,局部残留二、三级阶地,库首出露岩性主要为变质长石砂岩、千枚状板岩、千枚岩及不稳定的二云石英片岩;盆地水库段漫滩、心滩和一、二级阶地发育,盆地表部广泛覆盖有第四系冲洪积物,库盆基底均为三叠系中统板岩、粉砂岩与砂岩互层。坝址地震基本烈度为Ⅶ度。该梯级附近各类天然建筑材料储量丰富，质量较好，且运距较近。水库不存在永久渗漏和较大的浸没、淹没问题，坝区附近各类天然建筑材料丰富，质量满足工程需要，是一个工程地质条件较好的梯级坝址。

2）工程等别及洪水标准

根据标准规定及水库电站指标，羊曲为Ⅰ等大（1）型工程，主要建筑物级别为1级，次要建筑物级别为3级，大坝及泄水建筑物防洪标准为1 000年一遇设计，10 000年一遇校核。

3）枢纽初步布置

羊曲电站以发电为主，枢纽建筑物由混凝土面板堆石坝、溢洪道、泄洪洞、引水发电建筑物等部分组成。

羊曲电站正常蓄水位2 715 m，校核洪水位2 718.5 m，死水位2 705 m。坝顶高程2 722 m，坝顶长度146.6 m，坝顶宽度10 m，最大坝高191 m。坝体从外到里依次为钢筋混凝土面板、垫层区、过渡区、主堆石区，坝轴线以上部分的覆盖层全部挖除。

泄水建筑物均布置在左岸，包括溢洪洞、泄洪洞。两条溢洪洞并排布置，间距21 m，由引渠段、首部控制段、无压隧洞洞身段、泄槽段及消能段等组成。建筑物全长702.35 m，溢流堰采用WES实用堰，堰顶高程2 690.5 m，孔口宽度15 m，控制段设平面检修闸门及弧形工作闸门，无压隧洞为城门洞型，断面尺寸15 m×17.5 m，出口采用挑流消能。泄洪洞由压力短管、无压洞组成，进口底坎高程2 665 m，采用塔进水口，设平面检修闸门及弧形工作闸门，进口断面尺寸7 m×8 m，无压洞为城门洞型，断面尺寸9 m×14.8 m，出口采用挑流消能。

电站引水建筑物布置在左岸，由电站进水口和有压引水洞组成，电站进水口采用岸塔式进口。进水口设有拦污栅、检修闸门和事故工作闸门。电站采用单机单管引水，引水隧洞为圆形压力洞，引水隧洞直径为8 m，引水洞长576.3 m。水电站厂房位于河床左岸，为岸边引水式地面厂房，厂内安装单机容量为300 MW的4台水轮发电机组。

4）主要工程量

羊曲电站的工程量主要包括明挖土石方396.68万m^3，洞挖石方59.69万m^3，坝体土石方填筑271.9万m^3，混凝土115.64万m^3，钢筋及钢材4.14万t。

6.4.4 水库淹没

6.4.4.1 库区基本情况

黄河源区河段共布置塔格尔、官仓、赛纳、门堂、塔吉柯1、塔吉柯2、夏日红、玛尔挡、茨哈峡、班多和羊曲等11座梯级,淹没范围涉及青海省果洛藏族自治州、海南藏族自治州、黄南藏族自治州,以及甘肃省甘南藏族自治州。其中,塔格尔、官仓、赛纳、门堂、塔吉柯1和塔吉柯2等6座梯级位于玛曲以上的官仓峡河段,宽谷与峡谷相间分布,河谷形态呈“U”形,草场淹没范围较大;夏日红、玛尔挡、茨哈峡、班多和羊曲等5座梯级位于拉加峡和野狐峡河段,沟深坡陡,河谷狭窄,河谷形态呈“V”形,河流切割强烈。除夏日红梯级外,其他淹没大部分集中在峡谷以内。

整个规划区域内海拔较高,人口稀少,人口密度仅4.65人/km^2,且多集中在县城和乡镇,淹没人口数量相对较少。区域内交通落后,淹没的道路一般为乡际砂石路面的简易公路。

6.4.4.2 主要淹没指标

梯级水库淹没统计根据各梯级初拟的正常蓄水位,利用1:5万地形图,量算淹没面积,再根据各梯级淹没涉及县乡社会统计资料,初步估算各梯级淹没的人口、草场面积等。

据统计,11座梯级共淹没人口1.19万人,淹没土地面积44.9万亩,其中草地面积36.19万亩、林地面积4.43万亩;淹没的主要设施包括乡镇2个、寺院2座,简易公路42.9 km、桥梁5座和小水电3座。其中淹没土地面积较大的为塔格尔梯级、夏日红梯级,淹没土地面积分别为9.7万亩、12.9万亩,塔格尔梯级为玛曲以上河段梯级的调节水库,夏日红梯级为玛曲以下河段梯级中的主要调节水库。涉及乡镇搬迁的梯级有塔吉柯1和羊曲梯级,该地区乡镇驻地人口较少,设施相对简陋。

黄河源区干流梯级淹没指标统计详见表6-20,梯级工程规划指标汇总见表6-21。

表 6-20　黄河源区干流梯级淹没指标统计

序号	坝址名称	正常蓄水位(m)	正常蓄水位面积(km^2)	淹没人口(人)	淹没土地(亩)			淹没乡镇		专项设施			
					总计	草地	林地	数量	名称	寺院名称	公路(km)	桥梁(座)	小水电(座)
1	塔格尔	3 920	69.8	934	96 507	91 682				德昂寺			
2	官　仓	3 845	23.6	470	29 820	28 329							
3	赛　纳	3 795	25.2	1 008	33 570	31 892							
4	门　堂	3 700	36.5	854	50 344	47 827					8	1	
5	塔吉柯 1	3 608	28.8	1 843	32 340	30 723		1	木西合乡		28	2	1
6	塔吉柯 2	3 539	4.7	335	4 155	3 947					2.5	1	
7	夏日红	3 380	106.26	49	128 867	86 165	29 816						1
8	玛尔挡	3 160	3.6	14	3 000	840	1 260						
9	茨哈峡	2 778	2.05		550	200	100						
10	班 多	2 758	0.6		360	140	30						
11	羊 曲	2 715	56.63	6 474	69 912	40 161	13 068	1	唐乃亥乡	羊曲寺	4.4	1	1
合　计				11 981	449 425	361 906	44 274	2			42.9	5	3

表 6-21　黄河源区干流梯级工程规划指标汇总

序号	梯级名称	建设地点	流域面积（km^2）	年径流量（亿 m^3）	正常蓄水位(m)	正常蓄水位以下库容	调节库容（亿 m^3）	调节性能	平均水头(m)	装机容量(MW)	年发电量(亿 kW·h)	迁移人口（人）	淹没草(林)地(亩)
1	塔格尔	甘德、达日	49 268	42.79	3 920	16.08	4.15	年调节	62	145	5.86	934	91 682
2	官　仓	甘德、达日	52 494	49.41	3 845	3.72	0.28	日调节	42	90	3.66	470	28 329
3	赛　纳	甘德、久治	53 522	51.63	3 795	7.41	0.23	日调节	69	150	6.20	1 008	31 892
4	门　堂	久治	59 655	66.08	3 700	8.75	1.21	日调节	64	200	8.23	854	47 827
5	塔吉柯 1	玛曲	61 367	70.46	3 608	6.98	0.28	日调节	63	210	8.64	1 843	30 723
6	塔吉柯 2	玛曲、久治	62 424	73.25	3 539	0.43	0.09	日调节	18	60	2.58	335	3 947
7	夏日红	河南、玛沁	97 206	164.9	3 380	41.01	34.26	年调节	188	1 700	68.90	49	115 981
8	玛尔挡	同德、玛沁	98 346	166.9	3 160	0.92	0.17	日调节	66	580	23.69	14	2 100
9	茨哈峡	兴海、同德	107 420	177.5	2 778	0.15		径流式	21.4	200	8.29		300
10	班　多	兴海、同德	107 520	177.7	2 758	0.13		径流式	38.0	340	13.98		170
11	羊　曲	兴海、贵德	123 264	196.5	2 715	21.24	5.06	季调节	106.0	1 200	50.44	6 474	53 229
合　计										4 875	200.47	11 981	406 180

注:表中所列梯级发电量为单独运行指标。

第 7 章　监测系统建设

监测系统建设的内容主要包括水文水资源测报系统建设、水土保持监测系统建设。

由于该地区自然条件恶劣和长期投入不足,水文水资源测报系统建设严重落后,水土保持及水环境监测基本上是空白。水文水资源测报系统监测站点少,监测能力低下,数据的可靠性和时效性没有保证,不能满足水资源预报和调度的需要。水土保持、地下水及水环境监测尚处于空白,不能够及时掌握黄河源区下垫面及水环境变化情况。为提高黄河源区水文水资源、水环境及水土保持监测能力和水平,及时掌握该地区水文水资源及下垫面变化情况,急需开展该地区的水文水资源、水环境和水土保持监测建设规划。

7.1　水文水资源测报系统建设

水文水资源测报系统建设规划的目的是:通过完善和调整水文站网以及站队,结合基础设施建设,推动水文巡测工作,扩大水文信息收集范围和服务领域,为黄河流域的防汛减灾、水资源的合理配置、水利工程的安全管理和运行提供技术保障。

7.1.1　站网规划

7.1.1.1　大河控制站

迁建因受羊曲水电站工程建设影响的唐乃亥水文站,唐乃亥站仍按驻测站的规模迁建。恢复黄河干流措尔尕寨(位于扎陵湖、鄂陵湖之间)断面的巡测功能和任务,以掌握两湖水量的变化规律,为黄河源区水资源量分析、生态环境保护提供必要的水文信息资料。

7.1.1.2　水库专用水文站及水位站

建设水库专用水文站 7 座,主要观测水位、流量、降水、蒸发等。其中在已建的龙羊峡水库和黄河源水电站大坝下游建立龙羊峡、才日哇等 2 个水库专用水文站;在规划期内拟建的夏日红、玛尔挡、茨哈峡、班多、羊曲水库大坝下游建立 5 个水库专用水文站,玛曲以上梯级本阶段暂不考虑。

建设水库专用水位站6座,实时监控水库水位及库容的变化情况,为水利工程的安全运行和黄河水资源的统一调度管理提供决策依据。其中在已建的黄河源水库设立坝上水位站1座,在玛曲以下的5座梯级(夏日红、玛尔挡、茨哈峡、班多、羊曲)水库建坝上水位站5座。

7.1.1.3 水质监测站

在干流鄂陵湖口、共和县曲沟乡龙羊峡入库,以及重要支流白河、黑河、巴曲、曲什安河、大河坝河、芒拉河等河流设置常规水质监测站。

7.1.1.4 区域代表站建设

区域代表站是在集水面积200~3 000 km^{2}的河流设代表站,其目的在于控制流量特征值的空间分布。由于规划区内水网发达,支流众多,集水面积达到上述标准的河流众多,不能每条河流都设站控制。根据支流面积、调查水量情况,本次规划增设区域代表站10处,以解决区域代表站严重不足的问题。在西科曲、东科曲、贾曲、泽曲上增设甘德、下藏科、贾诺、河南等4处水文站,在达日河、吉迈河、当曲、赛尔曲、西科河、切木曲上增设建设、达日、上贡麻、阿万仓、羊场、玛沁等6处水文站。

7.1.1.5 雨量(蒸发)站建设

雨量资料是推算径流、设计洪水和防汛抗旱的重要依据。规划增设雨量站108处,其中水文站直属雨量观测点3处,分别设在拟增设的下藏科、羊场、贾诺区域代表站内。规划增设蒸发观测站20处,所有蒸发站均设在水文站或雨量站雨量观测场内,只配备相应的蒸发观测仪器设备。

届时黄委所属雨量站将达131处,蒸发站达25处,雨量站网密度达1 007 km^2/站,蒸发站网密度达5 280 km^2/站。

7.1.1.6 水文综合实验场建设

目前设置的水文站仅开展常规的水流沙观测项目,对冻土、土壤含水量、下渗量等项目未进行观测。建设水文综合实验场,通过开展降水径流试验及气温、蒸发能力、风速、湿度、地温等气象要素观测,可以建立该地区降水径流关系,分析在这一特殊的环境下降水和径流之间的变化,更好地认识降水径流关系、气候变化和生态环境变化之间的关系,揭示该区水文水资源情势变化真正的成因,弥补该地区基础资料匮乏的缺憾,对揭示黄河源区水文水资源情势变化成因提供有力的保障,为黄河流域综合规划、黄河源区梯级开发规划等方面提供科技支撑。因此,规划在吉迈和唐乃亥建设水文实验场2处,进行降水量、水面蒸发量、陆地蒸发量、风速、风力、土壤含水量、下渗量、冻土等观测,获取代表站点处更多的水文要素的资料,更好地为黄河源区水资源量分析、生态环境保护服务。

7.1.1.7　水文巡测基地建设

由于测验规模不断扩大和任务量大幅度增加，为满足巡测需求，在玛曲、玛多两个巡测中心站基础上，再增加唐乃亥巡测中心站，并对三个巡测中心站的生活基础设施等进行扩大规模建设，主要包括生产生活用房建设。同时根据社会经济和技术发展需求对巡测基地进行改造更新。

7.1.1.8　地下水监测井建设

地下水监测是分析地下水变化规律、进行水资源配置研究、保护生态环境的重要基础工作，目前黄河源区在地下水监测方面还处于空白状态，按照《地下水监测规范》(SL/T 183—96)的规定，在黄河源区山间盆地(河谷盆地)开展地下水监测工作。规划建设监测井54眼，分布为若尔盖盆地18眼、兴海—泽库—河南盆地18眼、约古宗列盆地18眼，测验方式为遥测，并实现与西宁采集中心及兰州监测中心联网。

7.1.2　测验方式

测验方式不仅决定信息采集的质量，而且影响到信息采集的效率和成本(投入)，因此选择合理的测验方式十分重要。

7.1.2.1　水位、雨量信息

根据黄河源区大部分测站河道相对较窄(300 m以内)，水流集中，畅流期洪水涨落缓慢、历时长、含沙量小、降雨强度小、冰期封冻时间长的特点，规划各站畅流期水位、雨量信息采集选择遥测自记方式，实现水位、雨量信息的自动采集、传输，按“无人值守，有人看管”的模式进行管理。同时雨量站仍应保留人工观测仪器设备，水位站仍应设置直立式水尺以作校测备用。

7.1.2.2　流量信息

流量测验方式根据《河流流量测验规范》、《水文巡测规范》及有关技术规定要求，并结合测站的河道断面条件、水沙特性、重要程度以及交通状况等因素具体确定。

黄河源区内所有水文站及其人员全部纳入水文勘测队统一管理，实施站队结合和水文巡测，流量测验方式采用巡驻测和巡测两种。巡驻测站主要包括大河控制站和水位流量关系不稳定且不能进行单值化处理的区域代表站、小河站，其中前者全年实行驻测，而后者汛期实行驻测、非汛期实行巡测。

7.1.2.3　泥沙信息

规划区域现有泥沙测验项目的站共6处，除两站为全年驻测站外，其余各站均为汛期(或洪水期)驻测、非汛期(或平水期)巡测。驻测期间泥沙由驻站人员

测取并处理;巡测期间一般降水稀少,多数站河水为清水,可停测含沙量(停测时间要根据历史资料分析确定)。对含沙量较大的站可根据含沙量变化大小,实行委托观测或巡测,沙样由勘测队定时取回分析处理。

7.1.2.4　蒸发量信息

规划区域蒸发量观测非结冰期实行遥测,实现蒸发量信息的自动采集和传输;结冰期在巡测流量时只观测蒸发总量。

7.1.2.5　巡测方案

黄河源区的巡测工作以西宁为基地,分别建立玛多、玛曲、唐乃亥三个巡测中心站,相应成立玛多、玛曲、唐乃亥巡测队,每处中心站根据需要可成立1~2个巡测队,每个巡测队由4~5人组成。巡测工作由各中心站负责组织实施,巡测工作汛期每月1~2次,非汛期每月1次。

7.1.3　测报设施及技术装备建设

7.1.3.1　现有测站建设内容

在军功、门堂、吉迈、黄河沿、唐克、久治、热曲等(有冰情的)水文站各建吊箱缆道1处(共7处),在黑河的大水水文站和鄂陵湖断面各建水文测桥1处(共2处),以解决这些站长期以来流量、含沙量测验渡河设施基础较差和冰期测验困难,影响测验精度的问题;完善水文测验交通项目工程,彻底解决大水时鄂陵湖出湖断面的测验道路问题。

7.1.3.2　新建站建设内容

1)水库专用水文站及水位站

水库专用水文站单站建设内容包括征地3亩,新建生产生活用房320 m^2,测验缆道、拉偏缆各1处,水位计房、缆道机房各1处,购置自动测流系统、水文信息采集系统、信号传输设备、通信设备、测流设施、水位计、降雨观测设备、蒸发观测设备、标准化泥沙室设施设备各1套(台)等。

水库水位站建设内容包括水位计塔台建造和购置水位计及传输系统等设备。

2)区域代表站

区域代表站共10处,每站需征地3亩,每站需配置的主要仪器设备包括测流设施、水位计、降雨观测设备、蒸发观测设备等。主要配套设备包括太阳能电池供电系统1套、水文数据采集终端机、避雷器及防雷接地系统等。

3)雨量(蒸发)站

拟建108个雨量站,均在当地县城或乡政府所在地,每站需安装降雨观测设备、蒸发观测设备等,配备数据采集终端机、太阳能电池供电系统1套、避雷器及接地系统。通过水文数据采集终端机利用卫星通信系统实行雨量遥测。

4)巡测设施设备

玛多巡测队、玛曲巡测1队和2队、唐乃亥巡测1队和2队共5个巡测队,各需配置以下设备:交通工具、水文信息实时传输设备、语音通信工具、定位及测量设备、测验仪器设备及其他设备用品等。

5)水文综合实验场

吉迈、唐乃亥2个水文实验场,每个实验场需征地2亩,购置自动水文蒸渗测量系统1套、自动观测雨量计1套、自动水面蒸发观测设备1套、土壤湿度观测设备1套、自动气温观测设备1套、冻土观测设备1套、数据传输通信系统1套。

6)地下水监测井网建设

地下水监测井网中建设54眼测井。单井建设内容包括监测井1眼、水准点建设、监测房、水位自动监测仪1台、卫星小站1套、太阳能及高能免维护电池1套。此外,地下水监测信息中心建设,需购置服务器、路由器、中央数据采集电脑等设备。

7)信息采集软件开发建设

水文信息采集软件开发建设包括半自动、全自动缆道测流控制和流量分析计算软件,雨量、水位数据在站整编软件,水位流量关系分析定线和推流软件,日、旬、月水沙量计算软件,测站资料及档案管理软件等。

7.1.3.3 各站点设施设备更新改造

自动测报系统设备在经过7~10年使用后,已基本老化,必须更新换代。现有水文站、两湖2个水位站、源区11个遥测雨量站、2个驻测水文站、8个巡测水文站、西宁采集中心和兰州信息中心等站点的设施设备需适时更新改造。

7.1.4 径流预测预报系统

黄河唐乃亥以上地区不仅是黄河源区,也是黄河水量的主要供给地和水源涵养区之一,该区域的水资源预测预报对黄河流域水量调度和水资源的统一管理非常重要,通过对黄河上游水文预测预报系统、水资源实时监控管理信息系统等基础科学研究,为水资源合理配置和高效利用、水环境保护和水土保持等提供技术支持。

黄河上游水文预测预报系统采用高新技术对传统水文预测预报系统进行技术改造,提高高新技术在水文行业的应用水平,包括计算机技术、网络技术、微电子技术、现代通信技术、计算机辅助设计(CAD)、遥感技术(RS)、地理信息系统(GIS)、全球定位系统(GPS)以及自动控制技术等。

建立以地理信息系统为基础的唐乃亥以上地区洪水、径流分布式预测预报系统,其中包括基础气象、水文资料系统的软硬件系统,天气和降水预测预报系统,地理遥感监测分析系统,气象云图接收分析系统,洪水预报决策系统和长期径流预报系统,都采用分布式水文预报模型,建立预报方法库,建立地下水数据处理与预报系统。

建设以分布式水文预报模型为核心的水文预报系统,其空间分辨率为5 km×5 km,时间尺度上,为可全年运转的日径流预报模型。将该区域划分为5个分区,以分区为单位进行模型径流预报分析。分区情况见表7-1。

表7-1　黄河源区水文站及分区面积

序号	站名	地点	经度	纬度	集水面积(km^2)	分区面积(km^2)
1	黄河沿	青海省玛多县	98°10′	34°53′	20 930	20 930
2	吉　迈	青海省达日县	99°39′	33°46′	45 019	24 089
3	玛　曲	甘肃省玛曲县	102°05′	33°58′	86 048	41 029
4	军　功	青海省玛沁县	100°39′	34°42′	98 414	12 366
5	唐乃亥	青海省兴海县	100°09′	35°30′	121 972	23 558

黄河上游水文预测预报系统的建设,将提高黄河上游径流、洪水预报水平,能够为河源生态保护、黄河流域水资源合理利用和经济建设提供更好的服务。

7.2　水土保持监测系统建设

针对黄河源区水土流失状况、生态环境存在的问题,结合水土保持监测要求,从宏观区域监测和典型监测两个空间尺度进行水土保持监测系统建设,将地面监测站(点)和遥感监测结合起来,利用宏观监测指导微观监测,通过微观监测信息校正宏观监测信息,全方位了解水土流失发生、发展规律。监测系统建设内容包括监测网络、宏观区域监测、典型区域监测、地面监测站(点)、信息服务与共享平台、监测机构能力等六部分内容。

7.2.1　监测网络

按照全国水土保持监测规划并结合该区实际情况,监测网络分为四级(见图 7-1),即流域监测中心站(黄河流域水土保持生态环境监测中心)、省级水土保持监测总站、地(州)级监测分站和各类监测站(点)。

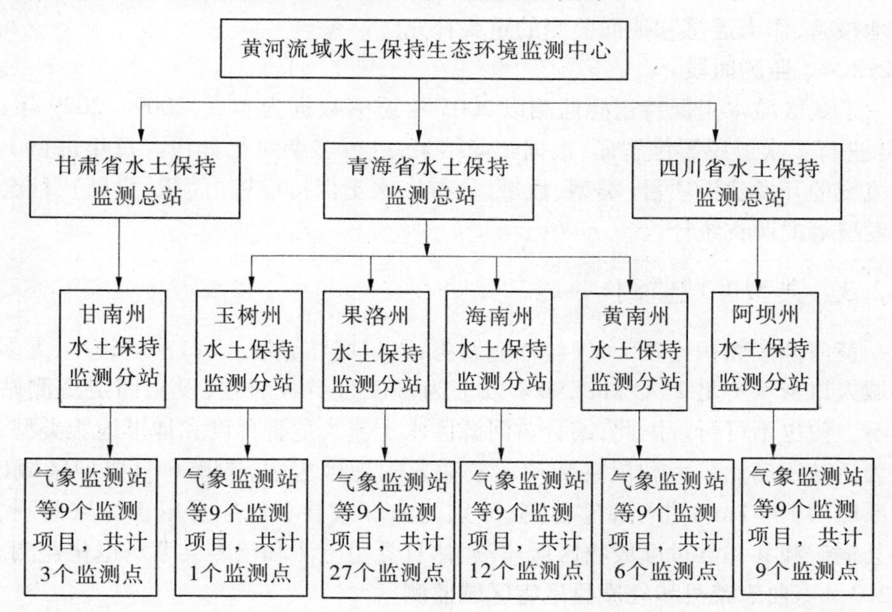

图 7-1　黄河源区流域监测网络

7.2.2　宏观区域监测

7.2.2.1　监测范围

监测范围为黄河源区流域 13.14 万 km^2,地理坐标介于东经 95°55′~103°16′,北纬 32°10′~36°22′,行政区域涉及 3 个省(青海省、四川省、甘肃省)6 个州(玉树、果洛、海南、黄南、阿坝、甘南藏族自治州)的 19 个县。

7.2.2.2　监测内容

主要监测宏观区域内土壤侵蚀强度、范围和分布情况,植被分布、范围及变化情况,开发建设项目的类型、数量、分布等。采用人机交互的数字作业方式进行土壤侵蚀类型和土壤侵蚀强度的专题信息提取。

7.2.2.3 监测方法

监测方法分为遥感监测和调查统计两部分内容。其中遥感监测的信息源以卫星遥感影像作为主要的信息源，地面分辨率选取为20 m左右。调查统计主要应用于土地利用、水土流失防治，以及与之相关的社会经济状况、生产结构等综合调查，对开发建设项目的类型、数量、分布等进行调查，可对遥感监测结果进行实地检验，作为遥感和地面监测的重要补充。

7.2.2.4 监测时段

宏观区域水土保持遥感监测以2005年遥感数据为本底，2009～2029年，每2年进行1次遥感影像解译，根据解译结果，进行多期对比分析。每年进行1次全流域的开发建设项目（类型、数量、分布）、水土保持措施（面积、数量）、社会经济发展等的调查统计。

7.2.3 典型区域监测

黄河源区面积比较大，气候环境恶劣，人口居住分散，人口密度较小，大多数区域人口密度不足2人/km^2，90%以上为藏民且游牧居住，设立固定观测站点极不方便也不可行。因此，结合黄河源区水土流失危害程度和地形地貌类型，以人为活动扰动比较大和鼠害活动比较频繁的地区为主，选择6个典型区域（每个区域约100 km^2）进行遥感监测，分别为曲麻莱县和红原县鼠害区域监测、玛沁县铜矿和共和县过度放牧区域监测、达日县黑土滩和玛多县草场退化监测。

7.2.3.1 曲麻莱县和红原县鼠害区域监测

1）监测范围

曲麻莱县鼠害监测点：主要害鼠有高原鼠兔、达乌尔鼠兔、高原鼢鼠等，这些害鼠不仅与牛羊争食，消耗大量的牧草，而且使草地经受反复的挖掘、啃食，原生植被破坏，并形成斑块状的次生裸地。尤其在鼠兔和鼢鼠共同生存的地段，鼠洞和土丘纵横交错，经风蚀、水蚀等因素的作用，次生裸地不断扩大，相互联片，最后形成寸草不生的黑土滩，进而使草原沙化。根据调查的资料，鼠害严重的地区鼠洞5 596个/hm^2，其发展速度之快相当惊人。因此，在青海省曲麻莱县麻多乡设因鼠害造成沙化的监测点，监测范围：东经96°17′18″～96°28′25″，北纬34°58′53″～35°05′48″，面积98.25 km^2。

红原县鼠害沙化监测点：红原县沙化土地主要分布于红原县北部与若尔盖县交界的瓦切乡境内，形成一个南北走向的沙化带，共4 450.2 hm^2，其中半固定沙地为159.7 hm^2，固定沙地为3 912.2 hm^2，有明显沙化趋势的为378.3 hm^2，现在每年仍以11%的速度增加。除全球气候变暖、降水减少等自然因素造成沙化外，主要是20世纪70年代对沼泽开沟放水，不合理地开发利用草地，使草原鼠虫害、杂毒草害严重，草原植被不断退化，加上过度放牧等人为破坏，加剧了草原沙化的进程。因此，将其作为鼠害、沙化混合监测点，监测范围：东经102°36′54″~102°47′01″，北纬33°07′23″~33°13′06″，面积100.6 km^2。

2）监测内容

监测内容为水土流失及防治效果的观测，包括水蚀强度、风蚀强度、冻融侵蚀及其防治效果，水土流失分布、水土流失危害，降水量、降水强度，气温，风向、风速，土壤质地、土壤结构、土壤有机质和土壤可蚀性，土地利用，植物群落组成、总盖度、高度、频度和生物量，水土保持工程建设，害鼠种类、种群密度及分布调查等。

3）监测方法

利用遥感监测、调查统计及与地面监测相结合的方法进行典型监测。

遥感监测：典型区域监测利用以QuickBird或IKONOS编程接收数据为主（像素精度控制在0.61 m和1 m），结合地面观测的方法进行土地利用和土地覆被监测信息采集。根据监测工作需要用1∶1万或1∶5万地形图和DEM（或DRG）数据。

调查统计：植物调查采用样方法，草地采用1 m×1 m的样方法，灌丛草地采用5 m×10 m的样方法；植物物种丰富度的监测采用400 m的样线法；草地植被状况的其他指标可采用现场调查法、现场描述法、资料收集法、访问调查法。鼠情调查的方法，采用座谈访问、目测和实地取样相结合的方法。啮齿类动物的调查可在草地植被监测点选定三块0.25 hm^{2}的固定样地，定期调查，调查方法可采用堵洞盗洞法、夹日法、开洞封洞法，同时在植被生长盛期采用样方对照法进行损失调查。

地面监测：利用红原县龙壤柯流域径流小区、曲麻莱县约改滩和红原县（瓦切、麦洼、阿万仓）雨量站、玛多县黄河沿（草原）气象站、红原县多洛塘村瓦切农业社风蚀监测点和玛多县星星海风蚀监测点获取地面监测数据。

4）监测时段

典型区域水土保持遥感信息以2005年为本底，每年进行1次遥感影像解译，进行多期对比分析。

根据害鼠的生活习性和防治适期，调查时间选择在8~9月。

植被综合监测每年分别在植物生产盛期和末期各监测1期，每期10次重复，基础监测站点在植物生长盛期监测1期，每期6次重复，灌丛草地每期4次重复。

7.2.3.2 玛沁县铜矿和共和县过度放牧区域监测

1）监测范围

玛沁县铜矿监测点：德尔尼铜矿位于青海省果洛藏族自治州玛沁县大武镇，矿区距离大武镇约25 km。项目设计利用储量4 286万t，铜平均品位1.217%，铜金属量52万t。确定露采矿山规模8 000 t/d（240万t/d），服务年限12年；露天转地下规模3 500 t/d（115.5万t/d），服务年限10年。工程建设投资17 516万元，除公司总部在大武镇外，其余均在矿区。项目建设区共占地2.45 km^2，其中采矿工业区93.33 hm^2、选矿工业区25.07 hm^2、排土场54 hm^2、尾矿库70.73 hm^2、炸药库2.2 hm^2；直接影响区53.12 hm^2。由于该项目实施时间长（运营时间22年），占地面积大（2.45 km^2），弃土石渣量大（3 082万 m^3），海拔高（4 450 m左右），自然条件恶劣，植被恢复难度大，为此，对该开发建设项目造成的水土流失进行监测。监测范围：东经100°02′29″~100°12′08″，北纬34°22′36″~34°24′26″，面积90.5 km^2。

共和县塔拉滩草原沙化监测点：塔拉滩位于青海省海南藏族自治州共和县东南部，地处共和盆地龙羊峡水库西北部，距海南州府4 km，由一塔拉、二塔拉、三塔拉组成，总面积2 136 km^2。近年来，由于全球气候变暖、年降水量减少、风沙危害等自然因素和超载放牧、滥挖滥樵等人为活动的负面影响，塔拉滩的土地沙化速度日益加剧。据1996年的TM卫星遥感图解测算，严重沙化土地面积达55 790 hm^2，强烈发展中的沙漠化土地面积达11 647 hm^2，正在发展的沙漠化面积77 438 hm^2，潜在沙漠化面积68 232 hm^2；目前严重沙漠化面积每年仍以1 206 hm^2的速度增加，塔拉滩境内沙线以辐射状向黄河和青海湖侵入，每年进入龙羊峡库区的流沙量为3 131万 m^3。因此，将塔拉滩作为因过度放牧造成草原沙化的监测点，监测范围：东经100°16′05″~100°25′10″，北纬35°06′34″~35°39′31″，面积100.4 km^2。

2）监测内容

监测内容为水土流失及防治效果的观测，包括水蚀强度、风蚀强度及其防治效果，水土流失分布、水土流失危害，土地利用，植物群落组成、总盖度、高度、频度和生物量，植被覆盖度，水土保持工程建设等。

3）监测方法

利用遥感监测、调查统计及地面监测相结合的方法进行典型监测。

遥感监测：荒漠化和沙漠化土地面积、类型及分布采用卫星遥感监测。典型区域监测利用以QuickBird或IKONOS编程接收数据为主（像素精度控制在0.61 m和1 m），结合地面观测的方法进行土地利用和土地覆被监测信息采集。

根据监测工作需要用 1∶1万或 1∶5万地形图和 DEM(或 DRG)数据。

调查统计:铜矿建设项目造成的水土流失监测,分不同对象分别采取不同方法进行:风蚀监测采用插钎法,水蚀监测采用实地调查法、测针法或集泥槽法。植物调查采用样方法。草原植被中灌木群落用 10 m×10 m 的样方,草本植物用 1 m×1 m 的样方进行监测;降尘量观测采用降尘管(缸)法;风蚀强度观测采用地面定位插钎法,每 15 d 量取插钎离地面的高度变化;土壤含水量和土壤紧实度的测定可采用土壤物理学方法,并与风蚀强度观测同步进行。

地面监测:利用共和县克才控制站、共和县克才北山径流场、玛沁县阿莫日沟径流场、玛沁县三叉口径流场、玛沁县军功水文站、玛沁县大武乡 35# 和东倾沟雨量站、玛沁县雪山乡政府和果洛州大武滩(草地)气象站获取地面监测数据。

4)监测时段

铜矿开发建设项目根据不同的监测内容确定实地调查监测频次。但在施工建设前必须结合设计资料进行 1 次本底调查监测,在施工建设结束后进行 1 次全面的实地调查监测,在水土保持措施开始实施后,春、秋季各测 1 次。草原沙化监测:遥感信息以 2005 年为本底,每年进行 1 次遥感影像解译,进行多期对比分析。

7.2.3.3　达日县黑土滩和玛多县草场退化监测

1)监测范围

达日县黑土滩监测点:黑土滩(黑土坡),即黑土型退化草地,指青藏高原海拔 3 700 m 以上高寒环境条件下,以蒿草属植物为建群种的高寒草甸草场严重退化后形成的一种大面积次生裸地,或原生植被退化后呈丘岛状的自然景观。1997 年,达日县黑土型退化草地面积已达 18.61 万 hm^2,平均每年递增率 1.17%。造成草地产草量每年下降 3 万 t,载畜量每年减少 1 万个羊单位;造成可利用草地中高等级草地比重减少,低等级草地比重大幅度增加。另外,黑土型退化草地土壤的坚实度随草地退化程度的加剧而减少,土壤坚实度降低,土体松软,如遇强降雨将会造成大面积山体滑坡,同时也加剧了鼠害。达日县 1997 年全县鼠害面积 50.13 万 hm^2,占可利用草地的 39.6%,鼠洞平均密度 48 ~ 148 只/ hm^2。所以,对达日县因鼠害造成的黑土滩进行监测,监测范围:东经 99°44′17″ ~ 99°54′09″,北纬 33°44′38″ ~ 33°50′29″,面积 102.4 km^2。

玛多县草原沙化监测点:黄河源头第一县玛多县土地沙漠化使草地退化 1.61 万 km^2,约占全县草地面积的 83%,有 7 000 多人成为生态难民。全县沙化土地 6 068.78 km^2,其中轻度 1 498.06 km^2,中度 2 666.24 km^2,重度 1 346.85

km²,极重度557.64 km²。从目前的草地生态现状分析,土地沙漠化有进一步加剧的趋势。为了掌握草原沙化的情况,在玛多县进行草原沙化监测,监测范围:东经98°11′48″~98°21′46″,北纬34°54′04″~34°59′57″,面积105.9 km²。

2)监测内容

监测内容为生物指标、气象指标、水文指标和水土流失及防治效果的观测,包括水蚀、风蚀、冻融侵蚀及其防治效果,土地利用,植物群落组成、总盖度、高度、频度和生物量,水土保持工程建设,水土流失分布、水土流失危害,害鼠种类、种群密度及分布调查。风蚀观测包括风蚀强度、降尘、土壤含水量、土壤紧实度、植被覆盖度、残差等地面覆盖、土地利用与风蚀防治措施等。

3)监测方法

利用遥感监测、调查统计和地面监测相结合的方法进行典型监测。

遥感监测:黑土滩和沙漠化土地面积、类型及分布采用卫星遥感监测。典型区域监测利用以QuickBird或IKONOS编程接收数据为主(像素精度控制在0.61 m和1 m),结合地面观测的方法进行土地利用和土地覆被监测信息采集。根据监测工作需要用1:1万或1:5万地形图和DEM(或DRG)数据。

调查统计:植物调查采用样方法,草地采用1 m×1 m的样方法,灌丛草地采用5 m×10 m的样方法;植物物种丰富度的监测采用400 m的样线法;草地植被状况的其他指标可采用现场调查法、现场描述法、资料收集法、访问调查法。鼠情调查的方法,采用座谈访问、目测和实地取样相结合的方法。啮齿类动物的调查可在草地植被监测点选定3块0.25 hm²的固定样地,定期调查,调查方法可采用堵洞盗洞法、夹日法、开洞封洞法,同时在植被生长盛期采用样方对照法进行损失调查。草原沙化调查,降尘量观测采用降尘管(缸)法;风蚀强度观测采用地面定位插钎法,每15 d量取插钎离地面的高度变化;土壤含水量和土壤紧实度的测定可采用土壤物理学方法,并与风蚀强度观测同步进行。

地面监测:利用达日县卡日万玛流域径流小区、玛多县黄河乡封育草地径流小区、玛多县黄河沿及黄河水文站、达日县吉迈水文站、达日县建设乡29#雨量站获取地面监测数据。

4)监测时段

典型区域水土保持遥感信息以2005年为本底,每年进行1次遥感影像解译,进行多期对比分析。

植被综合监测每年分别在植物生产盛期和末期各监测1期,每期10次重复,基础监测站点在植物生长盛期监测1期,每期6次重复,灌丛草地每期4次重复。根据害鼠的生活习性和防治适期,分别于每年4~5月和8~9月进行两次调查。

7.2.4　地面监测站(点)

黄河源区流域共布设地面观测站(点)58个,其中典型小流域控制站3个;径流小区监测点13个;水文监测站10个;风蚀监测点9个;雨量监测点13个;气象监测站10个(见表7-2)。

表7-2　黄河源区流域监测站(点)规划

省	州	控制站	径流监测点	水文监测站	雨量监测点	风蚀监测点	气象监测站	小计
青海省	海南州	3	4	1	2	1	1	12
	果洛州		6	6	4	5	6	27
	黄南州		1		2		3	6
	玉树州				1			1
	小计	3	11	7	9	6	10	46
甘肃省	甘南州			2	1			3
	小计			2	1			3
四川省	阿坝州		2	1	3	3		9
	小计		2	1	3	3		9
合计		3	13	10	13	9	10	58

7.2.4.1　控制站

典型小流域控制站3个,分别为青海省同德县九道沟小流域、共和县克才小流域和贵南县那仁小流域控制站。

观测项目包括水位、流量、含沙量、输沙率、降水、洪水历时等指标的总量及其过程。

7.2.4.2　径流小区监测点

共布设径流小区监测点13个,其中青海省11个,分别为河南县的冬沃沟流域监测点,同德县的巴曲河流域监测点、九道沟径流场,共和县的克才北山径流场,贵南县的那仁径流场,达日县的卡日万玛流域监测点,甘德县的西科曲沟流域监测点,久治县的扎拉贡玛沟监测点,玛沁县的阿莫日沟流域监测点、三叉口径流场,玛多县的黄河乡封育草地监测点;四川省2个,分别为红原县的龙壤柯流域水蚀监测点及阿坝县的一牧场水蚀监测点。

监测项目包括降水量、雨强、径流、流量、流域产沙量、流域输沙量、水土保持措施面积、水土流失治理程度。

7.2.4.3　水文监测站

该区水文监测站共10个，其中青海省7个，分别为兴海县的唐乃亥，玛多县的黄河沿、黄河，达日县的吉迈，久治县的门堂、久治，玛沁县的军功；四川省1个，为若尔盖县的唐克；甘肃省2个，分别为玛曲县的玛曲及大水。

监测内容：降水量、雨强、流量、水位、泥沙含量等指标的总量及其过程。

7.2.4.4　雨量监测点

雨量监测点共13个，其中青海省9个，分别为兴海县的唐乃亥34#，同德县的同德牧场42#，河南县的电厂32#，泽库县的和日乡41#，达日县的建设乡29#，玛沁县的大武乡35#，东倾沟，甘德县的青珍乡12#，曲麻莱县的约改滩；四川省3个，分别为红原县的龙日坝、瓦切、麦洼；甘肃省1个，为玛曲县的阿万仓。

观测项目：包括降水量、雨强等指标的总量及其过程。

7.2.4.5　风蚀监测点

风蚀监测点共9个，其中青海省6个，分别为兴海县的大河坝风蚀监测点，玛多县的星星海1#风蚀监测点、星星海2#风蚀监测点、星星海3#风蚀监测点、星星海4#风蚀监测点，野马岭风蚀监测点；四川省3个，分别为红原县的多洛塘村瓦切农业社监测点、若尔盖县的唐克牧场嘎尔玛监测点及惹尔多玛监测点。

风蚀观测内容包括风蚀强度、降尘、土壤含水量、土壤紧实度、土壤可蚀性、植被覆盖度、残差等地面覆盖、土地利用与风蚀防治措施等。

7.2.4.6　气象监测站

规划10个气象监测站，皆为青海省境内，分别为同德县巴滩（草原）、泽库县锁乃女（草原）、兴海县子科滩（草原）、河南县优干滩（草原）、玛沁县雪山、玛多县黄河沿（草原）、果洛藏族自治州吉迈滩（草原）、甘德县（草原）、久治县智育松多（草原）及果洛州大武滩（草地）。

常规监测项目包括日照、降水量、雨强、气温、气压、湿度、蒸发、风向、风速等气候指标的总量及其过程；灾害天气监测指标包括干旱、雪灾、草原（森林）火灾、沙尘暴、强降温、寒潮等。

7.2.5　信息服务与共享平台建设

信息服务与共享平台建设主要包括信息传输网络、数据存储与管理、数据库建设及应用服务平台建设四部分内容。

7.2.5.1 信息传输网络

本网络系统包括黄河流域水土保持生态环境监测中心,青海省、四川省、甘肃省水土保持监测总站,海南、黄南、玉树、果洛、阿坝和甘南州(地)水土保持监测分站。利用以TCP/IP技术为核心的广域网和局域网,构建监测数据业务的统一平台,在此平台上为各级站点提供高速接入,实现黄河流域水土保持生态环境监测中心与省(区)水土保持监测总站、各州(地)水土保持监测分站及其他部门网络的互联、互通。

7.2.5.2 数据存储与管理

根据监测组织机构分布和实际网络连接情况,本系统中设置三个数据节点,其中黄河流域水土保持生态环境监测中心为一级节点,青海省、四川省、甘肃省水土保持监测总站为二级数据节点,海南、黄南、玉树、果洛、阿坝和甘南州(地)水土保持监测分站为三级节点。

7.2.5.3 数据库建设

数据库按照基础级、省级、全区域级三个级别,专题数字矢量图、专题数字栅格图、试验观测表格、专题声像资料、专题文本等五种类型进行设计。按照《黄河流域水土保持数据库表结构与信息代码编制规定》合理划分地理数据片。根据"数字黄河"工程规划的统一要求,本系统采用ORACLE9i作为水土保持数据库系统的数据库管理系统。

7.2.5.4 应用服务平台建设

其主要内容包括开发黄河源区监测评价数据共享平台和黄河源区监测数据共享机制的建立。

数据的管理、共享、应用方式以接口形式对外进行服务,根据接口的服务内容的不同,划分为部门内部资源管理接口、系统管理维护接口、资源共享接口、应用系统链接共享接口。接口和数据库之间通过数据访问引擎来建立起联系。

在建立的数据共享平台上,实行数据的分类管理。宏观数据可以通过摘要或网络来随便获取,无需许可证;原始数据在许可的条件下可以获取,根据用途来索取一定的费用。实行数据的分层管理,在一个网络服务器上设置权限,使用者可以按照授予的权限由密码进入不同层次的界面,获取数据库不同级别的数据。同时,按隶属关系,建立不同部门间水土保持数据共享机制。

7.2.6 监测机构能力建设

其主要内容包括监测管理制度、水土保持标准规范、水土保持监测技术培训与交流等。

7.2.6.1　监测管理制度

为确保整个黄河源区水土保持监测网络工作顺利开展、监测成果整(汇)编质量及监测数据交流、资源共享的安全性等,监测网络内部需要实行严格的业务管理制度和管理机制。因此,分批制定黄河源区水土保持监测网络的运行管理制度、各级站(点)业务管理制度、监测结果汇报制度、监测站(点)数据上行报告制度、平行站点数据交流制度、监测成果公告制度、开发建设项目等监测成果认证制度、监测设施设备管理制度、监测网络建设管理制度、监测人员学习培训制度等。

7.2.6.2　水土保持标准规范

根据《水利技术标准体系表》,结合水土保持监测特点,编制适合黄河源区的水土保持标准规范,包括综合技术标准、侵蚀类型标准、水土保持防治项目监测标准、信息管理标准、水土保持数据采集标准、水土保持元数据标准、水土保持数据库表结构标准等。

7.2.6.3　水土保持监测技术培训与交流

按照"突出重点,分层推进,分类指导,不断完善"的原则,对从事水土保持监测工作的技术人员进行周期性的专业培训,包括上岗培训、监测实际操作技术培训、仪器设备的管理维护技能培训、资料整理人员的规范化培训、数据管理人员培训、水土保持监测技术交流、国际交流等。

7.2.7　监测设施设备

其主要内容包括影像处理设备、外业调查设备、监测站检测设备配套及网络建设等。

第8章　流域管理

8.1　流域管理与行政区域管理的事权划分

黄河河源区管理包括流域管理和行政区域管理。流域管理是流域管理机构依照法律、行政法规规定和国务院水行政主管部门授权，在所辖范围内行使水行政管理职能；行政区域管理是地方政府依法在所辖行政区域内行使公共行政职能。流域管理的主要职能是对影响流域整体利益的涉水事务的组织、协调和控制；行政区域管理的主要职能是对所在区域内社会公共事务（包括涉水事务）的决策、组织、管理和调控。二者之间既有共同利益，又有整体与局部之别，不能相互替代。因此，实行流域管理与行政区域管理相结合，是符合我国国情的最基本的水管理制度。要使这项制度有效运作，必须以明晰的事权划分为基础，在权利与义务明确的前提下，推进流域综合规划的有序实施，实现流域的统一管理。

8.1.1　流域管理职责与权限

黄委作为水利部在黄河流域的派出机构，在黄河流域内行使水行政管理职能，负责黄河流域的综合治理，开发管理具有控制性的、重要的水工程，搞好规划、管理、协调、监督、服务，促进黄河治理及水资源综合开发、利用和保护。体现在河源地区的具体职责为：

（1）在生态环境保护与建设方面，按照建设资源节约型和环境友好型社会、构建社会主义和谐社会的要求，根据黄河流域治理、开发、保护和管理现状及未来流域经济社会发展需求，合理制定生态环境保护和修复目标，提出开发利用的限制条件和任务，明确重点治理区水土流失综合治理措施，完善水土保持预防监督和监测体系，实现流域宏观管理。

（2）在水资源管理方面，全面贯彻落实《中华人民共和国水法》、《取水许可和水资源费征收管理条例》、《黄河水量调度条例》，积极推进取水许可制度的实施。对开发、利用水能资源的水电站项目和其他取用水项目，按照限额管理规定，受理审查、审批取水许可申请，负责建设项目水资源论证技术审查，实施对审批取用水项目的监督管理。负责制定水资源保护规划，实施水质污染状况监测，协同环境保护部门监督管理水污染防治工作。负责黄河水量调度的组织实施和监督检查。

(3)在河道建设项目管理方面,对黄河源区干流河道管理范围内兴建各类大中型建设项目,在防洪影响评价技术审查的基础上,实施水行政许可审查;对水电站工程建设,严格执行规划同意书制度,协调处理部门间和省区间的水事纠纷。

8.1.2　行政区域管理职责与权限

行政区域在涉水事务方面的管理职责与权限,是相对于流域管理而言的,其在河源地区的具体职责为:

(1)在生态环境的保护建设方面,按照流域综合规划确定的目标,对生态环境保护与建设项目的立项审批、资金筹措、科研培训、组织落实和监督检查等实施具体管理。

(2)在水资源管理方面,按照法律法规的规定和授权,在其行政区域范围内负责水资源的合理开发、优化配置、高效利用和有效保护。全面推进取水许可制度,负责限额以下的取用水管理,组织水资源费的征收。按照国家资源与环境保护的有关法律法规和技术标准要求,拟定地方水资源保护规划,组织水功能区的划分,实施水域排污控制。

(3)在河道建设项目管理方面,负责黄河源区干流河段河道管理范围内兴建各类小型建设项目,以及支流河道管理范围内兴建小型建设项目的受理审查。负责河道在建项目防汛预案的审查及施工期防汛管理,对建设项目竣工后河道临时工程和弃渣清理情况组织验收。对流域机构审查权限范围内的建设项目,地方省级河道主管机关提出意见,按规定程序报流域机构。

(4)配合流域机构做好辖区内取水许可管理和河道管理范围内建设项目行政许可管理。

8.2　管理机制

管理机制是在一定的管理体制下实施决策、执行、反馈等连续不断的运行活动,机制的核心内容就是行政权力的划分。为充分发挥流域和区域管理的职能,建立和完善流域与区域相结合的管理机制、行政区域各部门间协调机制是一项长期重要的工作。

8.2.1　流域与区域相结合的管理机制

流域管理是一项十分复杂的系统工程,涉及对各开发主体、地区之间,以及当前与长远等各种利益的协调,强调的是全流域整体利益。行政区域管理因其区域经济社会发展基础和需求不同,河流流经区域的自然特性不同,地方政府对流域资源开发利用的管理和要求过多强调区域利益。二者之间的利益不同显而易见,建立流域与行政区域相结合的管理机制确实是一个难点。在国家确定的"流域管理与行政区域管理相结合的管理体制"下,明确双方的权利与义务和管理工作程序,是建立流域与行政区域相结合的管理机制的核心内容。

现行法律制度分别明确了流域管理与行政区域管理的职能和权限,双方在履行各自的职责中,必须坚持行政区域管理服从流域管理,国家利益和流域整体利益优先的原则;坚持上下游、左右岸、当前与长远利益兼顾,相互协调的原则;坚持相互配合,团结协作,依法行政的原则。

为此,有必要建立流域与行政区域管理联席会议制度,形成流域管理机构与青、川、甘地方政府多方参与、民主协商、共同决策、分工负责的管理运行机制,确保黄河源区综合规划的有效实施。

8.2.2　行政区域各部门间协调机制

地方政府现行的社会管理,在所辖行政区域内主要实行的是分地区和分部门的管理机制,水利、环保、农牧、林业、市政、卫生等部门均不同程度地参与涉水事务的管理,部门之间、地区之间、城乡之间缺乏沟通和交流,地表水与地下水之间存在分割,造成供水、用水、排水管理不统一,水污染防治、水资源保护、水土保持、防洪减灾、城乡供水等难以协调,甚至出现掠夺性开发、粗放式利用等问题。

当前,根据实际工作需要,有必要建立行政区域地区间、部门间相互协调机制。具体可借鉴三江源生态环境保护与建设工程,通过实行"政府组织,综合部门牵头,主管部门负责,有关部门配合,明确各方职责,强化监督制约"的管理方式,建立一套行之有效的行政区域各部门间协调机制,该机制的建立在黄河源区生态环境保护与建设中发挥了积极作用,为行政区域管理涉水事务提供了经验。

8.3　综合管理措施

尽管黄河源区面积只占黄河流域的17.5%,但其产水量却占到黄河径流量的38.6%,可见,该区域的水源涵养功能对维持黄河健康生命具有决定性的影响,目前随着该区域经济社会的快速发展,面临许多管理新情况、新问题。因此,河源区管理工作任务艰巨,责任重大,必须采取政策法规、行政等综合管理措施,推动区域经济社会健康、和谐发展。

8.3.1 政策法规制度

政策法规制度建设是依法治河、依法管理的重要基础,完善的法律法规制度可以促进流域管理机构与地方各级政府有效实施社会管理和充分发挥其公共服务职能,可以有效调整和解决资源开发与环境保护之间的矛盾和问题,依法纠正各种不良社会现象和各类水事违法行为。当前,黄河源区初步形成的有关法规和规章按照构建人水和谐、人与自然和谐的新要求,有待继续完善,特别需要加强流域管理,依法履行职责方面的法规建设。因此,为促进行政管理的规范化、科学化和制度化,要进一步重视和加强政策法规制度的建设,为依法行政、依法管理奠定坚实的基础。

(1)加快黄河相关政策法规及制度建设。加快《取水许可和水资源费征收管理条例》实施细则和《黄河水量调度条例》配套办法的出台,逐步建立和完善黄河水资源保护及取水许可监督管理的各项工作制度,在水电站建成运行过程中,严格遵循电调服从水调的原则,真正落实流域统一管理、协调行政区域管理和行业管理的流域管理职责;出台《黄河源区管理保护办法》,完善水资源管理与保护制度;在河道建设项目管理方面,建议出台《黄河源区河道建设项目管理办法》,完善分级管理、流域与地方相结合的制度;依据《中华人民共和国水土保持法》规定,按照宏观性、政策性、创新性和可操作性的要求,修改完善流域和区域预防监督监测管理法律法规和配套制度,包括水土保持方案编制制度、水土流失规费征收与使用制度以及水土保持监督检查制度等,以《水土保持监督执法规范》制定为重点,制定相配套的河源区水土保持执法行为规范以及不同类型开发建设项目水土保持方案编制、实施、评估、验收等环节的技术细则。

(2)资源开发必须以生态保护为前提,以不破坏生态环境为底线。对零星的采矿业要明令禁止;对生态旅游业要制定相关政策,控制规模,严格管理;对丰富的中藏药材资源,在有序开发的同时,加快中藏药新产品的开发研制,把传统优势与现代科技和先进生产工艺结合起来,做大做强藏医药业。

(3)加强对生态移民人口的帮扶力度。对搬迁安置到城镇的生态移民,加大文化素质和劳动技能培训,积极培育替代产业,引导农牧民与企业形成利益共享、风险共担、相互依存、共同发展的利益共同体,切实让移民群众感到“走出草山有靠山”,享受党的政策所带来的温暖。

(4)加快改进现行水电价格机制。对水电企业来说,目前实行的电力产品定价方式,其经营成本没有考虑缴纳水资源费内容,特别是一些承担防洪、灌溉、供水等综合效益职能的水电工程,在定价中也没有考虑这些特殊贡献,水电企业难以通过其他途径向受益部门收取提供综合效益的回报,这在很大程度上也影响水行政主管部门对水能资源开发的管理及《取水许可和水资源费征收管理条例》的落实。因此,应加快现行水电价格机制研究,建立符合水电特性的价格机制,促进水电企业依法缴纳水资源费,将水电开发的隐性社会成本显化,并通过水资源费的征收增强对移民后期扶持的支持能力。

8.3.2　水资源管理

黄河源区水资源管理以提高水的利用效率和效益、建立节水型社会为目的,以"维持黄河健康生命"的治黄新理念为指导,统筹协调水资源需求,解决水资源紧缺与用水浪费问题,保障饮水安全、经济供水安全与生态环境用水要求。按照总量控制、以供定需、统一管理、分级负责的原则,采取行政、经济、科技、法律等多种手段,建立水资源统一管理与调度综合保障体系。依照《中华人民共和国水法》、《取水许可和水资源费征收管理条例》、《取水许可管理办法》、《取水许可制度实施办法》、《建设项目水资源论证管理办法》等法律法规规定,完善流域管理和区域管理相结合的水资源管理和调度体制,扎实认真地搞好取水许可管理和建设项目水资源论证工作。进一步完善取水许可总量控制管理制度,建立取水许可审批、发证统计和公告制度,防止瞒报、不报取水许可审批发证情况及越权审批等现象的发生,建立从流域至各级行政区域的总量控制与定额管理制度,防止取水失控,促进节约用水,完善以水环境容量和水功能区为基本依据的黄河取水许可水质管理制度。建立水资源管理系统等支持服务系统,及时开展有关重大情况和问题调查与研究,提高水资源管理效能。

8.3.3　河道建设项目管理

国家对河道管理范围内建设项目管理实行按水系统一管理和分级管理相结合的原则。按照管理权限,干流由流域机构实施管理,非重点支流由地方机构管理。干流中大中型建设项目由流域机构审批,小型建设项目由地方水行政主管部门审批。目前,水利部对河道建设项目管理权限和审批程序的规定比较明确,但在执行过程中行业之间、流域机构与地方水行政主管部门之间在认识上有一定差距,影响水行政许可管理工作有序进行,造成不少违规建设项目出现,给河道防洪和两岸人民群众生命财产安全带来隐患。因此,对干流水电梯级开发项目,要严格按照综合规划要求和水行政许可程序规定,落实规划同意书制度,严把建设项目水资源论证和防洪评价技术审查关,避免和减少水电工程对河流上下游和库区生态环境的不良影响。流域机构须从维护大局利益的角度出发,对支流河道取水许可管理、河道建设项目管理进行监督检查,在积极推进我国能源战略目标实现的同时,实现流域整体效益的最大化。同时,重点加强建设项目信息建设,克服黄河源区条件艰苦、交通不便、信息不畅等管理困难,建立高效、完善的河道建设项目监测体系,强化流域机构与区域机构的沟通与交流,及时发现和掌握河道建设项目信息,防止违章建设项目发生。

8.3.4 水土保持预防监督管理

全面落实"预防为主,保护优先"的工作方针,积极实施分区防治战略,强化预防监督,依法保护现有森林、草原,对存在潜在侵蚀危险的地区,积极开展封山育林、封坡育草、轮牧禁牧,坚决制止毁林毁草、乱砍滥伐、过度放牧和陡坡开荒,加强开发建设项目水土保持措施建设,防止产生新的水土流失。同时,注重城镇周边小流域综合治理及泥石流多发区治理,提高水土资源利用率,改善农牧业生产条件,保障区域生态安全,促进人与自然和谐发展。

进一步加强监督执法工作力度,以建设项目水土保持方案审批、水土流失防治费和补偿费征收及水土保持监督检查为核心,以水土保持方案编报和落实情况的监督检查为重点,加大对水土保持方案编报和落实情况的监督检查,严格执法,加强对开发建设单位和个人水土流失违法案件的查处力度,提高水土保持监督执法工作的社会知名度,有效遏制人为水土流失,改变黄河源区生态环境恶化的局面。针对黄河源区人为水土流失防治工作薄弱的现状,在各地各级现有机构建设的基础上,按照《中华人民共和国水土保持法》的要求和当地水土保持监督执法规范化建设的需要,健全和巩固流域各级水土保持监督机构建设,重点加强县级机构建设,进一步扩大乡、村监督网络,加强队伍建设,提高人员素质,规范执法行为,完善办公、执法和技术装备,建立预防监督综合管理系统,总结和推广示范预防保护技术、监督治理技术、生态修复技术等关键技术,继续巩固完善水土保持预防监督执法体系。

8.3.5 水行政执法工作

水行政监督执法工作在坚持制度化、经常化的基础上,从以下三个方面切实抓好落实:一是按照水法律法规规定的法律责任,准确掌握执法尺度,对法律法规明确的和符合《中华人民共和国行政许可法》要求的水行政许可审查项目,流域机构与地方水行政主管部门要密切配合,不越权、不缺位,规范工作制度,做到公正、公开、公平,程序简化和便民高效,同时建立行政许可监管机制,强化监督检查;二是推行水行政执法责任制和评议考核制,进一步规范水行政管理与执法人员的行政行为,有效防止水行政管理与执法活动中腐败现象的发生;三是坚持预防为主、依法管理的原则,通过法制教育,让当地民众了解国家的法律法规、管理制度,从源头上防止违法建设项目的发生。另外,坚持“有法必依、执法必严、违法必究”,加大水行政执法与监督检查力度,及时查处各类违规建设项目和水事违法案件,努力实现发现一起,查处一起,结案一起,对违法者给予应有的法制制裁。

8.3.6　水功能区管理

水功能区管理工作是全方位对水功能区内的水体进行有效保护的一项基础性工作,是水资源保护工作的重要组成部分。应尽快根据水利部颁布的《水功能区管理办法》要求,建立和完善黄河源区水功能区管理、入河排污口管理、污染物入河总量控制等方面的规章制度,强化取水、排水许可制度,充分结合水政水资源管理巡查等基础工作,制定水功能区执法巡查制度,为水行政主管部门依法履行水资源保护职责、实施水功能区管理和保护提供法律保障。建立流域和省(区)水资源保护的执法体系,以保护区为重点加强对水功能区巡查和执法检查,定期公布水功能区质量状况。

8.3.7　入河排污口监督管理

入河排污口设置单位应在相关的水行政主管部门或流域管理机构登记。县级以上地方人民政府或流域管理机构应按照水利部《入河排污口监督管理办法》,对入河排污口情况进行调查,做好入河排污口监督管理和入河排污量的监督监测,对于保护区、保留区内目前已存在的排污口,要求污水达标排放,并严格控制污染物入河总量。2020 年 COD、氨氮入河总量分别控制在 484 t 和 53.3 t 以内,2030 年分别控制在 498 t 和 55.1 t 以内。对超标排污的入河排污口及时通报有关地方政府和环境保护部门,并协助环境保护部门进行监督管理。

8.3.8　建立流域生态补偿机制

河源地区高寒缺氧,生态脆弱,破坏容易、恢复难,可逆性和抗干扰性极差。因此,要使已经恶化的河源地区生态环境得到恢复,并非一朝一夕之功,而是投资巨大、耗时长久的过程。目前实施的青海三江源生态保护工程主要由国家投资,又有具体时限,生态环境保护长效机制尚未建立。该地区生态环境的好坏,对中下游地区经济社会发展影响重大，地区间、行业间在自然资源的获取与惠益共享方面权、责、利不统一，实现搬迁安置的生态移民在短时间内对劳动技能的转型还难以适应，维持长期生计还存在问题。

建议按照“有利于可持续发展、责权利相统一、分类解决、公平合理、政府主导”的原则，加快研究建立流域和区域生态补偿机制。

(1)加强宣传，提高生态环境保护意识。

针对人们对生态价值的模糊认识，要加大宣传力度，向全社会灌输生态环境有价的理念，大力提倡“污染者付费、利用者补偿、开发者保护、破坏者恢复”。全面提高全民的生态环境意识，增强生态功能区居民和领导的维权意识，增强受益地区干部和群众进行生态补偿的自觉性。加快国民经济绿色核算体系建设，将生态资源遭到破坏的部分，计入国民经济成本，改变以往过分注重经济增长指标的政绩考核办法。在全社会形成生态环境不是免费的观念，从而为建立和实施生态补偿机制奠定舆论基础。

(2)建立健全政府间财政转移支付制度及强化生态补偿的税收调节机制。

对限制开发区域和禁止开发区域，建议建立以国家资金为主导的生态补偿机制，如设立对重点生态区的专项资金支持模式实行财政转移支付。通过强化生态补偿的税收调节实现对限制开发区域和禁止开发区域的生态补偿。对流域上、下游区域之间，建议建立以地方政府为主导的生态补偿机制，明确环境产权归属，通过环境权属交易实现生态补偿。对开发建设项目，本着“谁开发谁保护，谁破坏谁恢复，谁利用谁补偿”的原则，通过完善生态补偿的收费制度(如建立生态补偿保证金)，积极探索生态补偿收费的实践，制定严格的征收标准，征收的生态补偿费应该专款专用，用于生态恢复和补偿。

(3)拓宽生态建设和环境保护资金筹措渠道。

建议继续利用国债的筹资手段，解决资金缺口问题。同时建议发行中长期特种生态建设债券或彩票，筹集一定的资金。提供各种优惠政策，鼓励私人投资到环保产业，争取在股票市场中形成绿色板块。提高金融开放度、资信度和透明度及加强投资制度的一致性和稳定性，创造良好的条件以引进海外资金，积极吸引国外资金直接投资于生态项目的建设。

建议国家有关部门加大对流域和区域生态补偿机制研究的力度，积极开展试点工作，建立长效生态补偿机制，实现经济、社会、环境的良性可持续发展。

8.3.9　法制宣传教育

将法制宣传教育工作列入政府社会管理的重要议事日程，纳入各部门、各单位的目标责任，进行督促、检查和考核。要抓住典型案件以案释法，因地制宜，推动法制宣传教育活动，引导和促进广大干部与农牧民群众学法守法；要组织编写印刷汉、藏两种语言文字的法制宣传教育读本，抓好“世界水日”、“中国水周”、“12·4 法制宣传日”的集中宣传，送法上门，广造声势，普及法律知识，倡导生态文明、弘扬环境文化、增强宣传效果；要充分利用报刊、广播、网络、电视等现代新闻传媒，建立法制宣传平台，加大经常性宣传力度，努力形成全社会都来关心水和生态问题的社会氛围，不断提高人们对保护水资源和建设生态文明在经济社会发展中重要性的认识，为维持黄河健康生命，构建人与自然和谐的优良社会环境不懈努力，以水资源和生态环境的可持续利用促进经济社会的可持续发展。

8.3.10　管理队伍能力建设

黄河源区水行政管理相对薄弱的一个重要原因是管理及执法队伍能力建设严重滞后，应从以下两个方面落实：一是强化对管理队伍和人员的培训，不断提高管理队伍及全体人员的综合素质和执法办案水平；二是加强管理队伍和执法装备建设，增强快速反应能力，提高综合管理水平。

按照统一管理与分级管理相结合的原则，应进一步加强流域机构的水行政管理与执法队伍建设和装备水平，建立门类齐全、办事高效、运转协调、行为规范的流域水行政管理体系，提高流域水行政管理与执法能力。

8.4　科学研究

根据黄河源区水源涵养保护与治理开发对科学研究的要求，要进一步加强基础研究和关键技术问题的研究，加快科技创新，推动科技成果转化，为黄河源区的治理开发与保护提供基础支持。

8.4.1　水文测报新技术、新仪器、新设备的开发研究

该方面的开发研究主要包括 ADCP 测流仪器在黄河源区的应用试验研究；固态降水采集仪器开发研究；称重式雨雪量计开发；流量桥测设备的引进、改进研究；融雪式雨量计对比试验；时差法超声波流量计在黄河源区的应用试验研究；电波流速仪在黄河源区的应用试验研究；小型打冰机的改进研究；冰期水位计开发研究；水文要素后处理系统开发；“3S”技术应用等内容。

8.4.2　黄河源区基本水文规律和环境特征变化研究

该方面的研究主要包括黄河源区水文分区及各分区降水、蒸发、下渗、产汇流特性研究；黄河源区水资源总量及其变化趋势研究；径流试验站建设；黄河源区典型流域产汇流机制研究及黄河源区生态环境变化对水文规律的影响研究等内容。

8.4.3　黄河源区水土保持监测及治理科学研究

拟开展的科研项目有黄河源区生态修复水土保持监测及治理技术研究、城镇周边沟道水土流失综合治理试验示范、生态修复战略与当地社会经济可持续发展关系研究等。

8.4.4　黄河源区水电开发和生态保护的关系研究

黄河源区海拔较高，气候寒冷，生态环境脆弱。近年来，受自然因素和人类活动的共同影响，黄河源区生态环境问题突出。与此同时，黄河源区的干流河段蕴藏了丰富的水能资源，部分河段比降较陡，河谷狭窄，具有较好的水电开发条件，如何合理利用该地区的水电资源，做到生态保护与水电开发相协调，是值得研究的问题。应在深入调研分析的基础上，深入研究水电梯级开发对生态保护的影响，探求水电梯级开发与生态保护的平衡点，实现在生态环境保护基础上水电资源的有序开发利用。

8.4.5　生态补偿机制研究

以黄河流域为例，开展生态补偿的立法研究，为建立生态补偿机制提供法律依据；根据生态破坏的实际情况，研究不同地区生态补偿机制建立的原则、补偿内容、补偿方法及模式、补偿资金体制、各个补偿项目的补偿标准以及流域生态补偿机制的实施主体与操作程序。

第9章　治理开发对环境影响分析

9.1　环境保护目标

黄河源区是黄河的发源地，以占黄河流域（不含内流区）17.5%的面积，产水量占黄河流域年平均径流量的35.6%。黄河源区属典型的青藏高原高寒草地地貌。该区域高寒缺氧，气候条件恶劣，植被品种结构单一，生态环境十分脆弱。近年来，受气候变化和人类活动的共同影响，造成草场退化、土地沙化、水源涵养能力降低等一系列问题。针对黄河源区自然环境的特点，恢复和改善该区域生态环境，提高水源涵养能力是黄河源区环境保护的预期目标。

9.1.1　水环境

合理开发利用和保护水资源，保护和改善地区人民生活质量；梯级水库群的开发不致对下游河段水资源带来明显不利影响；保护黄河源区河段梯级所涉及的水域水环境，维持河段内现有良好水质，各功能区控制污染物排放量在水域纳污能力范围之内，实现水环境良性循环。工程建设应重点保护国家自然保护区，生活饮用水源地，珍稀水生生物栖息地、产卵场、洄游通道，水产养殖等水域功能。工程施工和运行不降低有关河段水质标准和功能。

9.1.2　生态环境

保护和改善黄河源区河谷区域自然体系的结构和功能，维护生态系统稳定性、生态完整性，保护梯级开发涉及的生物多样性及自然保护区、河谷地区珍稀濒危陆生动植物，保护珍稀、濒危、特有水生生物、鱼类产卵场。工程施工和移民安置导致的不利生态影响得到恢复和改善，可能引起的水土流失得到防治。

9.1.3　社会环境

促进黄河源区内青海、甘肃和四川省相关区域的社会经济可持续发展，提高人民生活质量，使工程区移民生活达到或超过原生活水平。

保护影响区人群健康，改善移民环境卫生条件，保证饮用水卫生，防止梯级开发、工程建设引起疾病流行。

9.2 环境现状分析

本书在第1章中已经对黄河源区的环境现状做了一定的描述，此处将不再赘述，仅对水环境、生态环境、鱼类保护区和主要环境问题等方面进行几点补充。

9.2.1 水环境

黄河源区位于高寒地区，自然环境恶劣，人口密度小，城镇化水平较低，工、农业均不发达，畜牧业为当地主要产业。从整体上看，该区域受人类社会、经济活动影响相对较少，山体和陆地植被覆盖良好，工业污染和农业面源污染较少，基本上没有大量工、农业废污水排入河道，河流水体接近天然状态，水质状况保持良好。

9.2.2 生态环境

9.2.2.1 土壤植被

黄河源区地域辽阔，受地质运动的影响，海拔差异很大，并且高山山地多，相对海拔较高，形成了明显的土壤垂直地带性分布规律。随着海拔由高到低，土壤类型依次为高山寒漠土、高山草甸土、高山草原土、山地草甸土、灰褐土、栗钙土和山地森林土，其中以高山草甸土为主，沼泽化草甸土也较普遍，冻土层极为发育。

该区域土壤地质发育年代轻，脱离第四纪冰期冰川作用的时间不长，现代冰川还有较多分布，至今地壳仍在上升，高寒生态条件不断强化，致使成土过程中的生物化学作用减弱，物理作用增强，土壤基质形成的胶膜比较原始，成土时间短。区内土壤大多厚度薄、质地粗、保水性差、肥力较低，并容易受到侵蚀而造成水土流失。

黄河源区植被类型的水平带谱和垂直带谱均十分明显。水平带谱自东向西依次为山地森林、高寒灌丛草甸、高寒草甸、高寒草原、高寒荒漠。沼泽植被和垫状植被则主要镶嵌于高寒草甸和高寒荒漠之间。高山草甸和高寒草原是该地区主要植被类型和天然草场，草群成分简单，生态系统的稳定性和抗干扰能力极低。

9.2.2.2 陆生动物

区内野生动物区系属古北界青藏区青海藏南亚区，是具有青藏高原特色的珍稀动物，有国家一、二级保护动物，如藏羚羊、野牦牛、野驴、岩羊等。区内珍稀动物名录见表 9-1。

表 9-1　珍稀动物名录

保护级别	动物名称
国家一级保护动物	雪豹、黑鹳、秃鹫、斑尾榛鸡、金雕、玉带海雕、白尾海雕、胡秃鹫、黑颈鹤、藏野驴、藏羚、野牦牛、白唇鹿、马麝、雉鹑、绿尾虹雉、虎、盘羊等
国家二级保护动物	雀鹰、松雀鹰、棕尾鵟、普通鵟、草原鵰、乌雕、林雕、高山秃鹫、鹊鹞、白头鹞、鱼鹰、猎隼、游隼、燕隼、淡腹雪鸡、白马鸡、红腹锦鸡、蓑羽鹤、雕鸮、纵纹腹小鸮、长尾林鸮、豺、棕熊、石貂、水鹿、斑羚、豹、棕熊、兔狲、马鹿、林麝、鬣羚、香鹫、红脚隼、小鸮、蓝马鸡、血雉、水獭、荒漠猫、猞猁、大天鹅、灰鹤、鸢、大鵟、灰背隼、红隼、马熊、岩羊、疣鼻天鹅、藏雪鸡等
省级保护动物	沙狐、麅、大白鹭、灰雁、斑头雁、雪鹑、渡鸦、凤头鸊鷉、黑颈鸊鷉、普通鸬鹚、普通海鸥、西藏毛腿沙鸡等

9.2.2.3　水生生物

据《青海省渔业资料和渔业区划》、《青海省经济动物志》等资料，黄河源区河段水生生物组成比较简单，浮游生物和水生植物较少。河段内鱼类区系组成比较简单，主要由鲤科裂腹鱼亚科和鳅科条鳅属中的若干种类组成。黄河上游主要经济鱼类包括厚唇裸重唇鱼、极边扁咽齿鱼、花斑裸鲤、黄河裸裂尻鱼、骨唇黄河鱼、似鲇高原鳅等，其中鲤科裂腹鱼亚科的花斑裸鲤、黄河裸裂尻鱼、极边扁咽齿鱼、骨唇黄河鱼以及鳅科的似鲇高原鳅等土著鱼类是黄河上游特有鱼类，列入《中国濒危动物红皮书》的有极边扁咽齿鱼、骨唇黄河鱼和似鲇高原鳅，主要土著鱼类的生活习性简述如下：

据中国科学院武汉水生生物研究所《南水北调西线第一期工程影响地区水生生物分布现状及影响分析》和中国生物多样性信息系统中国科学院西北高原生物研究所有关资料，主要土著鱼类的生活习性简述如下：

极边扁咽齿鱼主要分布在扎陵湖、鄂陵湖，以及久治县门堂等地黄河干流；常栖息于缓静淡水中下层；繁殖旺季在每年 5 月开冰以后；产卵场位于缓流处，水深 1 m 以内，水质清澈，沙砾底质，卵黄色，沉性，具黏性。

骨唇黄河鱼主要分布在扎陵湖、鄂陵湖，以及玛多县、达日县、久治县、红原县和玛曲县等黄河干支流和诸湖泊水域；栖息于海拔 3 000 ~ 4 300 m 的宽谷河段和湖泊中，为黄河上游特有鱼类；常见于缓静清凉淡水水域的上层；夏季午后常跃出水面摄食落水的陆生昆虫，冬季在深水处越冬；主要以着生硅藻和昆虫为食；每年 5 月产卵，卵黄色，黏性。

似鲇高原鳅广泛分布于黄河源区干流河道内；栖息于河汊或湖泊进河流入口处，游泳迟缓，常潜伏于底层；以小型鱼类为主要食物，兼食植物碎屑；每年7～8月产卵，卵黏性。

厚唇裸重唇鱼主要分布在扎陵湖、鄂陵湖，以及玛多、达日、久治等县的黄河干流；为一种高原冷水性鱼类，生活在宽谷江河中，有时也进入附属湖泊；每年河水开冰后即逆河产卵；主要以底栖动物、石蛾、摇纹小虫和其他水生昆虫及桡足类、钩虾为食，也摄食水生植物枝叶和藻类。

花斑裸鲤主要分布在扎陵湖、鄂陵湖，以及达日、久治、泽库、贵德等县的黄河干流；以水生多脊椎动物为主要食物，兼食小型鳅类；产卵场位于黄河干流砾石底质、水清澈、水流较急的河段地段。

黄河裸裂尻鱼主要分布在扎陵湖、鄂陵湖，以及玛多、达日、久治、玛沁、贵南等县的黄河干流；通常生活在海拔2 000～4 500 m，越冬时潜伏于河岸洞穴或岩石缝隙之中，喜清澈冷水；以摄食植物性食物为主，常以下颌发达的角质边缘在沙砾表面或泥底刮取着生藻类和水底植物碎屑，兼食部分水生维管束植物叶片和水生昆虫；产卵场位于黄河干流砾石底质、水清澈、水流较急的河段地段。

黄河源区主要保护鱼类分布范围见表9-2。

表9-2 黄河源区主要保护鱼类分布范围

鱼类名称	分布范围
极边扁咽齿鱼	主要分布在扎陵湖、鄂陵湖，以及久治县门堂等地黄河干流
骨唇黄河鱼	主要分布在扎陵湖、鄂陵湖，以及玛多县、达日县、久治县、红原县和玛曲县等黄河干支流和诸湖泊水域
似鲇高原鳅	广泛分布于黄河源区干流河段内
厚唇裸重唇鱼	主要分布在扎陵湖、鄂陵湖，以及玛多、达日、久治等县的黄河干流
花斑裸鲤	主要分布在扎陵湖、鄂陵湖，以及达日、久治、泽库、贵德等县的黄河干流
黄河裸裂尻鱼	主要分布在扎陵湖、鄂陵湖，以及玛多、达日、久治、玛沁、贵南等县的黄河干流

9.2.3 鱼类保护区

1) 黄河上游特有鱼类国家级水产种质资源保护区

水产种质资源保护区，是指为保护和合理利用水产种质资源及其生存环境，在保护对象的产卵场、索饵场、越冬场、洄游通道等主要生长繁育区域依法划出一定面积的水域滩涂和必要的土地,予以特殊保护和管理的区域。水产种质资源保护区分为国家级和省级,其中国家级水产种质资源保护区是指在国内、国际有重大影响,具有重要经济价值、遗传育种价值或特殊生态保护和科研价值,保护对象为重要的、洄游性的共用水产种质资源或保护对象分布区域跨省(自治区、直辖市)际行政区划或海域管辖权限的,经国务院或农业部批准并公布的水产种质资源保护区。

2007年12月12日,中华人民共和国农业部公告第947号将黄河上游特有鱼类水产种质资源保护区列入了第一批国家级水产种质资源保护区,该保护区主要分布于玛曲河段的四川阿坝州若尔盖县,青海久治县、河南县,甘肃玛曲县。主要保护对象为厚唇裸重唇鱼、花斑裸鲤、极边扁咽齿鱼、黄河裸裂尻鱼、骨唇黄河鱼、似鲇高原鳅等高原冷水鱼类。

2)甘肃玛曲青藏高原土著鱼类省级自然保护区

2004年甘肃省政府批准建立了甘肃玛曲青藏高原土著鱼类省级自然保护区。土著鱼类保护区总面积274.16 km^2,其中核心区面积88.16 km^2,占保护区总面积的32.16%;缓冲区面积为76 km^2,占保护区总面积的27.72%;实验区面积110 km^2,占保护区总面积的40.12%。其主要保护对象为极边扁咽齿鱼、花斑裸鲤、厚唇裸重唇鱼、黄河裸裂尻鱼、鲶条鳅、黄河高原鳅、小眼高原鳅、硬刺高原鳅、黑体高原鳅、壮体高原鳅、短尾高原鳅等11种青藏高原土著鱼类资源。

据《甘肃玛曲青藏高原土著鱼类省级自然保护区区划报告》,土著鱼类保护区主要划分为黄河木西合乡乔果尔—塔玛沟段、黄河阿万仓乡德格要沟—阿孜畜牧试验场扣尼合段、黄河齐哈玛乡智卡—采日玛乡尕玛段等3段核心区。核心区是自然保护区的一个重要区域,是高原土著鱼类的集中分布地和产卵场所,该区的主要任务是保护高原土著鱼类生存的河流水生生态系统尽量不受人类活动的干扰,在自然状态下进行更新和繁衍;另外,核心区作为高原土著鱼类生存基本规律研究的场所,也只限于观察和监测,不能采取任何试验处理的方法,避免对其自然状态产生破坏。同时,核心区作为高原土著鱼类生物物种的遗传基因库,从事科学研究观测、调查活动时,应当事先向保护区管理机构提交申请和活动计划,经有关自然保护行政主管部门批准后,方能进行。需要指出的是,核心区内的江心洲,河滩地上的动植物资源作为河流生态系统的重要组成部分和高原土著鱼类的饵料来源,同样应予以保护。

9.2.4　主要环境问题

据《青海三江源规划》、《四川若尔盖湿地国家级自然保护区总体规划》、《甘肃甘南黄河重要水源补给生态功能区生态保护与建设规划》等报告，该地区主要环境问题有：草场退化与沙化、湖泊湿地萎缩、生物多样性受到破坏、局部地区水土流失严重、水源涵养能力下降等，详见本书第2章有关内容。

9.3　环境影响预测

黄河源区水源涵养保护与治理研究规划包括水源涵养、干流河段梯级开发和水资源利用与保护等。项目的实施将对其涉及范围内的水环境、生态环境以及社会环境产生一定的影响。

9.3.1　水源涵养的环境影响预测

9.3.1.1　水环境

水源涵养工程的实施，将增加林草覆盖度，减少水流对河岸的冲刷，减少泥沙入河量，对黄河源区河段水质产生有利影响。

9.3.1.2　生态环境

黄河源区水源涵养工程，将通过实施退牧还草、退耕还林、已垦草原修复与建设、草原鼠害治理等措施，使沙化和受毒草、鼠害危害的草地得到改良和尽快恢复，提高该区域的草地覆盖度，减少人类放牧活动对天然植被的过度破坏，使黄河源区的生态环境得到改善。同时通过生态移民工程、生态农牧业建设，改变牧民放牧方式和居住地点，减少人类放牧活动对草地的破坏，使黄河源区的地表植被得以休养生息，促进地表植被的恢复，增强水源涵养能力。

水源涵养工程以小流域为单元，采取林草措施、工程措施和保土耕作措施相结合，山、水、田、林、路统一规划，对水土流失进行综合治理，区域内水土流失状况将得到有效改善。

水源涵养工程采取自然恢复和人工措施相结合的方式，实施生态保护、恢复、建设和治理工程，禁止外人进入自然保护区特别是核心区，将使自然保护区的生态环境得到有效恢复和修复，使自然保护区的生态功能得到有效发挥。

9.3.1.3　社会环境

黄河源区水源涵养工程的实施，将使区域草畜矛盾得到缓解，提高草地的载畜能力。同时通过饲草料基地建设和舍饲设施建设，将改变游牧民族传统粗放的草地畜牧业经营模式和游牧的生产方式，让牧民从事舍饲畜牧业和第二、三产业，一方面有利于减轻和转移天然草场的载畜量，有效保护草原生态，另一方面，可以促进牧区小城镇建设，优化区域经济结构，有利于牧区经济发展、社会进步。

水源涵养工程实施之后，区域内典型的高原山地生态系统、高寒草甸和草原生态系统、高寒湿地生态系统等得到一定的恢复和好转，众多的珍稀野生动植物将得到休养生息，其丰富而独特的自然景观和野生动植物资源必然会给区域内的旅游业带来蓬勃发展。

水源涵养工程，将对退化的草地进行禁牧、围栏封育，对黑土滩型退化草地、沙化草地进行人工补种和草地改良，对受鼠害、毒草危害的草地进行专项治理，来提高草地覆盖度和水源涵养能力。这些工程的实施直接促进了退化草场的恢复，使土地沙化现象得到遏制。同时，生态移民项目和饲草料基地建设、舍饲设施建设的实施，将减少人类过度放牧对草场的破坏，使退化或沙化的土地得以恢复。

9.3.2　干流河段梯级开发环境影响预测

在综合考虑梯级可能造成的影响及水电开发的效益的基础上，在黄河源区干流布置了塔格尔、官仓、赛纳、门堂、塔吉柯 1、塔吉柯 2、夏日红、玛尔挡、茨哈峡、班多和羊曲等 11 座梯级。

9.3.2.1　水环境

1）水文情势

黄河源区梯级开发将对河段水文情势产生一定的影响，主要表现在梯级大坝阻隔了河道，使天然河流原来的径流过程发生了显著的变化。天然状况下黄河源区径流年内分配不均匀，规划的水库运行后，通过水库的调节作用，枯水期坝下流量将大于天然来水量，坝下流量过程趋于均化。同时，库区水深将增加，水流速度减缓，使天然河流改变了原有的河道形态。

2）水温

黄河源区规划梯级库容均较小，在运行期间，水体交换比较频繁，均属于水温混合型水库。水库水温在时间和空间上都将发生变化，夏、冬两季将是分层型水库，水温在一定深度上将出现跃变，温跃层以下存在一个稳定的低温水层，但库面温度仍随季节发生变化，但变幅比建库前有所减小。水库的热调蓄作用，将使下游河道水温夏季变凉，冬季变暖，年内温差减小。总体而言，规划梯级对水温的影响比较小。

3）水质

黄河源区干流河段没有比较大的工业污染源，水库本身对水质影响轻微，电站属于清洁能源,基本没有生产废水排放,电站及水库管理人员较少,且生活区将配套生活污水处理设施,因此规划梯级运行期间对库区和下游河道水质基本没有影响。但梯级水库施工期间将产生一定量的生产和生活污水,这些污水必须按照环境保护部门的要求进行达标排放。

9.3.2.2 生态环境

1)陆生植物

规划的梯级水库淹没植被以牧草地、灌木林和林地为主。梯级在水库工程施工、道路修建、蓄水运行等方面都会对植被造成直接或间接的影响。

黄河源区河段植被区系以北温带成分为主,因受冻土地貌、高海拔和高原气候的影响,大多数地区植被区系成分简单,群系内部组成较为单一,多为单优势结构,建群种和优势种明显,伴生种不多,适应高寒半湿润环境的高寒草甸得到了最广泛的发育。植被的原始性和脆弱性十分突出,部分地区仍然保持着原始状态。

梯级开发方案中枢纽建筑物、淹没区、移民安置区、公路等属于永久占地,对地表植被产生的损失都是永久的,对植被的影响是毁灭性的;土石料场、弃渣场、生活区以及临时施工道路等属于临时占地,对地表植被的影响是暂时的,工程结束后可以采取措施进行植被恢复与重建。

2)陆生动物

水库工程施工开挖、爆破、运输等活动产生的环境噪声及夜间施工在一定程度上形成的光污染可能会对栖息在工程作业区及其周围的动物产生不同程度的惊扰,并向远离工程作业区的方向逃避。工程施工和水库淹没将迫使工程区一些动物离开自己的居住地,在工程影响区域内的种群数量可能会明显下降。

一般而言,工程施工期的影响是暂时的,当施工期结束后,改变野生动物栖息环境的不利因素也将消失,野生动物会重新找到自己的栖息地,并逐渐恢复其群落结构及种群数量。但如果不注意保护,也会对野生动物栖息地造成一定的不利影响,可能会引起野生动物群落结构及种群数量的改变。

在运行期间,水库淹没及工程占地在不同程度上影响了部分野生动物的栖息地和觅食场所。但随着水库蓄水后水域面积的扩大,有可能会给一些水兽和水禽提供更为广阔和优良的栖息地。

3)鱼类及鱼类保护区

黄河源区干流河段内布置了11座梯级,其中,塔吉柯1坝址位于甘肃土著鱼类保护区的核心区,塔吉柯2、夏日红等两座梯级的坝址位于黄河上游特有鱼类国家水产种质资源保护区核心区,玛尔挡坝址位于黄河上游特有鱼类国家水产种质资源保护区的实验区。从环境保护的角度看,这些梯级大坝的阻隔,将改变河流的水文情势,改变土著鱼类的产卵场和栖息地的生境,将会对分布在该河段的黄河上游特有鱼类种类、结构和数量产生较大的不利影响。不利影响的深度和广度应在下一阶段工作中进行深入研究,并寻求人工繁殖等补救措施。

规划梯级与鱼类保护区关系见表 9-3。

表 9-3　规划梯级与鱼类保护区关系

河段	梯级名称	影响保护区名称	坝址具体位置
吉迈—沙曲河口	塔吉柯 1	甘肃土著鱼类保护区	核心区
		国家水产种质资源保护区	实验区
	塔吉柯 2	国家水产种质资源保护区	核心区
玛曲以下	夏日红	国家水产种质资源保护区	核心区
	玛尔挡	国家水产种质资源保护区	实验区

4)局地气候

规划梯级建成后,水陆蒸发的差异使水库区域,特别是水库沿岸地带局地气候发生改变,其表现为年温差缩小,夏季最高气温降低,冬季最低气温升高;库区库周总降水量不会发生变化,但降水的时空分布可能会随季节略有改变,可能使水库中心地带降水量略有减少,而库周降水量会略有增大。黄河源区规划梯级库容较小,且大都为河道型水库,因为地处高山峡谷地区,受地形影响,对局地气候的影响仅限于水库区河谷,范围十分有限。

5)水土流失

规划梯级造成水土流失的区域分布在施工区和移民安置区。

工程施工影响水土流失的主要因素为主体工程开挖、砂石料场开挖、弃渣场、场地平整和道路修建,上述施工活动将大面积扰动施工区植被,破坏原有地貌,加剧水土流失。

规划梯级的移民安置区是造成水土流失的又一个重要区域。由于移民安置区空间分布不一,移民安置活动产生的水土流失相对分散,其主要影响因素为乡镇和寺庙迁建的建设占地,基础建设施工中将大面积扰动地表植被,存在大量的弃土弃渣,将毁坏水土保持设施,加剧水土流失。

各梯级工程的建设不可能同时进行,这使得梯级开发引起的水土流失具有连续、累积影响,同时又有分期水土保持和生态逐步恢复的特点,将可能在不同的时段引起不同程度的水土流失。

6)自然保护区

规划的梯级除塔格尔、官仓、塔吉柯 1、羊曲外,其他梯级的坝址或水库回水均对自然保护区有着不同程度的影响，主要影响的自然保护区为青海三江源自然保护区中的中铁—军功片、年保玉则片以及甘肃首曲自然保护区。规划梯级淹没自然保护区情况见表9-4。

表9-4　规划梯级淹没自然保护区情况

规划梯级	影响自然保护区	坝址与自然保护区的相对位置关系	水库回水影响自然保护区中的区域	淹没面积(km²)				正常蓄水位(m)
				合计	草地	林地	其他	
班多	中铁—军功	实验区边界地带	实验区	0.24	0.09	0.02	0.13	2 758
茨哈峡	中铁—军功	距缓冲区下游边界2 km左右	核心区、缓冲区和实验区	0.37	0.13	0.07	0.17	2 770
玛尔挡	中铁—军功	实验区	实验区	2.00	0.56	0.84	0.60	3 160
夏日红	中铁—军功	实验区	实验区	85.91	57.44	19.88	8.59	3 380
塔吉柯2	首曲	实验区	回水(左岸)位于实验区	2.77	2.63		0.14	3 539
门堂	年保玉则	实验区	实验区	33.56	31.88		1.68	3 700
赛纳	年保玉则	实验区	实验区	22.38	21.26		1.12	3 795

(1)对青海三江源自然保护区中铁—军功片的影响。

中铁—军功的主体功能是保护以青海云杉、紫果云杉、祁连圆柏等为建群种的原始林。珍稀动物主要有白唇鹿、棕熊等。

规划梯级中，茨哈峡梯级的回水将影响到缓冲区和实验区，但茨哈峡梯级处于高山峡谷河段，水库淹没区均位于高山峡谷之内。据调研，水库淹没范围内主要为多年生草本，零星分布有青海云杉、紫果云杉、祁连圆柏等保护物种，该梯级的兴建对自然保护区的主体功能影响较小。茨哈峡淹没面积为0.37 km²，中铁—军功面积为7 865.31 km²，淹没面积仅占总面积的0.005%，对自然保护区的影响很小。

班多、玛尔挡、夏日红等3座梯级坝址均位于中铁—军功实验区。淹没面积合计88.15 km²，中铁—军功实验区面积为4 948.51 km²，淹没面积占中铁—军功实验区面积的1.8%。

(2)对青海三江源自然保护区年保玉则片的影响。

年保玉则是以保护雪山、冰川及四周湖泊为主体功能的。野生动物主要有白唇鹿、猞猁、熊、雪豹、马麝、雪鸡等。

门堂、赛纳等2座梯级会影响到年保玉则实验区，其淹没实验区的面积为55.94 km^2，实验区总面积为2 801.98 km^2，淹没面积占年保玉则实验区面积的2.0%。

(3)对首曲自然保护区的影响。

首曲核心区以保护沼泽为主体功能，包括阿万仓、纳尔玛、采日玛、尼玛曲果果芒、扭萨日哥等沼泽。沼泽区动物主要为珍稀鸟类。

塔吉柯2等会对首曲自然保护区造成一定的影响。塔吉柯2回水淹没仅涉及首曲实验区。

塔吉柯2梯级淹没首曲实验区面积为2.77 km^2，首曲实验区面积合计1 783.8 km^2，淹没面积占首曲实验区面积的0.2%。

工程施工期间，会破坏部分山地森林和高寒草原植被，同时会对区内珍稀动物产生一定的惊扰；水库运行期间，水库回水淹没会造成山地森林和高寒草原植被数量的减少以及动物栖息地的减少。需要说明的是，各梯级均位于高山峡谷地带，且淹没面积较小，不会对整个自然保护区的功能有明显影响。

对于自然保护区的影响问题的解决，必须在《中华人民共和国自然保护区条例》以及《关于涉及自然保护区的开发建设项目环境管理工作有关问题的通知》等相关法律及规定的框架内进行。对有影响的梯级必须与自然保护区的主管部门积极协调解决，在与自然保护区主管部门达成一致共识，并不影响生态保护功能的情况下，进行梯级布局，实现人与自然的和谐相处。

9.3.2.3　社会环境

1)社会经济

梯级水库的修建将淹没和占用一些牧草料地，将会对周围的社会经济产生短期不利影响。但随着移民补偿费用及措施的落实，对社会经济造成的不利影响将会很快减少和消失。同时随着梯级电站的发电，充足的电力供应还将会对当地的经济产生促进作用。

2)淹没与移民

各梯级建成后，淹没人口约11 981人。水库回水淹没唐乃亥乡、木西合乡等2个乡政府所在地，德昂寺、羊曲寺等2处寺庙，公路42.9 km，桥梁5座，水电站3处。

水库回水淹没影响涉及范围内为少数民族聚居区，牧民以藏族为主。当地群众普遍信奉藏传佛教，民风民俗具有浓郁的民族宗教传统文化特色，在生产生活中礼俗禁忌较多。库区寺院具有较高的宗教文化价值和重要的历史文物价值,一些较大规模的寺院还是当地方圆数百里信教群众从事宗教佛事活动的重要场所。

在移民安置过程中,必须高度重视库区少数民族的安置意愿,尊重当地风俗和宗教信仰,特别是对于各种类型宗教设施的拆迁重建,以及属于文物古迹保护单位的抢救性发掘复原(如有些寺院佛塔下保存数百年的活佛尸身、舍利、珠宝等),将是水库淹没及移民搬迁安置过程中需要慎重对待且较为敏感的社会环境问题。对此必须严格按照国家少数民族自治和宗教事务管理的有关政策、法规、条例,充分尊重民族地区的传统文化、民风习俗,除确保相关补偿资金按时足额到位外,在拆迁重建过程中,还应根据宗教设施原有的建筑风格、文物价值等进行必要的恢复性保护。通过相关措施的实施将水库淹没对民族宗教设施的影响减小到最低限度。

3)人群健康

在水库蓄水初期,鼠类大量迁徙到库周淹没线以上地区,有可能导致库周地区鼠群规模和鼠密度的扩大,诱发出血热的突发流行。应加强蓄水期库周鼠密度的监测,并及时做好灭鼠工作,以有效防止水库蓄水期出血热及其他鼠媒传染病的突发流行。

施工期间,由于施工人员大规模进驻,施工区人口密度急剧增大,某些传染病交叉感染的概率会明显增加,因此应加强生活饮用水水源的防护,做好夏季的灭蚊、灭蝇工作,以确保施工人员的人群健康。

4)发电

在黄河源区干流河段规划了 11 座梯级,单独运行时多年平均发电量为 200.47 亿 kW · h,联合运行时多年平均发电量为 208.51 亿 kW · h。梯级电站的建设能够在一定程度上改变该地区贫困的状况,推动地方经济的发展。

5)旅游

梯级电站的开发将在高山峡谷之间形成串珠式的水库群,使峡谷急流变成平静而宽深的人工湖泊,形成水体清澈、气候宜人、山清水秀的优美环境。气势宏伟的水工建筑群与秀丽的自然风光相辉映,必将为区内旅游业的发展带来更为美好的前景。

9.3.3 水资源利用与保护规划的环境影响评价

黄河源区水资源利用与保护措施实施后,能维持规划河段内现有良好水质,使沿河两岸的用水保证率大大提高,为水源涵养工程的实施提供了有力的保障,有利于生态恢复和重建。

9.4　环境保护对策措施

9.4.1　水库淹没与移民

由于水库淹没区为少数民族聚居地，对此必须严格按照国家少数民族自治和宗教事务管理的有关政策、法规、条例，充分尊重民族地区的传统文化、民风习俗，除确保相关补偿资金按时足额到位外，在拆迁重建过程中，还应根据宗教设施原有的建筑风格、文物价值等进行必要的恢复性保护。通过相关措施的实施将水库淹没对民族宗教设施的影响减小到最低限度。

9.4.2　自然保护区

根据可持续发展和开发中保护、保护中开发的协调发展原则，在黄河源区要协调好水电开发与自然保护区的关系，使梯级开发在法律允许的框架下可行。

依据自然保护区管理部门的意见，在水电梯级开发中，对于那些对自然保护区产生一定影响的梯级，应根据生态环境保护的要求，采取与自然保护区功能目标一致的补偿修复措施。

从施工布置方面，提出优化设计方案的原则，为保护生物多样性，对保护对象进行避让或者移植工作，确保敏感对象受到有效的保护，使自然保护区的主要功能不受影响。

合理调配水库运行方式，根据实际情况，在消落带区域采取防护或植被恢复措施，减小水库消落带对湿地、景观及环境的不利影响。制定消落带生态环境保护与利用规划，划分不同的功能区，如水质保护区、禁牧区等，并以此作为库区消落带土地资源利用、生态与环境保护和治理的指导依据。在消落带区域进行生物工程建设，选择一些适合本地区气候和环境的草本植物，保护水库和水库消落带的环境。

9.4.3　鱼类

从保护生物多样性的角度出发，为保护黄河源区干流河段的特有鱼类资源，应考虑建立鱼类增殖站，进行人工繁殖放流；研究过鱼设施；对大坝下泄水流进行人工调节等，减轻对鱼类资源的影响。

9.4.4 水土流失

按照有关法规,在单项工程的可行性研究及初步设计阶段,做好水土保持方案编制及水土保持勘测设计工作,使工程影响导致的新增水土流失得到有效控制,生态得以快速恢复。

9.4.5 水质保护

实施水资源保护措施,维持黄河源区内现有良好水质,各功能区控制污染物排放量在水域纳污能力范围之内,实现水环境良性循环。工程建设施工期应重点保护自然保护区,生活饮用水源地,珍稀鱼类产卵场、洄游通道,水产养殖等水域功能。

9.5 分析结论和建议

9.5.1 分析结论

9.5.1.1 有利影响

黄河源区由于自然条件及社会经济基础薄弱,区内经济发展缓慢,不少地区目前仍然处于相对贫困的状态。规划梯级工程的建设,使水电资源得到开发利用,在一定程度上能够促进地区的经济繁荣,提高人民的生活水平。

水源涵养工程的实施,一方面将使区域草畜矛盾得到缓解,提高草地的载畜能力,使生态环境得到恢复和好转,提高水源涵养能力;另一方面通过生态移民工程、饲草料基地建设和舍饲设施建设,将改变牧区的传统放牧方式,促进牧区经济的可持续发展。

水资源利用与保护工程的实施,将为黄河流域及相关地区生产、生活和生态用水提供更高的保证率。

9.5.1.2 不利影响

不利影响主要是干流河段梯级开发引起的水库淹没与移民问题,对自然保护区以及珍稀鱼类等的影响。

水库淹没区属于藏族聚居地,藏族群众普遍信仰藏传佛教,水库淹没一旦涉及寺庙,就会牵涉民族问题和宗教问题。移民安置较为突出和敏感的社会环境问题是对于较大规模寺庙以及民间小型宗教设施和各级文物古迹单位的拆迁与恢复性保护。

从自然保护区与规划梯级的相对位置来看,部分梯级从工程施工到工程运行期间都会对自然保护区产生一定程度的影响。施工期间主要是工程主体工程施工、弃土弃渣场占压以及施工道路的修建对地表植被的破坏和对陆生动物生境造成的破坏。工程运行期间,水库回水将淹没自然保护区内的一部分珍稀植物,破坏小部分珍稀保护动物的生存环境。但由于水电梯级开发属于清洁能源,且规划梯级多位于高山峡谷地段,库区淹没面积占自然保护区的比重非常小,不影响自然保护区的主体保护功能。

水电梯级的建设与运行,将改变黄河上游特有鱼类的产卵场和栖息地的生境,会对黄河上游特有鱼类种类、结构和数量产生一定的不利影响。

综上所述,本研究中水源涵养、水资源利用与保护等工程的实施对于维持和保护区域的生态环境影响是非常有利的,而干流河段梯级开发则既存在有利影响,也存在不利影响。为使整个工程实施后,对环境的影响利大于弊,必须本着保护中开发的原则,对梯级工程进行适度开发。

9.5.2　下一步建议

(1)梯级开发的主管部门应积极与水库淹没涉及寺院联系,征询寺院方面对水库淹没的意见,必须严格按照国家少数民族自治和宗教事务管理的有关政策、法规、条例,充分尊重民族地区的传统文化、民风习俗,除确保相关补偿资金按时足额到位外,在拆迁重建过程中,还应根据宗教设施原有的建筑风格、文物价值等进行必要的恢复性保护。通过相关措施的实施将水库淹没对民族宗教设施的影响减小到最低限度。

(2)梯级开发的主管部门应积极与自然保护区主管部门进行协商,征询自然保护区主管部门对梯级开发的意见,采取与自然保护区功能目标一致的补偿修复措施,实现人与自然的和谐相处。

(3)为尽可能减少对鱼类的不利影响,应考虑在部分梯级建立鱼类增殖站,加强人工驯化及养殖技术等方面的研究工作,进行人工繁殖放流;研究过鱼设施;对大坝下泄水流进行人工调节等。

(4)加强施工期间的水土保持工作。梯级工程的兴建、移民安置工程的实施,均存在水土流失的隐患。因此,在梯级开发过程中,应做好水土保持工作,按有关要求编制工程水土保持方案及水土保持设计,确保因工程建设造成的水土流失影响得到最大程度的减免。

(5)加强库区水质保护与管理。严格按照水功能区水质目标进行管理,维持规划河段内现有良好水质,各功能区控制污染物排放量在水域纳污能力范围之内,实现水环境良性循环。

第10章　结　语

黄河源区水源涵养保护与治理开发研究范围为黄河龙羊峡以上区域，干流总长1 687 km，流域面积13.14万km^2，涉及青海、甘肃、四川三省。研究内容包括水源涵养、水资源利用与保护、干流河段梯级开发、监测系统建设、流域管理、治理开发对环境影响分析等。研究得出以下主要结论和认识：

(1)黄河源区作为黄河"水塔"及"天然生态稳定区"，存在生态环境问题突出，水源涵养能力下降，水文水资源、水环境及生态环境监测设施落后及农牧区人畜饮水安全问题突出等问题。尤其缺少综合规划，流域管理滞后，使得该区的开发处于无序状态，水资源和生态环境得不到有效的保护。开展黄河源区治理开发与保护研究是非常必要和迫切的。

(2)黄河源区水源涵养保护与治理开发研究的总体思路是以水源涵养保护和生态环境保护为重点，尽量减少人类活动对水源地的不利影响。总体上将龙羊峡以上河段划分为重点保护河段和限制开发河段两类。吉迈以上和沙曲河口—玛曲两个河段为重点保护河段，以水源涵养保护和生态环境保护为主，重点实施水源涵养保护与生态环境保护工程，禁止水电资源开发。吉迈—沙曲河口和玛曲—龙羊峡大坝两个河段为限制开发河段，在满足水资源保护和生态环境保护要求的前提下，合理进行水电资源开发。

(3)通过对黄河源区径流变化特点及径流变化成因分析研究，认为"降水量是影响黄河源区径流变化的主要因素，下垫面条件的变化对径流产生一定程度的影响"。通过对生态环境演变及影响因素分析研究，认为"自然因素(降水)是影响生态环境变化的主要因素，人为因素的不利影响主要表现在对资源的不合理开发利用上"。

(4)黄河源区水源涵养保护工程布局为：东曲河口以上主要是湖泊湿地保护、生物多样性保护及草原鼠害防治等生态环境保护；东曲河口—吉迈区间以草场的自然修复与保护为主；吉迈—沙曲河口区间以林地、草场的修复与保护为主；沙曲河口—玛曲区间以沼泽湿地保护及沙化草地治理为主；玛曲—唐乃亥区间以天然林保护为主；唐乃亥—龙羊峡大坝区间以防止耕地盲目扩张，保护草地和林地为主。

(5)黄河源区水资源利用要在保护生态环境的前提下，结合当地水资源利用状况，重点解决人畜饮水及生态移民安置水源问题，同时，发展节水农业，对现有灌区配套设施进行续建与节水改造。水资源保护的重点是维持黄河干支流水体现状良好水质，确保黄河干支流水功能区水质目标，完善黄河源区水资源保护监管体系，促进和保障黄河源区人口、资源、生态环境和经济的协调发展。

(6)研究提出了黄河源区干流河段梯级布局方案。即吉迈以上河段以生态保护为主，不宜安排梯级开发；吉迈—沙曲河口有一定的开发条件，布置塔格尔、官仓、赛纳、门堂、塔吉柯1、塔吉柯2等6座梯级；沙曲河口—玛曲河段以湿地保护和土著鱼类保护为主，不宜安排梯级开发；玛曲以下河段，河道比降较陡，水量较大，开发条件优越，规划布置夏日红、玛尔挡、茨哈峡、班多、羊曲等5座梯级。

(7)黄河源区水文水资源测报系统建设严重落后，应通过完善和调整水文站网以及站队，结合基础设施建设，推动水文巡测工作，扩大水文信息收集范围和服务领域。黄河源区水土保持及水环境监测基本上是空白，应结合水土保持监测要求，将地面监测站(点)和遥感监测结合起来，利用宏观监测指导微观监测，通过微观监测信息校正宏观监测信息，全方位了解水土流失发生、发展规律。

(8)黄河源区管理应进一步明确流域管理与行政区域管理的事权划分，充分发挥流域和区域管理的职能，建立和完善流域与区域相结合的管理机制、行政区域各部门间的协调机制。建议按照“有利于可持续发展、责权利相统一、分类解决、公平合理、政府主导”的原则，建立流域和区域生态补偿机制，实现经济、社会、环境的良性可持续发展。

(9)维护和改善黄河源区的生态环境是黄河源区水源涵养保护与治理开发的预期环境目标。研究认为，实施水源涵养保护、水资源利用与保护对于维持和保护区域生态环境影响是十分有利的，而干流河段梯级开发则既存在有利影响，也存在不利影响。为尽可能减少不利影响，应本着保护中开发的原则，对梯级工程进行适度开发，同时处理好梯级开发与自然保护区、水生生物保护、水土保持的关系。

参考文献

[1] 沈国舫. 中国生态环境建设与水资源保护利用[M]. 北京:中国水利水电出版社,2001.

[2] 国家环境保护局自然保护司. 中国生态问题报告[M]. 北京:中国环境科学出版社,1999.

[3] Boon P J, Calow P, Petts G E. 河流保护与管理[M]. 宁远,等译. 北京:中国科学技术出版社,1997.

[4] 赵文智,等. 生态水文学[M]. 北京:海洋出版社,2002.

[5] 曹凑贵,等. 生态学概论[M]. 北京:高等教育出版社,2002.

[6] 黄河勘测规划设计有限公司. 黄河龙羊峡以上河段综合规划[R]. 2009.

[7] 汪党献. 水资源需求分析理论与方法研究[R]. 2002.

[8] 李国英. 维持黄河健康生命[M]. 郑州:黄河水利出版社,2005.

[9] 周成虎,等. 遥感影像地学理解与分析[M]. 北京:科学出版社,1999.

[10] 青海省工程咨询中心. 青海三江源自然保护区生态保护和建设总体规划[R]. 2004.

[11] 四川省林业勘察设计研究院. 四川长沙贡玛自然保护区总体规划[R]. 2006.

[12] 甘肃省林业调查规划院. 甘肃甘南黄河重要水源补给生态功能区生态保护和建设规划[R]. 2007.

[13] 四川省林业厅. 四川省湿地保护工程规划[R]. 2006.

[14] 刘纪远. 中国资源环境遥感宏观调查与动态研究[M]. 北京:中国科学技术出版社,1996.

[15] 濮静娟. 遥感图像目视解译原理与方法[M]. 北京:中国科学技术出版社,1992.

[16] 申元村,向理平. 青海省自然地理[M]. 北京:海洋出版社,1991.

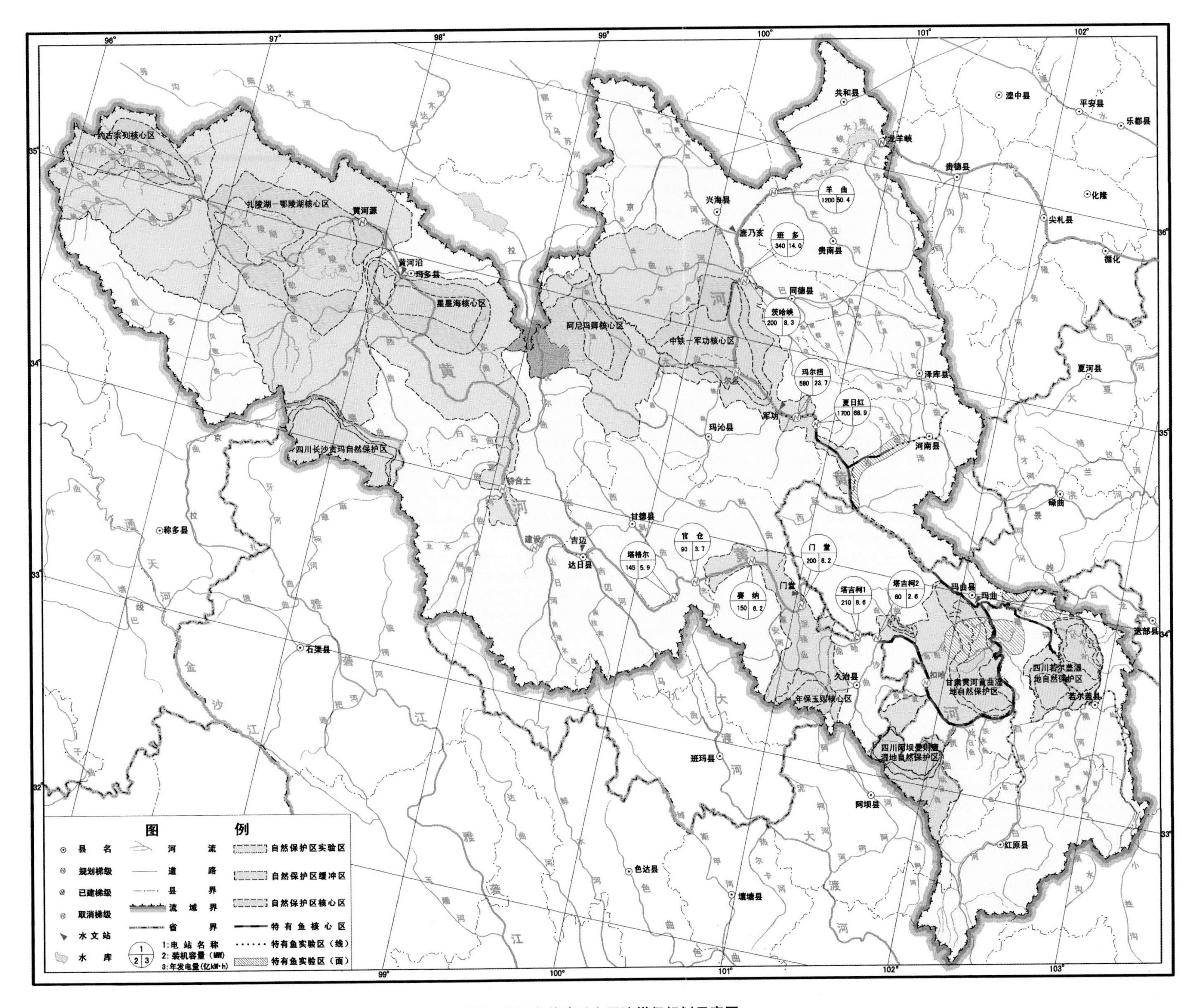

附图　黄河龙羊峡以上干流梯级规划示意图